高等教育应用型本科人才培养系列教材

软件项目管理

张　磊　李增鹏　侯相茹　主编
王　斌　主审

哈尔滨工程大学出版社
Harbin Engineering University Press

内容简介

本教材内容的组织兼顾了项目管理理念、体系、流程、方法和实践等几个方面,既介绍了软件项目管理的基本过程,也覆盖了项目管理涉及的各个知识领域。

本教材适合作为计算机软件工程类专业的必修课、选修课教材,也可作为项目经理培训班的补充讲义,并可为从事软件项目管理的项目经理及专业人员提供参考与借鉴。

图书在版编目(CIP)数据

软件项目管理/张磊,李增鹏,侯相茹主编. —哈尔滨:哈尔滨工程大学出版社,2018.7
ISBN 978-7-5661-1997-1

Ⅰ.①软… Ⅱ.①张… ②李… ③侯… Ⅲ.①软件开发-项目管理-高等学校-教材 Ⅳ.①TP311.52

中国版本图书馆 CIP 数据核字(2018)第 150772 号

出版发行 哈尔滨工程大学出版社
社　　址 哈尔滨市南岗区南通大街 145 号
邮政编码 150001
发行电话 0451-82519328
传　　真 0451-82519699
经　　销 新华书店
印　　刷 哈尔滨市石桥印务有限公司
开　　本 787 mm×1 092 mm 1/16
印　　张 15.5
字　　数 387 千字
版　　次 2018 年 7 月第 1 版
印　　次 2018 年 7 月第 1 次印刷
定　　价 45.00 元
http://www.hrbeupress.com
E-mail:heupress@hrbeu.edu.cn

前　言

近年来,项目与项目管理已经成为各行各业的一个热门话题,这并不是因为项目和项目管理是什么新生事物,项目和项目管理几乎是与人类共同发展的实践性活动,只不过人们从来没有像今天这样更深切地关注它,将它作为一门学科来研究。当今世界项目管理的发展有三大特点,即全球化、多元化和专业化。正是由于这三大特点,项目管理受到各国的广泛关注。

软件项目管理是软件工程和项目管理的交叉学科,是项目管理的原理和方法在软件工程领域的应用。与一般的工程项目相比,软件项目有其特殊性,主要体现在软件产品的抽象性上。因此,软件项目管理的难度要比一般的工程项目管理的难度大,是当前我国软件业面临的最大挑战,同时也是软件工业化生产的必要条件。

本教材结合软件企业项目管理的特点,以完整的项目管理知识体系、现代管理理念与方法,结合软件工程的实际状况,深入阐述了软件项目管理与运作的理论与实践,系统讲授了软件项目管理的基本概念、基本原理及基本方法。

本教材共分11个项目,围绕软件项目的进行过程对其中的管理内容展开论述。内容包括:项目一是软件项目管理概述;项目二是软件项目立项;项目三是项目招投标与合同管理;项目四是软件项目成本管理;项目五是软件项目需求管理;项目六是软件项目团队管理;项目七是进度管理;项目八是风险管理;项目九是软件配置管理;项目十是项目执行与控制;项目十一是项目收尾与验收。

本教材内容的组织兼顾了项目管理理念、体系、流程、方法和实践等几个方面,既介绍了软件项目管理的基本过程,也覆盖了项目管理涉及的各个知识领域。

本教材适合作为计算机软件工程类专业的必修课、选修课教材,也可作为项目经理培训班的补充讲义,并可为从事软件项目管理的项目经理及专业人员提供参考与借鉴。

本书由佳木斯大学张磊老师担任第一主编,编写了项目一、项目二及考试大纲;由青岛大学计算机科学技术学院的李增鹏老师担任第二主编,编写了项目三至项目七、项目十一的内容;由黑龙江外国语学院的侯相茹老师担任第三主编,编写了项目八、项目九和项目十内容。全书由佳木斯大学王斌老师担任主审工作。

本书在编写的过程中,参阅了有关学者的著作、教材和资料,吸收了许多新的研究成果与观点,并听取了有关专家的意见,在此由衷地表示感谢。

由于时间仓促,书中难免有疏漏之处,我们期待着广大高校教师、学生和读者提出宝贵的意见,以便进一步修改、完善和提高。

编　者

2017年10月

[illegible]

目　录

项目一　软件项目管理概述

【知识要点】

1. 理解项目、软件项目与软件项目管理相关概念与特征。
2. 掌握项目管理的范围。
3. 了解软件项目的生命周期。

【难点分析】

1. 熟练掌握项目和软件项目的本质区别。
2. 熟练应用软件项目的生命周期。

1.1　项目与软件项目

为了理解软件项目管理,需要首先理解项目和软件项目的概念和特征。

1.1.1　什么是项目

项目是为完成某项独特的产品、服务或成果所做的临时性努力。项目具有以下特征。

(1)项目具有明确的目标。项目的目标就是完成某一产品、服务或预期成果,而且在定义项目目标时通常带有进度和成本的限制。例如,某一项目的目标是“在6个月内,以2万元的成本完成学校网络教学平台开发”。

(2)项目具有临时性。临时性是指每一个项目都有开始和结束时间。当项目的目标已经达到,或由于各种原因项目不需要再持续下去时,项目即达到了它的终点,项目团队也会解散。任何项目的期限都是有限的,项目不是持续不断的努力。

(3)项目具有独特性,也称一次性。不同于重复性的日常工作,项目创造独特的产品、服务或成果。例如,设计和建造“国家歌剧院”是一个项目,而每天的卫生保洁工作不是项目。

(4)项目是逐步完善(渐进明细)的。逐步完善意味着分步、连续的积累和逐步的细化。在项目初期,对项目范围、规模、成本、进度的估计和计划都是粗粒度的,随着项目的进展,对这些因素的理解会逐渐地深入和细化。

(5)项目使用的资源是受到限制的。资源包括人员、设备、材料等,可供一个项目使用的这些资源是有限的。

(6)项目具有一定程度的不确定性。在一个项目开始时,通常要对项目的进度、成本等进行估计,并据此提出项目目标,制订项目计划。但在项目执行过程中,人员、资金、技术、市场等因素在不断变化,项目可能会遇到各种各样的风险,这会给项目带来一定程度的不确定性,使项目不能完全按照原有计划执行,项目目标也可能不能完全达到。

从以上介绍可以看出,项目是一种特殊的活动,它有效地利用各种资源,通过执行一系列相互联系的任务而达到一个独特的目标。项目普遍存在于人类社会中,以下是项目的一些例子:

- 开发一个新的产品。
- 设计和实现一个新版的计算机应用系统。
- 一个工厂的现代化改造。
- 建造一座建筑。
- 某软件企业的 CMMI3 级认证。
- 举行一次学术研讨会。
- 举办一个一百周年庆典。

1.1.2 项目群和子项目

项目群是以协同方式管理的一组相互联系的项目。可以将项目群理解为比项目高一级的大型项目,例如“中国载人航天计划”“嫦娥工程”(中国月球探测工程)就是项目群。项目群都包含了若干项目(例如中国载人航天计划中,神舟飞船的每一次发射都可作为一个项目),而这些项目被协同管理,以实现一个大的战略目标。企业或组织也可能会实施项目群管理,例如两个公司将要合并,这可能涉及创建统一的工资和会计应用程序、办公场所的物理重组、培训、新的组织级规程、通过宣传重塑企业形象等。许多活动都可以作为独立的项目来对待,但它们作为一个项目群需要相互协调。

子项目是项目的一个阶段或一个部分,可被相对独立地进行管理,也可外包给外部单位或组织内的其他职能单位。子项目的常见形式有:

- 根据项目过程划分的子项目,例如项目生命周期的一个阶段。
- 根据专业技能确定的子项目,例如建筑施工项目中的水电工程。

1.1.3 软件项目

1.软件的特点

软件项目是一种特殊的项目,其特殊性表现在它的目标是生产软件产品。

软件产品与其他类型的项目产品有很大的差异,Fred Brooks 在他的文章《没有银弹》(发表于国际信息处理联合会(IFIP)第 10 届世界计算大会)中,总结了软件的以下特点。

(1)复杂性:软件实体可能比任何人类创造的其他实体都复杂。软件系统有数量极大的状态,这使得设计、描述和测试软件系统都非常困难;软件中没有任何两个部分是完全相同的,软件系统的扩展也不是相同元素的重复添加,而是不同元素实体的添加,大多数情况下,这些元素之间的交互途径以非线性递增的方式增长,因此整个软件系统的复杂度以更大的非线性级数增长。

(2)不一致性:软件工程中不存在像物理学、化学等传统学科中的那些通用原理,许多软件中的问题毫无规则可言,随着接口的不同而改变,随着时间的推移而变化。软件项目管理者和开发者做出的大多数判断是依据人为的惯例和经验,而不是通用原理。

(3)可变性:由于软件是纯粹的逻辑思维的产物,它可以很容易地被改变,可以无限地扩展。而实际上软件也总是处于持续的变更之中,用户需求的改变,运行环境和硬件平台的改变都会强迫软件随之变化。

(4)不可见性:软件是逻辑实体,不具有空间的形体特征,因此是不可见的和无法可视化的。用图形描述软件会受到很大限制,一种图形只能描述软件某一部分或某一方面的属性,而不能全面形象地描述软件。这种不可见性不仅给软件设计带来困难,也严重阻碍了人员之间的交流。

2. 软件项目的特点

正由于软件具有以上特点,软件产品的生产比一般产品的生产更难以控制。因此软件项目虽然具有项目的一般特性,但它是一个新的领域,具有以下特点。

(1)知识密集型,技术含量高。软件项目是知识密集型项目,技术性很强,需要大量高强度的脑力劳动。项目工作十分细致、复杂和容易出错。软件项目不需要使用大量的物质资源,而主要是使用人力资源,因此人员的因素极为重要,项目团队成员的结构、技能、责任心和团队精神对软件项目的成功与否有着决定性的影响。

(2)涉及多个专业领域,多种技术综合应用。软件项目属于典型的跨学科合作项目,例如开发大型管理信息系统就需要项目成员具有行业的业务知识、数据库技术、程序设计技术和信息安全技术等多专业领域知识。

(3)项目范围和目标的灵活性。随着项目的进展,客户需求可能会发生变化,从而导致项目范围和目标的变化。软件开发不像其他产品的生产,有着非常具体的标准和检验方法,软件的标准柔性很大,衡量软件是否成功的重要标准就是用户满意度,但用户满意度这个标准在软件开发前很难精确、完整地表达出来。

(4)风险大,收益大。由于技术的高度复杂性和需求等因素的不确定性,软件项目风险控制难度较大,项目的成功率较低,但是一旦某个软件产品获得成功,将会带来相对高额的回报。

(5)客户化程度高。项目的独特性在软件领域表现得更为突出,不同的软件项目之间差别较大。软件开发商往往要根据客户的具体要求提供独特的解决方案,即使有现成的解决方案,也通常需要进行一定的客户化工作。

(6)过程管理的重要性。软件项目需要对整个项目过程进行严格、科学的管理,尤其是对大型、复杂的软件项目。“质量产生于过程”,必须监控软件开发的过程和中间结果。没有严格的过程管理,开发人员的个人能力再强也没有用。

目前,软件项目的开发和运作远远没有其他领域的项目规范,很多理论还不能适应所有的软件项目,经验在软件项目中仍起很大的作用。

1.2　软件项目管理的基本内容

软件项目管理是一个新的知识领域,是项目管理学科的一个重要分支,其内容丰富,且处在快速发展中。

1.2.1　什么是项目管理

项目的实施往往需要耗费大量的人力、物力和财力,为了在预定的时间和预算内实现特定的目标,必须对项目进行科学的管理。所谓项目管理就是将各种知识、技能、工具和方法应用于项目之中,以达到项目的要求。

项目管理贯穿于项目的整个生命周期,它包括两方面的工作:制订计划和实施计划。在项目的前期,项目管理者要对项目的所有工作制订计划,这个阶段的重点是确定项目的需求和范围,进行项目成本估算和资源分配,排定进度表等。项目计划完成后,要由整个项目团队按照计划完成各项工作。在工作进展过程中,不断跟踪和监督实际工作情况,并检查与项目计划之间是否有偏差,如果有偏差的话要及时调整。

成功的项目管理可以定义为:在一定的时间和成本范围内,按一定的质量标准完成了项目,并取得了客户的认可。

项目的特点决定了它所需要的管理技术方法与一般作业管理不同。一般的作业管理只需对效率和质量进行考核,而在项目管理中,尽管一般的管理技术方法也适用,但它注重以项目经理负责制为基础的目标管理。由于项目的一次性、不确定性特点,项目管理的一个主要方面就是要对项目中的不确定性和风险因素进行科学管理。此外,项目管理的全过程都贯穿着系统工程的思想,把项目看成一个完整的系统,依据系统论"整体—分解—综合"的原理,将系统分解为许多责任单元,由责任者分别按要求完成各单元的目标,然后综合成最终的成果。

人们从大量的项目管理实践中总结了规律、方法和技术,已形成了项目管理学科,而项目管理学科的研究又反过来促进了项目管理实践的发展。

1.2.2 软件项目管理的重要性

软件项目管理是项目管理中的一个特殊领域,它是以软件项目为对象的系统管理方法,它运用相关的知识、技术和工具,对软件项目周期中的各阶段工作进行计划、组织、指导和控制,以实现项目目标。

虽然项目管理的许多一般性原则和方法也适用于软件项目管理,但由于前面所述的软件项目的特点,软件项目管理有很大的特殊性,需要采用适合软件项目的管理方法和技术。随着信息系统在各行各业的广泛应用,社会对软件产品的需求越来越多,国民经济对软件的依赖程度也越来越高,因此软件项目管理的重要性已被人们普遍认识。

管理对于软件项目的成功是至关重要的。目前软件的规模越来越大,开发软件不能采用个人作坊式的方式,而必须团队作战。软件项目涉及大量的人员和活动,有进度和资金限制,并会遇到各种变化、风险和矛盾,必须有良好的管理才能成功。美国 Standish Group 于 2003 年分析了 13 522 个项目,结论是只有 1/3 成功,82% 的项目延期,43% 的项目超出预算。而导致项目失败的原因通常都与项目管理有关,所以有人说软件项目是"三分技术,七分管理"。

学习软件项目管理对提高软件开发人员的专业素质是必不可少的。为了适应团队开发,软件专业人员必须具有团队协作能力,能够理解软件项目在进度、成本、质量、人员等方面的计划和相应的措施,从而更有效地工作并为所在企业创造价值。特别是处于管理岗位上的人员,更要有项目管理的知识和技能。因此在软件专业人才的培养上必须高度重视项目管理能力的提高。

1.2.3　软件项目管理的范围

美国的项目管理学会制定的项目管理知识体系是一份比较权威的指南,为所有的项目管理提供了一个知识框架。该体系归纳了项目管理的以下 9 个知识领域。

(1)项目整体管理。包括项目章程和项目计划的制订,指导与管理项目执行,监控项目活动,整体变更控制,项目收尾等。

(2)项目范围管理。项目范围规定了一个项目中有哪些工作,范围管理就是对项目的范围进行规划、定义、核实和控制。

(3)项目时间管理。包括项目活动定义、排序、历时估算,进度计划的编制和进度控制。

(4)项目成本管理。包括项目成本的估算、预算和成本控制。

(5)项目质量管理。通过质量保证和质量控制手段,确保项目产品、服务或成果的质量满足用户要求。

(6)项目人力资源管理。保证最有效地使用人力资源,包括分配项目角色、项目团队的组建、团队建设、绩效管理等。

(7)项目沟通管理。保证项目干系人之间顺畅而充分的信息交流,包括确定项目干系人的信息需求、信息发布、收集与传播项目的绩效信息等。

(8)项目风险管理。对项目可能遇到的各种风险进行识别、分析、应对和监控。

(9)项目采购管理。项目采购是从项目团队外部购买或获取所需产品、服务或成本的过程。项目采购管理包括采购规划、询价、选择卖方、合同管理等。

前面讲过,软件项目管理是一种特殊的项目管理,因此上述 9 个知识领域也适用于软件项目管理。但由于软件项目的特殊性,对软件项目管理的研究和学习不能完全照搬项目管理的知识、方法和技术。软件项目管理已形成一个独立的项目管理学分支,它除了包含上述 9 个知识领域外,还特别注重软件配置和软件过程的管理。

软件项目在执行过程中会产生大量的程序和文档,它们统称为配置项。软件项目的配置项种类繁多且处于不断的变更之中,为了使项目顺利进行并保证软件产品的质量,这些配置项的变更必须得到控制,保证它们的完整性、一致性和可追溯性,这是软件项目配置管理的目的。

软件过程是生产高质量软件所需完成的任务框架,即形成软件产品的一系列步骤,以及每一步骤的中间产品、资源、角色和所采取的方法、工具等。软件产品的质量标准必须通过严格控制的软件过程来达到,而大型软件项目的过程是高度复杂和灵活的,因此必须关注软件过程的管理和持续改进。一些被证明行之有效的过程框架,如 rational 统一过程、微软解决方案框架(MSF)等,已被业界广泛采用,过程改进模型 CMMI、ISO15504 也已成为软件业普遍采纳的标准。

随着软件业的快速发展,软件项目管理也处在不断的发展变化之中。近年来兴起的软件外包、软件复用、开源软件项目等新的项目模式和技术给软件项目管理提出了新的课题,不断丰富着软件项目管理的理论和实践。

本书以 PMBOK 的知识体系为基础,结合软件项目的特点,并兼顾一些新方法和新技术,对软件项目管理进行了全面而清晰的讲解,包括软件项目立项和策划、成本管理、进度管理、质量管理(包括过程改进模型)、配置管理、风险管理、人力资源管理、项目验收、软件项目管理新技术与新进展、软件项目管理工具。

1.3 软件项目的生命周期

软件项目管理强调阶段性和过程性，在实施项目管理的过程中，应该把项目划分为便于进行管理的一系列阶段，并在不同的阶段执行一系列具体的项目管理活动。

项目(包括软件项目)通常可划分为4个阶段:识别需求、方案设计、项目执行和项目收尾，如图1-1所示，这些阶段组成了项目的生命周期。

项目生命周期的长度根据项目的不同有很大差别，可能只有几个星期，也可能长达数年。在项目生命周期的各阶段，人力和费用的投入是不平均的，开始投入比较低，然后逐渐升高;在项目的实施、控制阶段，达到最高峰;此后逐渐下降，直到项目的终止。

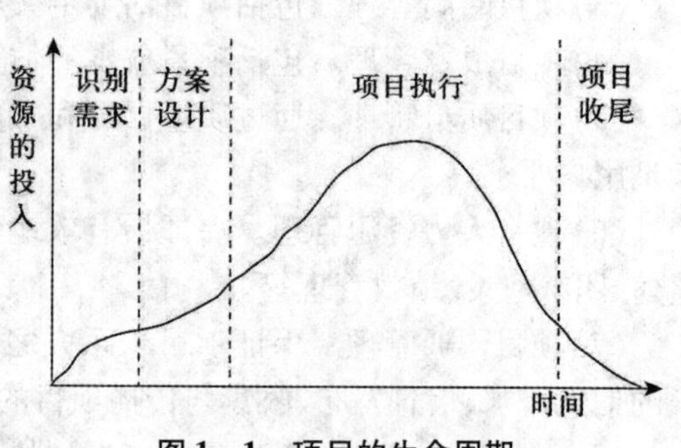

图1-1 项目的生命周期

在“识别需求”阶段，由客户识别出需求，或一些需解决的问题。“客户”是指为完成项目而提供资金的人或组织。这些被客户识别出的需求或问题通常被记录下来，提交给相关的人员或组织去解决，客户在提出需求时往往会附加时间和成本限制。例如，一个公司发现其销售渠道不畅，不能为客户提供良好的销售服务，影响了其竞争力，因此需要建立电子商务系统，该公司会把这一需求记录下来，并寻找系统开发商在一定期限和成本范围内为公司建立电子商务系统。有时候客户需求不是明显的，是潜在的或需要培育的，这就需要项目组织能及时从市场、技术发展和国家政策导向中发现需求。

在项目的第二个阶段“方案设计”要为客户的需求提出一个解决方案。首先要进行可行性研究，对新系统可能的开发和运行成本及其效益进行估计。如果可行性研究的结果表明预期的项目可行，就要设计解决方案以及与解决方案相配套的进度、成本、质量、风险、人力资源等方面的规划。可能会有多个组织向客户提交他们的解决方案，客户经过比较，选择其中一个，然后双方签订合同。这就是通常的项目招标方式。在有些情况下，客户也会选择其内部团队来完成项目，而不承包给外部组织。

项目的第三个阶段是“项目执行”，即执行项目计划，实现所提出的解决方案，从而满足客户的需求，在该阶段的末尾通常需要对项目产品或服务进行验证。例如，在上述建立电子商务系统的例子中，承担该项目的组织在项目的第三阶段所做的工作是在一定的时间和成本限制下开发和部署电子商务平台，并通过用户的验收测试。在这一阶段还要不断监控项目的执行过程，测量项目的实际进程和质量指标是否与计划一致，如果测量结果表明出现了偏差，要立即采取纠正措施，以使项目恢复到正常轨道，或者更正计划的不合理之处。

项目最后一个阶段“项目收尾”的任务是执行项目的收尾工作，例如确认所有的项目可交付物都已移交给客户，所有的费用都已经清算。对项目承担者来说，收尾阶段的一个重要任务是对项目过程进行总结，得到对本组织的改进有益的经验教训。项目组需要调查客户的满意度，收集客户和项目团队成员的建议，从而能够改进以后项目的性能。

需要注意的是，项目的生命周期与项目产品的生命周期是两个不同的概念，一个项目结束后，项目产品或服务的生命周期通常不会结束。对于一个软件项目来说，当把软件产品移交并通过用户验收后，通常项目就结束了，但软件产品还有很长的使用和维护期，对于比较大的软件修改维护任务，可另外设立项目进行管理。

【课后实训】

1. 案例分析

本案例针对“医疗信息商务平台”项目的管理过程，这个案例贯穿始终，并围绕各项目主题进行具体案例分析。

2. 课程实践

为了配合“软件项目管理”课程的实践环节，本书要求学生针对“项目管理在线学习网站”（简称 SPM）项目完成项目管理实践，包括的实践环节体现在不同的章节中。可将所有学生进行分组，每组 5 人，每组代表一个团队，并且每个团队有自己的名称，学生以团队形式完成这个情景项目的实践环节。

思考练习题

1. 给出项目的定义。
2. 下列哪些活动不是项目？
 - 探索火星生命迹象。
 - 向部门经理进行月工作汇报。
 - 开发新版本的操作系统。
 - 每天的卫生保洁。
 - 一次集体婚礼。
3. 软件产品具有哪些特点？
4. 为什么说学习软件项目管理是非常重要的？
5. 你认为在一个软件项目中，为保证软件项目的成功，主要应注意哪些方面的管理？
6. 软件项目的生命周期通常包括哪些阶段？各阶段需完成哪些任务？

项目二　软件项目立项

【知识要点】

1. 了解软件项目立项的基本要求。
2. 了解软件项目业务的相关领域分析。
3. 了解软件项目可行性分析。

【难点分析】

1. 熟练掌握软件项目的立项流程。
2. 熟练掌握软件项目的可行性分析内容。

软件项目立项是软件项目管理开始前的必要工作，只有确定立项的项目才进入项目管理过程。企业资源总是有限的，而企业中的项目是需要资源的，所以企业批准了一个项目就批准了一项投资。从公司治理机制和企业财务管理的角度来说，投资需要经过论证、审批，不同的投资规模需要不同权限管理者的批准。一定时期内企业能够从事的项目也是有限的，究竟开始哪些项目，放弃哪些项目，对于企业来说必须经过全面考虑，因此在项目启动之前进行项目立项审核是非常必要的，而且也是非常必需的。

2.1　软件项目立项流程

企业中软件项目的立项是有一定程序的，一般需要经过“识别发起项目→论证项目→申请项目→审核项目→确定项目/立项”5 个步骤，如图 2－1 所示。

识别发起项目是立项的第一步，可以是任何人或者组织识别出项目，并认为其值得做而发起这个项目。第二步项目论证主要是对发起的项目进行可行性分析，调查项目是否可行，伴随此步骤产生一个“可行性分析报告”文档。第三步是对可行的项目进行申请立项。因为项目是要消耗资源的，这一步就是向高层决策者申请项目的批准认可，伴随这一步产生“立项建议书”文档。第四步是高层对项目的审核，高层参考前两个文档，从企业全局出发，确定企业是否要确立这个项目，有时即使项目各个方面论证都是可行的，但是从全局的角度考虑也可能暂时不能够立项；如果高层审核通过，那么就正式确立了项目，就是项目立项的第五步了。整个立项流程重点工作集中在前 4 步。

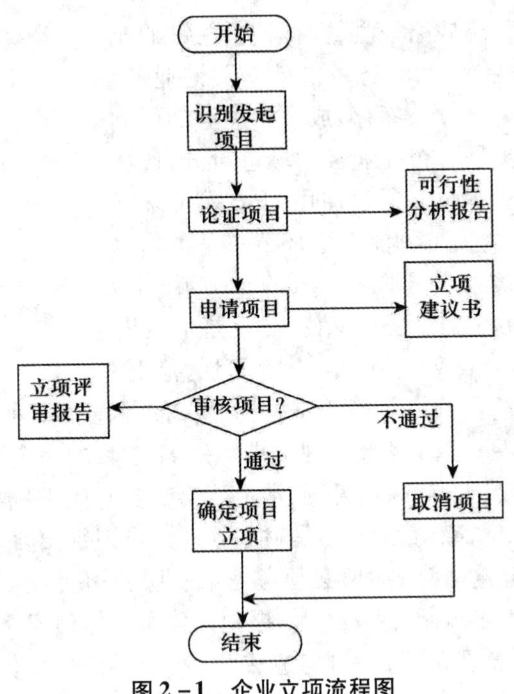

图 2-1　企业立项流程图

2.2　软件项目发起

项目的发起者可以是任何一个需要处理业务问题的部门或个人,或者任何一个认为启动一个新项目能够给公司带来利益的员工。这些业务人员从各种视角发现有一个机会或者有一个业务需要立项来完成,而且对于公司发展意义很大。项目的发起就是挖掘机会的过程,尤其是对于大众产品类的企业来说,识别项目、抓住机会非常重要。

2.2.1　识别企业内部 IT 项目

在软件项目管理中,一般涉及软件开发者(简称"乙方")和软件使用者(简称"甲方")两类企业。一般当甲方发现自己需要上一个 IT 项目时,经过内部论证认为这个项目可行,所以开始招投标寻找一个合适的乙方为自己开发项目,或者甲方内部开发。在这个过程中的第一步,甲方如何发现自己有 IT 项目需求呢? 这就是一个识别企业内部 IT 项目的过程。

任何软件的使用都离不开对业务的支持,软件本身是为了把实际业务中的手工作业变成计算机作业以提高效率。企业上一个 IT 项目,一定是基于业务需要的,比如现在很多企业上线了 ERP,但是随着业务的发展,发现 ERP 没有完成企业核心的生产过程中的透明化管理,所以为了使 ERP 能够有效发挥作用,企业就上线生产执行系统来解决企业生产过程的管理,从而给 ERP 提供数据支持,这个过程中就存在一个识别生产执行系统项目的过程。

图 2-2 描述了在一个企业中识别 IT 项目的过程。这个过程其实也就是项目发起人产生项目概念的一个过程。

从图 2-2 看出,识别企业的项目一般分成 4 个步骤。成熟的企业都有信息技术部门,所以第一步该部门的领导需要在企业整体战略规划的基础上制定一个企业信息系统战略规划，并识别出关键的业务领域。比如对一个学院来说，教务可能就是关键业务，而对于一个制造企业来说，生产、库存、成本管理等都可能是关键业务领域。第二步是对企业业务领域进行分析，从而识别出哪些主要业务过程可以通过使用 IT 技术带来好处。例如，如果制造企业的人工物流配送环节总是影响生产，那么就可以考虑上线自动导向车（Automated Guided Vehicle，AGV）系统来解决这个问题。第三步就是形成潜在的项目，例如，确定上线 AGV 项目，则定义项目的范围，以及项目能够带来的收益和约束。第四步是为选择的信息技术项目进行资源分配，如为 AGV 项目分配合理的资源。以上 4 步就是企业识别 IT 项目的一个典型过程。

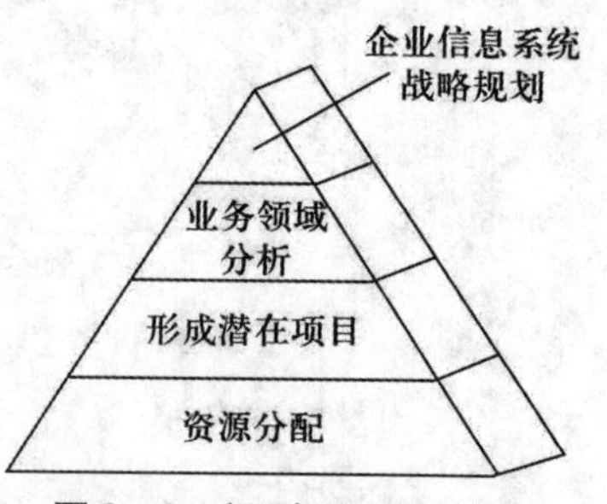

图 2－2　识别 IT 项目过程

如果是具体的业务人员发起的项目，通常是从第二步开始识别项目的。比如财务部门想跟踪公司中所有的固定和流动资产，于是财务管理人员识别出自动跟踪公司资产的软件项目。但是要启动或发起这个项目时，必须考虑第一层公司企业信息技术战略规划，因为这决定了待启动项目的很多软硬件技术。如果抛开公司整体信息系统规划，直接购买软件包，或者直接开发此资产管理系统，很可能造成此系统使用的软硬件与公司中其他应用系统不兼容，这是非常糟糕的。为了避免信息技术孤岛的存在，发起任何一个公司内的 IT 项目都应该包含在整个公司的 IT 规划之内。

2.2.2　关键业务领域分析

在识别项目的过程中，业务分析很重要，新的 IT 系统一定是能够帮助业务提高效率的。因为企业业务很大程度上决定了项目的选择，所以下面先介绍一个识别公司业务的关键方法——波士顿咨询矩阵法。

如图 2－3 所示，波士顿咨询矩阵中纵坐标描述业务的市场年销售增长率，用来度量市场的吸引力。横坐标描述业务的市场份额与该市场最大竞争者的市场份额之比，用来衡量公司在市场中的实力和地位。通过这个图示可以划分出 4 种类型的战略业务单元。

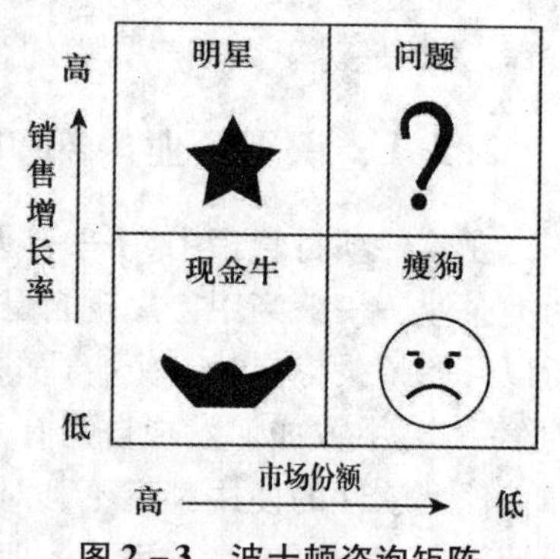

图 2－3　波士顿咨询矩阵

（1）问题类业务。此类业务是指销售增长率高而相对市场份额低的企业业务。大多数企业业务都从此类型业务开始，这表示企业试图进入一个高速成长的市场来寻找发展机会。问题类业务需要投入大量资金，以便跟上迅速成长的市场需要，以及想办法赶超该市场上的领导者。因此，对于这类业务公司，必须确定是否对它进行大量的投资使之转变为明星业务或者及时从中摆脱出来。

（2）明星类业务。企业如果拥有这类业务，则代表在这个高速成长的市场上企业是市场的领导者。但是企业也必须投入大量的金钱来维持其销售增长率和击退竞争者的各种进攻，因此这种业务并不能给公司带来大量的现金收入。最终它的增长率会减缓，转变为现金牛业务。

（3）现金牛类业务。当销售增长率降到10%以下时，如果能继续保持大的市场份额，就是现金牛业务，它能为企业带来大量的现金收入。由于销售增长率低，企业不必大量投资，同时也因为是市场领导者，它还享有规模经济和较高利润率的优势。通常企业用现金牛业务来支持明星、瘦狗和问题类业务。

（4）瘦狗类业务。瘦狗类业务是销售增长率低、市场份额也相对低的业务。通常它的利润率很低，这种业务可能产生足够的现金来满足自身的需要，但是却不足以成为大量现金的源泉。它的经营通常要占据管理者较多的时间，因此这种业务需要进一步收缩或者淘汰。

从图2－3看出，企业业务成功路线是指从“现金牛”业务赚来的钱，不是全部投资在原来的业务上，而是投资在“问题”类业务上，将“问题”类业务转变成“明星”类业务，同时保证“明星”类业务向“现金牛”类业务转化。

业务失败的路线有三种。第一种是许多企业将从“现金牛”业务赚来的钱，重新投资在该业务上，而对“问题”类业务投资不足，结果“问题”类业务营养不够变成了“瘦狗”类业务，进而退出市场。第二种是企业在“明星”类业务上投资不足，“明星”业务变成了“问题”业务，进而变成了“瘦狗”业务。第三种是企业从“现金牛”业务身上挤了太多的奶，拼命地挤，最后把“血”都挤了出来，结果“现金牛”被挤死了，企业失去了现金的来源。

根据业务领域的分析，企业找出自己的核心业务，对核心业务采用信息技术支持。对IT部门来说，用更有效的技术手段来支持企业业务流程是其首要的任务。

2.2.3 IT企业项目选择方法

并不是任何一个项目经过识别后都能够进入下一个环节，而是要在识别的项目中进行合理的初步选择，确定是否能够进入下一步的项目论证分析和申请工作。项目的选择并不是一门严格的科学，但是它对于项目管理来说很重要。从可能的项目中进行选择的方法有很多，但是常用的有4种：注重整个组织的需要、分类IT项目、进行财务分析和运用加权评分模型。

1.注重整个组织的需要

管理者在决定选择什么样的项目、什么时候实施、做到什么程度时，必须注重于满足组织的多种不同的需要，所以IT技术仅支持一个业务领域是不够的。IT部门最常面对的一个问题是：“我们如何推动整个组织内的流程建设，而不是仅侧重某一个业务，从而满足这个组织的需求。”一般地，能够较多地符合整个组织需求的项目被选择的可能性较大。例如，某企业在推行一个信息系统时，提出系统的基本功能是满足企业业务的需求，但是因为该企业在行业内是龙头企业，此信息系统的推行有一定的示范作用，所以信息系统就不能够仅关注本企业的业务需求，还需要考虑行业企业的业务异同，满足标准的业务，以利于信息系统在行业内的推广，这就是注重了企业整个组织的需求。

对于大多数的IT项目来说，定量分析项目如何满足组织战略是比较困难的。在这种情况下，项目的选择就需要高层从战略规划的角度来确立项目。所以基于整个组织的需要来选择项目，首先要判断它们是否符合三个重要标准：需求、资金和意愿。企业的高层是否同意做这个项目？企业是否能够提供足够的资金支持？有没有坚定的决心一定要完成这个项目？

2. 分类 IT 项目

第二种项目选择方法是以项目分类为基础的。常见的 IT 项目分类通常评价项目是否可以解决某个问题,或是抓住一种机会,或是迎合某个指示要求。基于这些考虑把 IT 项目分为如下三类。

• 问题类。此类项目是指解决某个迫切的、阻碍企业发展的问题而产生的项目。这里的问题可以是现实的,也可以是预期的。比如随着企业人员规模的扩大,职工技能培训越来越重要,但是每个员工不可能都脱产去参加培训,所以企业打算启动网上大学项目,从而使企业员工可以在线学习新的知识。

• 机会类。机会是有利于组织的可能性。例如,如果公司认为通过 B2C 能够提高销售量,那么企业就可能启动电子商务项目。

• 指示要求类。此类项目是由管理层、合作伙伴或者其他外界因素施加的新要求而产生的项目。例如一个小的供应商要加入一个大客户的供应商列表中,首先就要根据客户要求启动电子数据交易系统(EDI),以利于双方业务的实现。

组织根据这三种类型来选择项目,通常那些能够解决当前问题或应对指示要求的项目被批准并获得资金支持的可能性较大。但是企业也必须回顾历史,分析环境,找到机会,以通过 IT 项目使企业的能力得以提升。

3. 进行财务分析

财务分析法就是用一些经济指标,比如净现值、投资回收期、投资回报率等,来衡量项目是否经济可行,是否值得投资启动。经济性评估是项目选择中的重要考虑因素,在可行性分析中的经济性评估中将详细阐述。

4. 运用加权评分模型

企业根据很多标准来选择项目,对每种标准给出权重,然后给出项目在各个标准下的分值,求出一个加权评分值,从而确定启动什么项目。

运用加权评分模型来选择项目时,第一步就是要识别企业选择项目的标准。一般可以采用头脑风暴法来确定选择项目的标准。对于 IT 项目来说,可能的标准包括如下几个方面。

• 符合主要的商业目标。
• 有极具实力的内部项目发起人。
• 有较强的客户支持。
• 运用符合实际的技术水平。
• 可以在一年或者更少的时间内完成。
• 有正的净现值。
• 风险较低。

确定了标准后,第二步就是给各个标准赋予权重。这些权重意味着企业对每个标准的重视程度。可以采用百分比的方法赋予权重,所有标准的权重之和等于 100%。一般采用德尔菲法确定权重。现在管理学中也给出了很多种确定权重的方法,如层次分析法、模糊综合评价法。

有了权重后,对每个项目的每个方面进行打分,然后按照权重进行加权,得出一个加权分值。分值高的项目就是被选择的项目。

在加权评分模型中,也可以对某个特定的标准设定阈值。例如,可以在 IT 项目的时间标准上设定阈值是两年，在实际评价选择中可以结合阈值的情况，直接将没有达到要求的项目淘汰，比如时间超过两年的项目都不予选择。

以上 4 种方法是常见的选择项目的方法，但是实际中，往往会综合应用这些方法，管理层会根据特定的组织背景来决定最好的选择项目的方法。

2.3　软件项目可行性分析

可行性分析是为了立项做准备。关于软件项目的可行性分析，重点需要清楚以下三个问题。

- 可行性分析在项目管理中的作用？
- 什么人会关注项目的可行性分析？
- 如何进行可行性分析？

可行性分析是项目立项前的一个重要工作，需要对项目所涉及的领域、投资的额度、投资的效益、采用的技术、所处的环境、产生的社会效益等多方面进行全面的评价。缺少了可行性分析，项目的立项就如同建立在不可靠的基石上。地基不牢固，那么不论建房时采用何种技巧，建造的房子仍然存在倒塌的危险。因此软件项目管理前的可行性分析是非常必要的。

根据可行性分析的含义，很多人显而易见地会想到投资方才会关注项目的可行性分析，具体来说是公司的上层决策者才会关心这个问题，这是毋庸置疑的，因为这涉及公司投资决策是否正确、投资的钱能不能收回的问题，没有效益的事情从经济学上讲是没有必要进行的。

从软件项目管理的角度来看，项目经理也需要关注项目的可行性分析，掌握可行性分析的技术。从软件项目的管理流程来看，通常确定立项后才会产生一个项目，并指派一个项目经理负责管理此项目，而可行性分析是立项前的工作，所以很多公司的项目经理并没有参与前期的可行性分析。现实中经常会遇到这种场景：合同签订了，实施就要开始了，可是作为被委派的项目经理，对项目的背景、客户信息还一无所知，更不知道项目对公司的重要程度，当满眼生疏地翻看合同时，又可能会惊奇地发现在合同中承诺的有些事情根本就不可能实现。如果在这种情况下开始项目，项目经理后期的工作要么是劝说客户同意修改合同相关事项，要么是最好做好不能够顺利完成项目的打算，不管是哪种情况都是让项目经理尴尬的事情。因此很多公司的项目经理经常会问“项目经理的工作究竟从什么时候开始？项目经理是否应该参与合同签订之前的工作，如可行性分析、项目建议书的编写、合同谈判？”根据实际情况来说，显然如果让项目经理尽早介入立项中来，参与项目的可行性分析，一方面有利于项目经理尽早熟悉项目情况、规划项目；另一方面在项目可行性分析中，项目经理尽早把自己的意见表达出来，以避免后期的尴尬情况，为后期项目的顺利开展打下基础。因此对于一个项目经理来说，评估项目的可行性是非常必要的。

关于第三个问题“如何做可行性分析”，则是接下来本节重点阐述的内容。

2.3.1　可行性分析的定义和时机

从软件项目的角度考虑，所谓可行性是指度量开发一个信息系统对于一个组织是否有利和实用;所谓可行性分析就是指度量可行性的过程。

对软件公司来说,不论是自己投资开发新产品,还是为别人做软件项目,都需要重视可行性分析。可行性分析是要决定“做还是不做”,必须牢记“什么都不做”永远是一个可考虑的方案。此外,对于软件项目来说,可行性分析和软件的需求分析是有本质区别的,前者决定“做还是不做”,而需求分析是立项后决定“做什么,不做什么”。

根据前面图 2 – 1 所示的立项流程可知,立项前肯定要做可行性分析,但这并不意味着在软件项目管理中只进行一次可行性分析。原则上可行性分析应贯穿整个项目周期,因为项目开始后很有可能原来分析的市场机会、优势或者需求发生了变化。尤其是对于做大众软件产品的企业,市场变化是很快的,所以投资一个项目没多久可能就需要考虑这个项目继续进行下去是否有利了。但是评估项目本身也是费时费力的事情,所以不可能在项目进展中做太多次的评估。从软件项目的过程管理来说,可行性分析有如下两个重要的里程碑。

- 立项之前。
- 明确需求之后。

项目立项之前必须要评估,因为需要从公司的技术实力、经济效益和社会效益等方面评估这个项目是否可行。但是毋庸置疑,此时的评估是粗略的,不涉及太多细节,因为很多因素并没有完全确定下来,不知道软件需求究竟是什么样的。例如,甲乙双方在立项前的沟通中,甲方说“我们上线生产执行系统目的在于管理整个生产过程,提高生产效率,使生产过程中的各种基础数据能够及时有效地传达到决策层进行分析”。依据这个模糊的需求,基于甲方生产规模,乙方参考自己曾经做生产执行系统的经验,能够进行粗略的可行性分析,确定自己承担这个项目的开发是否值得。此时的可行性分析是不精确的,但也是必需的,是为立项打基础的,它确定了项目是否值得立项。

项目进行中也要不断进行评估,随着项目的发展,关于项目的各种信息越来越多,评估也就越来越准确。项目可行性分析的第二个重要时机就是软件项目需求确定时,因为需求的确定意味着对项目的了解很全面了。比如上例通过需求调研,乙方知道生产执行系统有几个功能模块,而且每个模块的主要功能也清楚了,数据量也大致了解了。此时再进行一次经济评估可以弥补立项前评估的不准确性,使评估的结果更准确,更清楚知道项目是否值得投资。可能项目初期因为信息不完备,所以评估结果是可行的,但是经过此次评估确定是不可行的,那么此时的评估就能够让企业尽早终止项目,及时止亏,而不是拖到项目完成时才发现亏损很大。如果项目注定是失败的,早结束比晚结束损失的沉没成本会少一些。软件需求确定后的评估是不能够忽视的,它可以“亡羊补牢”,再次核实前面的评估是否准确。

2.3.2 可行性分析的内容

可行性分析对项目管理很重要,但是如何做可行性分析,也就是说从哪些方面进行可行性分析? 一般来说,主要从以下 8 个方面展开。

- 战略评估。
- 操作性评估。
- 计划评估。
- 技术评估。

- 社会评估。
- 市场评估。
- 经济评估。
- 风险评估。

不是每个项目都必须经过上述8个方面的可行性分析,不同背景的项目侧重点是不同的。比如大众市场的软件产品在进入市场之前的市场分析非常重要,但是对于针对确定企业开发的软件项目,市场分析就不重要了。在实践中需要根据项目的具体情况来确定应该进行哪些方面的可行性分析。

1. 战略评估

战略评估是公司高层从整个公司的角度来考虑项目的可行性,而不是仅考查这个项目本身是否可行。既然站在公司的角度考虑问题,那么战略评估首先要评估投资此项目对公司其他项目有什么影响,也就是要把一个单独的项目作为群体的一部分来看待,即项目群管理。所谓项目群是一组按协调方式管理的项目,通过将项目组成项目群,将获得比单个管理项目更大的效益。有效的项目群管理需要有一个项目群目标,项目必须根据项目群目标来选择。在大的组织中,将可能有项目群管理的机构,如项目管理办公室,即使没有专门的组织来管理项目群,项目的选择也需要根据组织的整体业务目标来评价,考查项目对项目群的影响。

为了有效管理项目群,战略评估一般考虑以下几个方面。

- 目标。提出的系统对组织目标具有怎样的贡献?例如它是否能够增加市场份额。
- 信息系统计划。提出的系统如何与信息系统计划相适应?它将替换或者与哪些系统接口?它与将来开发的系统有何交互关系?
- 组织结构。新系统对目前的部门和组织结构有何影响?例如一个新的订单处理系统是否与目前的销售和库存控制的功能相重叠?
- 管理信息系统。系统将在组织的何种层次上提供何种信息?它将以何种方式对现有管理信息系统进行补充和提高?
- 人员。系统将以何种方式影响人力水平和现存雇员的技术?它对组织整个人员开发策略有何影响?
- 情形。系统将使客户对组织的态度有何变化?是否采用一个自动化的系统将与提供友好的服务相冲突?

战略评估和企业业务管理是分不开的,促进业务管理是战略评估的目的之一。选定的项目将成为业务的一部分,项目将对资源产生竞争。公司一般都有主营业务,也就是自己强势的地方。尤其是做产品的企业,更要清楚自己的主营业务,假设企业一直是做会计软件的,现在想主攻工厂控制软件就不一定能够成功,投资的项目要和公司的战略计划相适应,因此此公司投资小型ERP的可能性就大些。因为被提议的项目将和其他正在进行的项目争夺资源,所以要考虑它的影响。战略评估虽然基本都是由公司高层来评估的,但是作为项目经理应该了解这一点。

2. 操作性评估

操作性评估重点从系统本身和人员两个方面来进行评估。

从系统角度来考虑,要确定系统是否能够真正解决问题。不能够开发一套不能够满足用户需求的系统,这样的系统本身就是操作上不可行的。要做好这一点,前期的系统需求分析就至关重要。对于系统的操作性评估主要包含以下几个方面。

- 性能:项目的吞吐量和相应时间是否可行?
- 信息:系统是否为终端用户和管理者及时、准确地提供有用的信息?
- 经济:系统提供的服务和功能是否能够真正给企业带来成本的降低和效率的提高?
- 控制:系统是否能够确保数据和信息的安全?
- 效率:系统是否最大限度地利用了可用的资源,从而帮助企业解决和分析问题?
- 服务:系统是否为需要的人提供了可靠和期望的服务?系统的柔性如何?

人员方面,操作性评估需要从系统开发的甲乙双方来考虑。从甲方来说,主要是评估终端用户和管理者对系统的态度。有时尽管系统的功能很完善,但是终端用户和管理者的抵制也会影响系统的使用。因此从甲方人员的角度要考虑以下问题。

- 管理者是否支持系统?
- 终端用户是否抵制使用系统?如果抵制,这个问题是否可以解决?怎么解决?
- 终端用户的工作环境是否会发生变化?他们是否愿意接受变化?

从乙方考虑,人员的可行性也决定了操作的可行性,尤其是软件行业这种智力密集型企业,如果没有足够的合适的人来开发系统,那么系统的操作性就面临困难。所以启动一个项目时,重点还是要考虑这个项目是否有足够需要的人来完成。

3. 计划评估

项目的计划可行性分析重点是考虑制定的项目计划是否可行,能否按照计划完成项目。因此要进行计划评估,首先必须要估计项目完成所需的时间,其次把进度和资源联合起来考虑是否可行。因为进度和人、技术都是密切联系的,比如技术上企业能够购买数据库,但是如果项目组内没有了解这个数据库的人,那么项目进展中肯定有个学习数据库的时间,这会影响项目进度,所以单纯地考虑进度而不考虑资源是没有意义的。

4. 技术评估

技术评估就是对待开发的系统进行功能、性能和限制条件的分析,确定在现有资源的条件下,技术风险有多大,系统是否能实现。其中,资源包括已有的或可以获得的硬件、软件资源,现有技术人员的技术水平与已有的工作基础。一般来说,重点考虑如下5个方面。

(1)技术成熟度

当项目选择一种技术作为开发基础时,必须考虑此技术是属于“实验室技术”还是属于“已经工业化应用的技术”。如果属于前者,显然此技术的成熟度很低,技术本身仍然有很多问题待解决,如果采用这种技术进行系统开发,开发中如果出现技术问题很难解决,从而必然导致系统不可行;反之,已经工业化应用的技术是在实践中经过验证的,而且广泛使用的,采用这种技术则有利于项目实现。

(2)市场需求

重点从技术的市场竞争态势方面考虑,拟采用的技术与竞争技术相比优缺点是什么,怎样在项目中克服它的缺点,从而有力说明所采用技术的可行性。

(3)技术转换成本

如果是对旧系统的改造项目,可能会涉及与旧系统不同的新技术,这种情况下就需要论证技术转化成本,考虑新技术相对旧技术的利弊。采用新技术可能会提高效率,但是和旧系统如何接口需要考虑。

(4)技术发展趋势及所采用技术的发展前景

项目采用一项技术时,也需要考虑此技术本身的发展趋势和前景。有些技术尽管很成熟,但是若是明日黄花的话,采用这种技术就容易造成后期的维护困难。现在很多系统开发不仅基于 Windows 平台,也考虑在 Linux 平台下的情况,这就是因为考虑到了 Linux 广阔的发展前景。

(5)技术选择的制约条件

再成熟的技术,再有发展前景的技术,再和项目融合的技术,选择时也必须考虑它可能受哪些条件制约,比如项目是否有足够掌握此技术的人。

综合上述 5 个方面,简单地说,在对项目进行技术选择时,关键考虑下面三个问题。

- 做得了吗?即在给定的时间内该技术能否实现需求说明中的功能。
- 做得好吗?即软件的质量如何?有些应用对实时性要求很高,如果软件运行慢如蜗牛,即便功能完备也毫无实用价值。有些高风险的应用对软件的正确性与精确性要求极高,如果软件出了差错而造成客户的巨大利益损失,那么问题就很严重了。所以在技术选择中要关注选择的技术是否能够保证项目的质量要求。
- 做得快吗?即软件的生产率如何?如果生产率低下,企业能赚到的钱就少,并且会使企业逐渐丧失竞争力。在度量软件效率时,不能漏掉用于维护的时间。软件维护是容易拖后腿的事,它能把前期拿到的利润慢慢地消耗完。

5. 社会评估

软件项目在进行可行性分析时,还必须包括法律、社会等方面的可行性分析。软件项目会涉及合同责任、知识产权等法律方面的问题,特别是在系统开发和运行环境、平台和工具方面,往往存在一些软件版权问题。是否能够购置所使用环境、工具的版权,有时也可能影响项目的成败。项目是否在政策法律的允许范围之内也是必须密切关注的。

此外,项目的实施对社会环境、自然环境的影响以及可能带来的社会效益也需要分析。比如提供地图软件的公司需要考虑地图详细到什么程度才能够既满足用户需求,又不触犯个人隐私。

6. 市场评估

市场分析主要是针对产品软件,而对于项目软件来说,基本上不需要关注市场分析,因为它的市场是稳定的。所谓市场分析是指通过必要的市场调查和市场预测手段,对项目产品的市场环境、竞争能力和竞争对手进行分析和判断,进而分析项目产品在可预见的时间内是否有市场,是否能够带来预期的经济效益,以及采用什么样的营销战略来实现营销目标。

软件项目的市场分析主要考虑如下因素。

- 分析市场发展历史与发展趋势,说明本产品处于市场的什么发展阶段。
- 本产品和同类产品的价格分析。
- 统计当前市场的总额、竞争对手所占的份额,分析本产品能占多少份额。
- 产品消费群体特征、消费方式以及影响市场的因素分析。
- 分析竞争对手的市场状况。
- 分析竞争对手在研发、销售、资金、品牌等方面的实力。
- 分析自己的实力。

一般来说,市场可以分为未成熟的市场、成熟的市场和将要消亡的市场。涉足未成熟的市场要冒很大的风险,要尽可能准确地估计潜在的市场有多大,自己能占多少份额,多长时间能实现占据高的市场份额。挤进成熟的市场,虽然风险不高,但利润也不多。如果供大于求,即软件开发公司多而项目少,那么竞标时可能会出现恶性杀价情形。将要消亡的市场企业则完全不要进入了。

市场分析方面采用的主要方法是 SWOT 分析,SWOT 是一个众所周知的市场营销工具。它包括分析企业的优势(Strength)、劣势(Weakness)、机会(Opportunity)和威胁(Threats)。从整体上看,SWOT 可以分为两部分:第一部分为 SW,主要用来分析内部条件;第二部分为 OT,主要用来分析外部条件,从而可以对市场情况有较完整的概念。SWOT 分析法如图 2-4 所示。

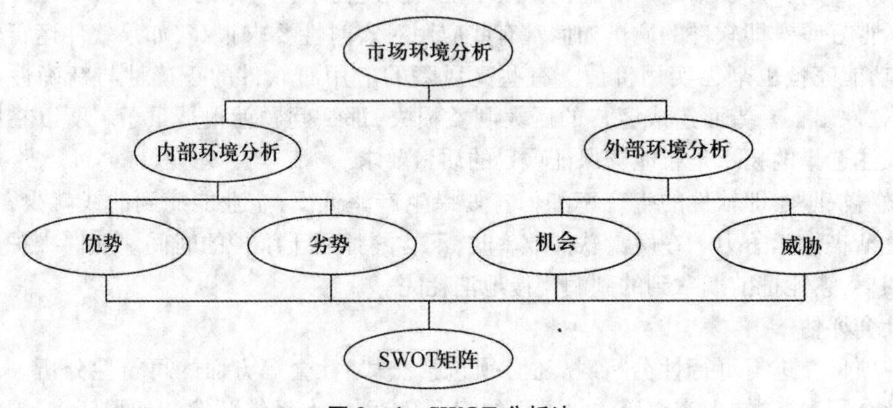

图 2-4　SWOT 分析法

通过对 4 个方面的调查,将调查得出的各种因素根据轻重缓急或影响程度等方式排序,构造 SWOT 矩阵。在此过程中,将那些对公司发展有直接的、重要的、大量的、迫切的、久远的影响因素优先排列出来,而将那些间接的、次要的、少许的、不急的、短暂的影响因素排列在后面。

在完成环境因素分析和 SWOT 矩阵的构造后,便可以制订出相应的行动计划。制定计划的基本思路是发挥优势因素、克服劣势因素、利用机会因素、化解威胁因素。运用综合系统分析方法,将排列与考虑的各种环境因素相互匹配加以组合,得出一系列可选择对策。

SWOT 分析实际上是将对企业内外部条件各方面内容进行综合和概括,进而分析组织的优劣势、面临的机会和威胁的一种方法。通过 SWOT 分析,可以帮助企业把资源和行动聚集在自己的强项和有最多机会的地方。SWOT 方法的优点在于考虑问题全面,是一种系统思维,而且可以把对问题的"诊断"和"开处方"紧密结合在一起,条理清晰,便于检验。

7. 经济评估

经济可行性分析是很多项目可行性分析的底线,是立项前必须做的可行性分析。

(1)成本效益分析

经济可行性评估主要是对整个项目的投资和所产生的效益进行分析。一般采用成本效益分析方法,即把系统开发和运行所需要的成本与得到的效益进行比较。如果成本高于收益,则表明项目亏损了,成本小于效益的项目才值得投资。

进行成本效益分析一般采用两个步骤。第一步是估计项目进行中的所有成本和效益。这些估计必须反映的是新系统本身带来的成本和效益,例如公司原来没有销售管理系统,现在上线一个销售管理系统,方便了很多客户,新系统带来的收益就是新增加的销售收入,而不是销售收入的总值,因为没有上这个系统之前本身也是有收益的。第二步是将成本和效益用通用单位来表达,通常是以元为单位。单位统一,成本和效益才能够进行比较。

实践中对于一个需求和解决方案尚未具体确定的项目,进行成本效益评估是有一定困难的,通常采用两种办法进行估计。第一种方法称为“自底向上估计”,即把项目进行工作分解,估计每一个工作包的成本和效益,然后将这些累加起来。比如,根据软件项目的模块划分,对每个模块进行成本估计,然后加总得出总项目的成本。第二种方法称为“自顶向下估计”,即从管理者对成本和效益额度的期望开始,确定在成本、利益约束下能够交付的产品,提供管理者多种选择。这种估算与第一种方法相反,管理者往往对项目总成本给出一个期望值,从而根据这个期望值考虑软件的规模和功能模块。

不论采用什么方法分析项目的成本和效益,一般软件系统成本可以按照项目阶段分为以下三种成本。

- 开发成本:是指参与开发项目的员工工资和其他相关成本,比如购买的相关软件。
- 安装成本:使该系统投入使用需要的成本。这种成本对于软件项目乙方来说一般不会考虑,主要是甲方考虑的因素,比如购买新机器或者服务器的成本,培养员工使用系统的成本。
- 运行成本:是指系统上线以后涉及的成本,比如后期的维护成本。

对于软件开发项目的乙方来说,可能更多的是关注上述第一种成本,下面重点从乙方角度出发,把可能的 IT 的成本按照系统开发的时间阶段,具体分解为如下三种。

- 项目前期成本

采购成本:比如购买服务器、PC 等设备的成本,办公场地租赁成本,办公用品采购成本等。

启动成本:招聘项目所需人员的成本,项目启动会的成本等。

管理成本:前期做市场调查、可行性分析、需求分析的费用,前期和客户沟通的各种交际费用,项目审批中的各种费用。

- 项目开发成本

人员成本:开发人员的工资、奖金、加班费、使用系统的培训费。

办公消耗:打印、复印、水、电、资料费等费用。

资产贬值:使用大型设备的资产贬值费用。

产品宣传费用:如为了配合系统开发进行的网站建设费用。

管理成本:各种租金等。

- 项目后期成本

用户培训费用。

系统维护费用。

数据存储费用。

管理成本:人员工资、通信费用等。

成本一般可以直接用钱来量化,但对于软件系统产生的效益,直接量化有一定的困难。一般把项目的效益分为可见效益和不可见效益。可见效益就是可以定量的效益;反之,长期的或很难定量得出的效益就是不可见效益。

可见效益相对来说好度量,比如办公自动化系统的使用促进无纸化办公,节省的纸张成本就是新系统的一种可见效益。一般可见效益包括:

- 成本下降和避免。
- 减少错误。
- 执行活动的速度增加。
- 改善计划和控制。
- 开拓新市场和增加销售机会。

不可见效益往往是近期难以发现,但是对于企业长期来说又是有收益的,因此往往难以现在度量。一般包括:

- 竞争的必要性。
- 更及时的信息。
- 改善的组织计划。
- 增加组织柔性。
- 提升组织学习和理解。
- 获取新的、更好的、更多的信息。
- 可以调查更多的方案。
- 通过改进工作过程,从而改善员工的士气。

估算出项目的成本和收益后,还必须考虑这些成本和收益都是在什么时候发生的。比如一个项目,企业估计是有钱可赚的,但是企业目前没有足够的本钱,所以如果项目的收益在期初就收回很多,那么企业能够用收益维持项目的运行,但是如果项目收益前期很少,前期收益无法维持项目进行,要等到项目结束后才能够有很大收益,企业极有可能也做不成这个项目。即使企业能够借到钱,那么项目的成本也会增加。进行成本效益分析时要进行现金流预测:预测何时发生费用,何时获得收益。

图2-5是一个典型的项目生命周期的现金流图,不局限于IT项目。在项目初期要支付工资、购买设备等,这种支出是不能够等到项目结束才发生的,所以期初往往是负的现金流。而随着项目的进展,可能会出现现金流的进账,比如原型完成后,客户看到原型很满意,此时愿意付钱了,所以现金流变为正的。在项目快结束时,大型项目尤其是持续多年的项目,后期可能会有一个退役成本,所以又出现负的现金流。

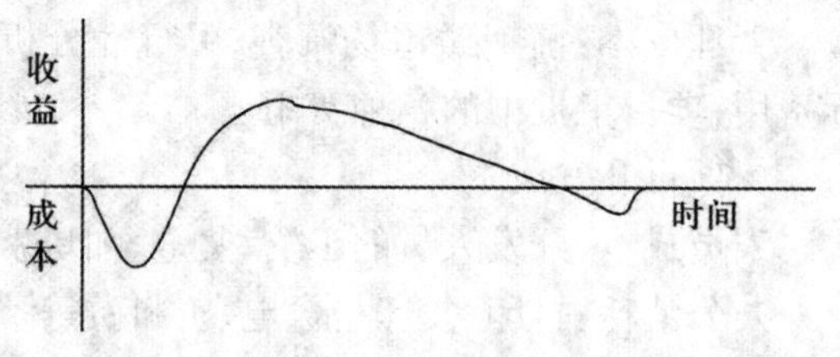

图2-5 典型的项目生命周期的现金流图

(2)经济性评估指标

虽然收益大于成本是选择项目的基础,但是在同样都是收益大于成本的项目之间进行比较时,就需要采用一些经济评价指标来衡量究竟哪个项目值得投资。下面重点介绍5种经济评价指标。

①净利润

项目净利润是在项目生命周期内总的税后收入与总的成本的差。此时计算项目的收入和成本时没有考虑时间因素,即把不同时期发生的成本和取得的收益同等对待。下面采用表2-1列出的4个项目的现金流预测值为例进行经济性评价指标的分析,假定现金流都是在年末发生。

表 2-1　4 个项目的现金流预测值表　　单位:万元

年	项目 1	项目 2	项目 3	项目 4
0	-100	-1 200	-100	-120
1	10	250	30	30
2	10	250	30	30
3	10	250	30	30
4	20	250	30	30
5	100	300	30	50
净利润	50	100	50	50

从表 2-1 看出,项目 2 的净利润最大,是 100 万元,但是这个最大的净利润是以最大的投入 1 200 万元为代价的,而其他三个项目的投入远远小于项目 2,所以不能够单纯地认为项目 2 优于其他项目。此外,其他三个项目的净利润都是 50 万,但是从现金回收的情况来说,项目 1 第 5 年才得到大部分的收益,而项目 3 和项目 4 收益相对平稳,而且项目 3 和项目 4 虽然净利润相同,但是投入是不同的,因此进行经济评估时不能够只根据净利润来选择项目。

②净现值

净现值分析是把所有预期的未来现金流入和现金流出都折算成现值,以计算一个项目预期的净货币收益与损失,也就是说净现值就是净的现在价值。一个投资项目的净现值等于一个项目整个生命周期内预期未来每年净现金流的现值减去项目初始投资支出。

净现值的计算中把未来的现金流入折算成现值,体现了一种“现在的钱比未来的钱值钱”的思想,即今天的 100 元要比明年的 100 元值钱。这和现实是吻合的,比如今天的 100 元,存入银行经过一年会得到 100 元外加利息,即使不存入银行,从这 100 元的购买力来说,因为通货膨胀的原因,今天的 100 元可以买到的货物比一年后的 100 元买到的同种货物多。

考虑了时间因素,现在的钱比未来的钱值钱,如果现在的 91 元等价于一年后的 100 元,意味着要扣除未来收益的 10% 左右,即需要 10% 的额外收益才值得等待一年。考虑二者等价的替代方法是:假定现在收到了 91 元,以年利率 10% 投资一年,那么一年后它值 100 元,也就是说明年的 100 元现在值 91 元。上述中的年利率称为贴现率,未来的现金流通过贴现率折算成现值,如上例中的 10%。类似地,在两年后收到 100 元的现值大约是 83 元,即以 10% 的年利率投资 83 元,两年后大约获得 100 元。从现在看,未来的收益都打了一个折扣。

任何未来现金流的现值都可以通过下述公式获得:

$$现值 = 第\ t\ 年的现金值 / (1 + r)^t$$

式中　r——贴现率,用十进制小数值表示;

t——现金流在未来出现的年数。

因此 NPV 的计算公式为:

$$\text{NPV} = \sum I_t / (1 + r) - \sum O_t / (1 + r)$$

式中　NPV——净现值;

I_t——第 t 年的现金流入量;

O_t——第 t 年的现金流出量;

r——折现率;

n——投资项目的寿命周期。

$1/(1+r)^t$称为贴现因子,实际计算中把未来值乘以贴现因子得到现值,现在很多书中提供不同贴现率的贴现因子,可以查表获得,本书中不提供贴现表。

净现值方法选择项目的决策标准是:净现值≥0,方案可行;净现值<0,方案不可行;净现值均>0,则净现值最大的方案为最优方案。

下面采用NPV分析方法来分析表2-1中的4个项目,贴现率采用10%,贴现因子直接给出,分析结果如表2-2所示。

表2-2　4个项目的NPV分析

单位:万元

年	贴现因子(10%)	项目1	项目1贴现的现金流	项目2	项目2贴现的现金流	项目3	项目3贴现的现金流	项目4	项目4贴现的现金流
0	1.000	-100	-100	-1 200	-1 200	-100	-100	-120	-120
1	0.909 1	10	9.091	250	227.275	30	27.273	30	27.273
2	0.826 4	10	8.264	250	206.6	30	24.792	30	24.792
3	0.751 3	10	7.513	250	187.825	30	22.539	30	22.539
4	0.683 0	20	13.66	250	170.75	30	20.49	30	20.49
5	0.620 9	100	62.09	300	186.27	30	18.627	50	31.045
净利润	—	50	0.618	100	-221.28	50	13.721	50	6.139

由表2-2看出,项目1、项目3和项目4的净现值均大于零,表明这三个项目从经济上看均可取。但是如果三个项目中只能取一个,则应选取第三个,因为它的净现值最大。

净现值指标考虑了投资项目资金流量的时间价值,较合理地反映了投资项目的真正经济价值,是一个比较好的投资决策指标。净现值法具有广泛的适用性,但是净现值法应用的主要问题是如何确定贴现率。选择不同的贴现率可能带来不同的结果,如表2-3所示例子。

表2-3　贴现率对NPV影响分析例子

单位:万元

年	项目A	项目B	项目C
0	-8	-8	-10
1	4	1	2
2	4	2	2
3	2	4	6
4	1	3	2
5	0.5	9	2
6	0.5	-6	2
NPV(8%)	2.111	2.365	2.421
NPV(10%)	1.720	1.818	1.716
NPV(12%)	1.356	1.308	1.070

从表2－3看出,虽然各种贴现率下三个项目都可行,但贴现率为8%时,应该选择项目C;贴现率为10%时,应该选择项目B;贴现率为12%时,应该选择项目A。因此,如何确定贴现率是计算NPV时的重要问题,贴现率的确定直接影响项目的选择。一般来说,有两种方法确定贴现率:一种是根据资金成本来确定;另一种是根据企业要求的最低资金利润率来确定。

此外,使用净现值法时应注意,当用净现值评价一个企业的多个投资机会时,虽反映了各个投资的效果,但只适用于年限相等的互斥方案的评价。而且若投资项目存在不同阶段有不同风险,那么最好分阶段采用不同折现率进行折现。

③内部收益率

内部收益率又称为内部报酬率法、内含报酬率。它是指项目投资实际可望达到的报酬率,即使投资项目的净现值等于零时的贴现率。内部收益率是一个折现的相对量正指标,即在进行长期投资决策分析时,应当选择内部收益率大的项目。因为内部收益率越高,说明投入的成本相对较少,但获得的收益却相对较多。比如A、B两项投资,成本都是10万元,经营期都是5年,A每年可获净现金流量3万元,B可获4万元,仅从意义上比较显然B比A好,通过计算,可以得出A的内部收益率约等于15%,B的约等于28%,通过内部收益率比较也是B比A好。

IRR等于产生零NPV的百分比贴现率。可以很容易地使用电子表格或者其他提供计算IRR功能的计算机程序来计算IRR。而手工计算IRR时需要采用插值法求解,具体步骤如下。

a. 首先根据经验确定一个初始贴现率i_0。

b. 根据投资方案的现金流量计算净现值$NPV(i_0)$。

c. 若$NPV(i_0)=0$,则$IRR=i_0$;若$NPV(i_0)>0$,则增大i_0;若$NPV(i_0)<0$,则减小i_0。

d. 根据步骤c,找到第二个贴现率i_1,并计算$NPV(i_1)$。

e. 利用线性插值公式近似计算IRR。其计算公式为

$$(IRR-i_1)/(i_0-i_1)=NPV(i_1)/(NPV(i_1)-NPV(i_0))$$

内部收益率法的优点是能够把项目寿命期内的收益与其投资总额联系起来,求出这个项目的收益率,便于将它同行业基准投资收益率对比,确定这个项目是否值得建设。

运用内部报酬率法进行投资决策时,其决策准则是:IRR大于公司所要求的最低投资报酬率或资本成本,方案可行;IRR小于公司所要求的最低投资报酬率,方案不可行;如果是多个互斥方案的比较选择,内部报酬率越高,投资效益越好。

比较内部收益率法和净现值法,可以看出二者都是对投资方案未来现金流量计算现值的方法,但是二者有区别。净现值法的优点是考虑了投资方案的最低报酬水平和资金时间价值的分析;缺点是NPV为绝对数,不能考虑投资获利的能力。所以,净现值法不能用于投资总额不同的方案的比较。内部收益率表现的是比率,不是绝对值,一个内部收益率较低的方案,可能由于其规模较大而有较大的净现值,因而值得建设。所以在各个方案比选时,必须将内部收益率与净现值结合起来考虑。

在一般情况下,对同一个投资方案或彼此独立的投资方案而言,使用两种方法得出的结论是相同的。但在比较不同而且互斥的投资方案时,使用这两种方法可能会得出相互矛盾的结论。造成不一致的最基本的原因是对投资方案每年的现金流入量再投资的报酬率的假设不同。净现值法是假设每年的现金流入以资本成本为标准再投资;内部报酬率法是假设现金流入以其计算所得的内部报酬率为标准再投资。资本成本是更现实的再投资率,

因此,在无资本限量的情况下,净现值法优于内部报酬率法。

④投资回收期

按照是否考虑资金的时间价值,投资回收期分为静态投资回收期和动态投资回收期。前者不考虑资金的时间价值,而后者考虑了资金的时间价值。

a. 静态投资回收期

静态投资回收期是指在不考虑时间价值的情况下,收回全部原始投资额所需要的时间,即使投资项目累计净现金流量恰巧等于0所对应的期间。它是衡量收回初始投资额速度快慢的指标,该指标越小,回收年限越短,从而方案越有利。

一般可以采用列表法计算静态投资回收期,通过列表计算累计净现金流量的方式,投资回收期恰好是累计净现金流量为0的年限。如果无法在累计净现金流量栏找到0,按下式计算投资回收期:

投资回收期 = 最后一项为负值的累计净现金流量对应的年数 +
最后一项为负值的累计净现金流量绝对值 ÷
下年净现金流量

或

投资回收期 = 累计净现金流量第一次出现正值的年份 - 1 +
该年初尚未回收的投资 ÷ 该年净现金流量

采用此指标决策时,先订一个基准投资回收期,即期望收回投资的最大年限,或者直接采用行业基准投资回收期。则项目选择标准是:在只有一个项目可供选择时,该项目的投资回收期要小于基准投资回收期;如果有多个项目可供选择时,在项目的投资回收期小于基准投资回收期的前提下,还要从中选择回收期最短的项目。

表2-4给出计算表2-1中4个项目静态投资回收期结果。

表2-4　4个项目的静态投资回收期计算　　单位:万元

年	项目1现金流	项目1累计净现金流	项目2现金流	项目2累计净现金流	项目3现金流	项目3累计净现金流	项目4现金流	项目4累计净现金流
0	-100	-100	-1 200	-1 200	-100	-100	-120	-120
1	10	-90	250	-950	30	-70	30	-90
2	10	-80	250	-700	30	-40	30	-60
3	10	-70	250	-450	30	-10	30	-30
4	20	-50	250	-200	30	20	30	0
5	100	50	300	100	30	50	50	50
回收期	—	4.5年	—	4.67年	—	3.33年	—	4年

从表2-4看出,如果考虑投资回收期指标,项目3是最好的;项目2是最差的;项目4刚好在第4年年末收回投资,而其他3个项目都是在某一年中收回投资。

静态投资回收期指标的特点是计算简单,易于理解,且在一定程度上考虑了投资的风险状况(投资回收期越长,风险越高;反之风险越低),故它是一个在进行投资决策时需要参考的重要指标。静态投资回收期指标也存在如下一些缺点。

第一,静态投资回收期指标将各期现金流量给予同等的权重,没有考虑资金的时间价值。

第二,静态投资回收期指标只考虑了回收期之前的现金流量对投资收益的贡献,没有考虑回收期之后的现金流量对投资收益的贡献。

第三,只注意项目回收投资的年限,没有直接说明项目的获利能力。

第四,静态投资回收期指标的标准确定主观性较大。

b. 动态投资回收期

为了克服静态投资回收期没有考虑资金时间价值的缺点,提出了动态投资回收期概念。动态投资回收期是指在考虑货币时间价值的条件下,以项目净现金流量的现值抵偿原始投资现值所需要的全部时间。即动态投资回收期是项目从投资开始起,到累计折现现金流量等于 0 时所需的时间。

一般求出的动态投资回收期也要与行业标准动态投资回收期或行业平均动态投资回收期进行比较,低于相应的标准认为项目可行。表 2 – 5 是根据表 2 – 1 的数据求出的项目动态投资回收期。

表 2 – 5　4 个项目的动态投资回收期　　单位:万元

年	项目 1 贴现的现金流	项目 1 累计净现金流	项目 2 贴现的现金流	项目 2 累计净现金流	项目 3 贴现的现金流	项目 3 累计净现金流	项目 4 贴现的现金流	项目 4 累计净现金流
0	–100	–100	–1 200	–1 200	–100	–100	–120	–120
1	9. 091	–90. 909	227. 275	–972. 725	27. 273	–72. 727	27. 273	–92. 727
2	8. 264	–82. 645	206. 6	–766. 125	24. 792	–47. 935	24. 792	–67. 935
3	7. 513	–75. 132	187. 825	–578. 3	22. 539	–25. 396	22. 539	–45. 396
4	13. 66	–61. 472	170. 75	–407. 55	20. 49	–4. 906	20. 49	–24. 906
5	62. 09	0. 618	186. 27	–221. 28	18. 627	13. 721	31. 045	6. 1 39
动态回收期	—	4. 99 年	—	大于 5 年	—	4. 26 年	—	4. 8 年

对比表 2 – 4 和表 2 – 5,发现 4 个项目按照回收期排序,不论采用静态投资回收期还是动态回收期,都是项目 3 最好,其次是项目 4,再次是项目 1,最后是项目 2。也就是说这两个指标用来进行项目对比时是一致的,但是对每一个项目来说差别就大了,用静态回收期考虑项目 3,其 4 年内就收回投资了,项目 2 在 5 年内也收回投资了,但是采用动态回收期来考虑,项目 3 必须 4 年多才能够收回投资,项目 25 年内无法收回投资。显然这就体现了资金的时间价值,未来的钱都打了折扣,所以收回的期限要长了。

⑤投资回报率

投资回报率又称为投资利润率,或投资报酬率,指企业所投入资金的回报程度,一般用百分比表示。其计算公式为

$$ROI = 年利润或年均利润/投资总额 \times 100\%$$

按照上述公式,表 2 – 1 中所示的项目 1,因为净利润为 50,所以平均年利润为 50/5 = 10,则 ROI = 10/100 × 100% = 10%;同理可以给出其他 3 个项目的 ROI 如表 2 – 6 所示。

表 2－6　ROI 计算表

年	项目 1	项目 2	项目 3	项目 4
0	－100	－1 200	－100	－120
1	10	250	30	30
2	10	250	30	30
3	10	250	30	30
4	20	250	30	30
5	100	300	30	50
净利润	50	100	50	50
平均年利润	50/5＝10	100/5＝20	50/5＝10	50/5＝10
ROI	10/100＝10%	20/1 200＝1.67%	10/100＝10%	10/120＝8.3%

从表 2－6 可以看出项目 1、项目 3 和项目 4 虽然净利润都一样，但是因为项目投入不同，所以 ROI 有区别，而且项目 2 虽然净利润很大，但是因为投入也很大，所以 ROI 反而是最低的。可以看出，采用这个指标进行财务分析时考虑了投资规模不同的情况。

ROI 的优点是计算简单；其缺点是没有考虑资金时间价值因素，不能正确反映项目期长短及投资方式不同和回收额的有无等条件对项目的影响，而且无法直接利用净现金流量信息。只有投资利润率指标大于或等于无风险投资利润率的投资项目才具有财务可行性。

此外需要注意投资回报率与风险成比例。如果一项投资极具风险，投资者就会期望一个高的回报率。

8. 风险评估

(1)风险分析

在可行性评估阶段，需要进行风险分析，分析项目有哪些风险，概率有多大，影响结果如何，是否会影响项目的实现等问题。本书第 8 章专门阐述了如何进行项目的风险管理，可行性评估阶段虽然侧重于做决策前的风险分析，但是同样会用到风险管理的基本原理：风险识别、风险分析、风险优先级等。

项目可行性分析阶段，应该尽力标识风险并量化风险的潜在影响。一般采用风险矩阵来描述风险的重要性和可能性。例如表 2－7 描述了某项目的风险分析矩阵。

表 2－7　项目风险分析矩阵

风险	重要性	可能性
软件根本无法完成或交付	H	－(不可能)
在设计阶段后取消项目	H	L
开发预算超过 20%	M	M
维护成本高于实际值	L	H
不能满足响应时间目标	L	H

风险的重要性和可能性的联合就是风险的属性，不能够只评估其中一个特性，因为很少会关注重要性很强但是可能性很低的风险。项目的风险矩阵可以作为评价项目风险的方法，太高风险的项目一般是不受欢迎的。

(2)风险和 NPV

如果识别出项目具有风险，一般需要和项目经济评估挂钩，风险越大，获取收益的可能性越小。所以在项目相对有风险的情况下，一般采用更高的贴现率来计算 NPV。可以比合理安全项目的贴现率高 2%，如果是冒险项目，则贴现率可能高 5%，通过这种方式，求 NPV 时就考虑了项目的风险。

(3)风险概率分析

此外，把风险和经济联系起来的另外一种方法是采用概率分析法。评估每一种结果的可能性，比如对每一年的现金流预测，给出各种概率下的现金流预测情况，则此年的现金流预测结果就是期望值。例如表 2 - 8 描述了用风险概率分析来预测未来 5 年中每年的现金流结果。

表 2 - 8　项目风险概率分析表

销售额	每年收入/万元	概率	期望值
高	80	0.1	8
中	50	0.7	35
低	10	0.2	2
期望现金流	—	—	45

在求 NPV 等指标时，需要采用 45 万元作为每年的现金流值，这种情况显然优于单一预测结果。风险概率分析的具体步骤如下。

①把风险作为一个随机变量，将其可能出现的结果(各种概率 P_i)一一列出。

②分别计算各种可能结果下的效益值(X_i)。

③计算在风险影响下的效益值的期望值，公式为

$$E(X) = \sum n, i = 1X_i \times P_i$$

④计算标准偏差和变异系数。

标准偏差也称为均方差，其公式为

$$\sigma = \sqrt{\sum_{i=1}^{n} P_i[X_i - E(X)]^2}$$

变异系数公式为

$$U = \sigma / E(X)$$

标准偏差是表示事件发生的变量和期望值的偏离程度。该指标越小，说明实际发生的情况和期望值越接近，项目的风险越小，反之亦然，因此一个好的项目应该具有较高的期望值和较小的标准偏差。但只用标准偏差来衡量项目的风险具有一定的局限性，因为它是一个绝对指标。在项目投资额很大的情况下，一般也存在着不同方案下的期望值和标准偏差很大的情况，因此需要采用变异系数来估算项目的风险。变异系数越小，项目的相对风险就越小；反之，项目的风险就越大。

(4)敏感性分析

当项目的风险采用概率的方法难于确定,比如想了解项目时间因素造成的项目损失情况时,分别考虑时间延期一天、两天、三天,直至延期到不能够接受的范围为止,在这些不同的情况下,项目的损失分别是多少,从而可以确定项目延期在什么范围内损失是可以接受的。这种情况下就需要进行敏感性分析。

敏感性分析是投资项目的评价中常用的一种研究不确定性的方法。它在确定性分析的基础上,进一步分析不确定性因素对投资项目的最终效果指标的影响及影响程度。敏感性因素一般可选择主要参数(如时间、成本、范围等)进行分析。若某参数的小幅度变化能导致指标的较大变化,则称此参数为敏感性因素;反之,则称其为非敏感性因素。

通过敏感性分析的结果,可以标识出那些影响项目成功的最重要的因素,然后确定是否可以对这些要素施加更大的控制,或缓解它们的影响。如果两者都不能够做到,那么要么接受项目与风险共存,要么放弃项目。

因为敏感性分析时每次只变动一个因素,而且变动范围也会很大,所以手工计算量是非常大的,需要更复杂的工具,比如蒙特卡罗模拟。现在很多风险管理软件也提供类似图2-6所示的风险分析剖面图。

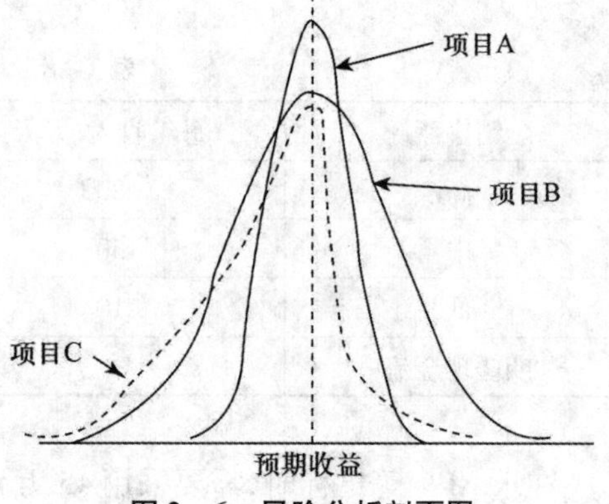

图2-6　风险分析剖面图

从图2-6看出,用相同的期望比较A和B两个项目,A的期望值的差异没有B的大,因此A的风险要小于B的风险。再考虑C项目,因为是非对称性的,所以不如A和B项目好。

(5)决策树分析

决策树分析法是常用的风险分析决策方法。决策树分析主要用于当项目投资中存在不确定性而且投资涉及一系列决策时,用决策树法可使思路清晰而简洁。所谓一系列决策的问题是指某一阶段采取的行动有赖于前一阶段采取的行动。

该方法是一种用树状图来描述各方案在未来收益的计算、比较以及选择的方法,其决策是以期望值为标准的。未来可能会遇到好几种不同的情况,每种情况均有出现的可能,人们目前无法确知究竟哪种情况发生,但是可以根据以前的资料来推断各种情况出现的概率。在这样的条件下,人们计算的各种方案在未来的经济效果只能是考虑到各种情况出现的概率的期望值,与未来的实际收益不会完全相等。

例如,某大众产品型项目,如果采用冒险日程,项目在30天内完成上市,因为抢在竞争对手之前上市,所以有20%的可能性能够获得高利润100万元,但是因为项目自身的能力,可能有80%的概率在30天内完成不了项目,从而使得项目亏损20万元。如果项目采取保守日程50天完成,那么项目完成的概率是70%,但是因为此时进入市场较晚,企业不是市场引导者而是市场追随者,所以收益并不显著,利润只有10万元,而且因为采取保守日程,50天内完成不了的概率仅30%,同样一旦项目无法完成则亏损20万元。现在管理者需要决策究竟是采用保守日程开发,还是冒险日程开发,针对这个问题,采用决策树分析如图2-7所示。

从图2-7可以看出,此项目应该尽一切可能30天内完成项目,因为这种情况下的收益要比保守日程的高。

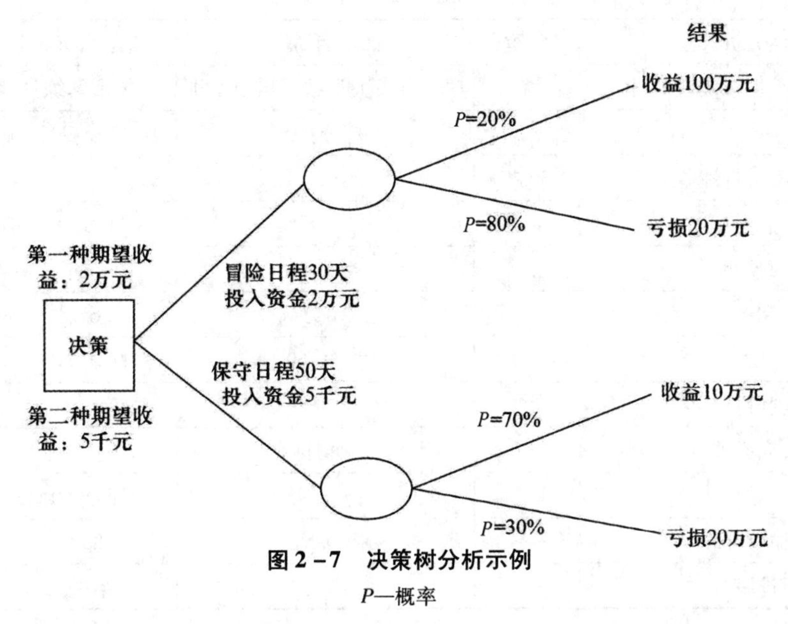

图 2－7　决策树分析示例

P—概率

总之,项目的可行性分析一般包括上述 8 个方面的内容,但是对于具体的项目,应该根据实际情况选择重点进行可行性分析。

2.3.3　可行性分析的结果

可行性分析的结果可以从单一项目和项目群两个方面来考虑。从单一项目来说,最后可行性分析的结论可以包括如下三种。

- 可以立即开始进行。
- 需要推迟到某些条件(例如资金、人力、设备)落实之后才能开始进行;需要对开发目标进行某些修改之后才能开始进行。
- 不能进行或不必进行(例如因技术不成熟、经济不合理)。

而对于项目群来说,即使项目群中的每一个单独的项目都是可行的,但是企业最终选择的项目一定是一个综合考虑的结果,也就是采用 2.2.3 小节阐述的加权评分模型的方法来选择项目。例如表 2－9 就是对三个项目进行可行性分析,然后按照加权模型排序,最终选择了项目 B。

表 2－9　项目群选择表

可行性分析				
可行性分析标准	权重	项目 A	项目 B	项目 C
操作可行性	30%			
功能:多大程度上支持企业业务		支持一部分	完全支持	完全支持
人员:用户接受的可能性		部分部门人员	都接受	都接受
		打分:60	打分:100	打分:100
技术可行性	30%			

表 2-9(续)

可行性分析标准	权重	项目 A	项目 B	项目 C
技术上是否能够实现项目		项目开发人员技术需要培训	技术熟练	技术一般
		打分:50	打分:90	打分:65
经济可行性	30%			
成本		35 万	41.8 万	40 万
回收期		4.5 年	3.5 年	3.3 年
NPV		21 万	3.6 万	32.5 万
		打分:60	打分:80	打分:90
进度可行性	10%			
多久完成项目		三个月内	9~12 月	9 个月
		打分:95	打分:80	打分:85
加权分		60.5	89	85
排序		第三	第一	第二

2.3.4 可行性分析报告

项目可行性分析环节输出的是一份可行性分析报告,有很多软件项目的可行性分析模板可供选择,比如国标模板、RUP 模板。但是不管企业采用哪种模板,都需要根据项目的实际需要进行合理的模板裁剪。一般可行性分析报告应该包括以下 5 个方面。

(1)概述

- 项目的背景分析。
- 项目的干系人。
- 承担可行性分析的单位。
- 可行性分析的工作依据。
- 基本术语和约定。

(2)项目需求分析

- 项目的商业需求。
- 项目的功能需求。
- 项目的潜在需求。

(3)项目可行性评估(具体是上述 8 个方面内容)

(4)结论

(5)其他可供立项参考的材料

对于成熟度很高的软件公司,一般有公司内部使用的软件开发文档模板,实际中项目经理只需要根据公司内部文档管理的要求完成相应的文档即可。

2.4　软件项目申请

项目的发起人对产生的项目概念经过调研和可行性分析，认为可行，那么此时就需要向高层申请确立项目，这一步的目的是解决项目合法化的问题，以此可以合法地去落实项目的资金、人员、材料和设备等问题。

项目的发起人应该把项目情况和调研结果以及项目开展的思路都以书面材料的形式提交给高层管理人员，使其明白项目的必要性和可行性，以帮助高层人员进行决策是否确立项目，此书面材料称为项目立项建议书。一般立项建议书包括以下7个方面内容。

(1)项目基本介绍。这里主要描述项目目标、产生的背景、系统的主要功能、系统的支持环境、系统的用户特点、具体要求和一般约束等。

(2)项目必要性和意义分析。这里重点阐述项目是值得做的，比如为了进入某一特定的市场、提高公司技术水平、业务发展需要等理由，给出的理由一定是非常有说服力的。

(3)项目可行性分析。把项目评估分析的结果在这里阐述。

(4)项目建设的原则。从理论角度阐述，为了满足期望人的要求，项目建设时应该满足的原则，比如可扩展性、安全性。

(5)项目实施计划。重点阐述如果确立项目后准备怎么做，包括项目技术方案、进度安排、团队构成、成本估算等，如果是产品型项目还需要重点阐述产品的市场营销计划等。

(6)项目总结建议。整体上给出立项建议。

(7)其他可供立项参考的材料。通常可行性分析报告、其他调查报告可以作为立项建议书的附件给出。

2.5　软件项目审核和立项

项目经过论证并且认为可行后，还需要报告主管领导或单位，以获得项目的进一步审核，并得到他们的支持，这就是立项中的审核过程，具体体现就是领导签字认可过程。而且一般公司项目的评审分为两级评审。第一级是专家评审，由公司某个部门牵头成立项目评审小组，评审小组中包括相关部门的领导或专家，先由专家评审小组对申请的项目进行评审并给出评审意见和建议，评审完成后牵头部门编写“立项评审报告”，评审小组成员填写评审意见并签字。第二级是机构领导的终审，在“立项评审报告”中给出是否确立项目的明确结论并签字认可。所以项目评审这一步对应一个“立项评审报告”文档。文档一般包括项目何时、何地、何人进行评审，评审的标准，专家评审的意见和签字，机构领导终审的意见和签字。

当项目完成了上述审核过程，并且得到机构领导终审批准后，将其列入企业项目计划的过程，叫项目立项。这一步的完成标志着项目正式确立。

【课后实训】

本项目实践是完成SPM项目的立项操作，要求各个团队根据项目和团队的情况确定采用的生存期模型，在课堂上以团队形式讲述项目生存期模型，并说明选择的理由。实践目的和实践要求如下。

实践目的：掌握软件项目生存期模型选择方法。

实践要求：

1. 分析SPM项目特性。
2. 确定SPM项目生存期模型。
3. 选择一个团队在课堂上讲述SPM项目的生存期模型，并说明理由。
4. 其他团队进行评述，可以提出问题。
5. 老师评述和总结。

思考练习题

1. 软件项目可行性分析的时机和作用是什么？

2. 可行性分析主要从哪些方面开展？

3. 某项目期初投资100万元，预计从第一年年底开始到第七年年底收益如表2-10所示，而且假设企业期望的投资回收率是10%，试计算此项目的静态、动态投资回收期、净现值。

表2-10 各年收益表

年	0	1	2	3	4	5	6	7
各年现金流	-100	30	33	37	45	45	45	45
贴现率为10%的折现系数	1	0.909 1	0.826 4	0.751 3	0.683	0.620 9	0.564 5	0.513 2

项目三　项目招投标与合同管理

【知识要点】

1. 理解项目招投标的相关概念。
2. 掌握编写标书的主要内容。
3. 了解签订合同应注重的问题。

【难点分析】

1. 熟练掌握招投标的流程。
2. 熟练掌握项目标书的编写。
3. 熟练掌握项目合同管理。

项目采用招标方式来确定开发方或软件提供商是大项目普遍采用的一种形式。项目招标是指招标人根据自己的需要,提出一定的标准或条件,向潜在投标商发出投标邀请的行为。在招投标体制下对合同的管理贯穿于项目建设的始终。合同确定工程项目的价格(成本)、工期和质量(功能)等目标,规定着合同双方的责权利关系。本章将介绍招投标的基本程序、如何编写标书及项目的合同管理等内容。

3.1　招投标的基本程序

招标是《政府采购法》规定的政府采购方式之一,也是最具有竞争性、公开透明程度最高的一种方式。招标是指招标人在特定的时间、地点发出招标公告或招标单,提出准备开发的项目或买进商品的品种、数量和有关买卖条件,邀请供方投标的行为。投标是指投标人应招标人的邀请,根据招标公告或招标单的规定条件,在规定的时间内向招标人应标的行为。一般来说,招投标活动需经过准备、招标、投标、开标、评标与定标等程序。

3.1.1　准备阶段

在准备阶段,要对招标、投标活动的整个过程做出具体安排,包括对招标项目进行论证分析、确定建设需求或采购方案、编制招标文件、制定评标办法、组建评标机构、邀请相关人员等。其主要程序如下。

1. 制定总体方案

即对招标工作做出总体安排,包括确定招标项目的实施机构和项目负责人及其相关责任人、具体的时间安排、招标费用测算、采购风险预测及相应措施等。

2. 项目综合分析

对要招标的项目,应从资金、技术、生产、市场等几个方面对项目进行全方位综合分析,为确定最终的需求、采购方案及其清单提供依据。必要时可邀请有关方面的咨询专家或技术人员参加对项目的论证、分析,同时也可以组织有关人员对项目进行调查,以提高综合分析的准确性和完整性。

3. 确定招标方案

通过进行项目分析,会同业务人员及有关专家确定招标采购、建设要求等方案。也就是根据项目的具体要求确定出最佳的方案,主要包括项目所涉及的产品和服务的技术规格,标准及主要商务条款,以及项目的采购清单等,对有些较大的项目在确定建设、采购方案和清单时有必要对项目进行分包。

4. 编制招标文件

招标文件按招标的范围可分为国际招标书和国内招标书。国际招标书要求有两种版本,按国际惯例以英文版本为准。考虑到我国企业的外语水平,标书中常常特别说明,当中英文版本产生差异时以中文为准。按招标的标的物划分,又可将招标文件分为三大类:产品、工程、服务。根据具体标的物的不同还可以进一步细分。例如,工程类进一步可分为一期工程、二期工程等。每个具体项目的招标文件的内容差异非常大。招标人应根据招标项目的要求和招标方案编制招标文件。

5. 组建评标委员会

评标委员会由招标人负责组建,由招标单位的代表及其技术、经济、法律等有关方面的专家组成,总人数一般为5人以上单数,其中专家不得少于三分之二。与投标人有利害关系的人员不得进入评标委员会。《政府采购法》及财政部制定的相关配套办法对专家资格认定、管理、使用有明文规定,因此,政府采购项目需要招标的,其专家的抽取须从其规定。在招标结果确定之前,评标委员会成员名单应相对保密。

6. 邀请有关人员

主要是邀请有关方面的领导和来宾参加开标仪式,以及邀请监理单位派代表进行现场监督。

3.1.2 招标阶段

在招标阶段,应按招标、投标、开标、评标、定标几个步骤组织实施,其基本程序如下。

1. 发布招标公告(或投标邀请函)。公开招标应当发布招标公告(邀请招标,发布投标邀请函)。招标公告必须在指定的报刊或者媒体上发布。

2. 资格审查。招标人可以对有兴趣投标的投标人进行资格审查。资格审查的办法和程序可以在招标公告(或投标邀请函)中载明,或者通过指定报刊、媒体发布资格预审公告,由潜在的投标人向招标人提交资格证明文件,招标人根据资格预审文件规定对潜在的投标人进行资格审查。

3. 发售招标文件。在招标公告(或投标邀请函)规定的时间、地点向有兴趣投标且经过审查符合资格要求的单位发售招标文件。

4. 招标文件的澄清、修改。对已售出的招标文件需要进行澄清或者非实质性修改的,招标人一般应当在提交投标文件截止日期15天前以书面形式通知所有招标文件的购买者,该澄清或修改内容为招标文件的组成部分。

3.1.3　投标阶段

1. 编制投标文件。投标人应按照招标文件的规定编制投标文件。投标文件应载明的事项有:投标函;投标人资格、资信证明文件;投标项目方案及说明;投标价格;投标保证金或者其他形式的担保;招标文件要求具备的其他内容。

2. 投标文件的密封和标记。投标人对编制完成的投标文件必须按照招标文件的要求进行密封、标记。这个过程也非常重要,因为密封或标记不规范被拒绝接受投标的例子往往也不少。

3. 送达投标文件。投标文件应在规定的截止时间前密封送达投标地点。招标人对在提交投标文件截止日期后收到的投标文件,应不予开启并退还。招标人应当对收到的投标文件签收备案。投标人有权要求招标人或者招标投标中介机构提供签收证明。

4. 投标人可以撤回、补充或者修改已提交的投标文件,但是应当在提交投标文件截止日之前书面通知招标人,撤回、补充或者修改也必须以书面形式。

这里特别要注意的是,招标公告发布或投标邀请函发出之日到提交投标文件截止之日,一般不得少于20天,即等标期最少为20天。

3.1.4　开标阶段

招标人应当按照招标公告(或投标邀请函)规定的时间、地点和程序以公开方式举行开标仪式。开标由招标人主持,邀请采购人、投标人代表和监督机关(或监理单位)及有关单位代表参加。评标委员会成员不参加开标仪式。开标仪式的基本程序如下。

1. 主持人宣布开标仪式开始(需简要介绍招标项目的基本情况,即项目内容、准备情况等)。

2. 介绍参加开标仪式的领导和来宾同志(来自单位、职务、身份等)。

3. 介绍参加投标的投标人单位名称及投标人代表(这里需要对所招标项目做进一步介绍,如:招标公告发布的时间、媒体、版面;截止什么时间有多少家做出了响应,并提交了资格证明文件;有多少家购买了招标文件;在投标截止时间前有多少家递交了投标文件)。

4. 宣布监督方代表名单(监督方代表所在单位、职务、身份)。

5. 宣布工作人员名单(工作人员所在单位及在开标时担负的职责,主要是开标人、唱标人、监标人、记标人)。

6. 宣读有关注意事项(包括开标仪式会场纪律、工作人员注意事项、投标人注意事项等)。

7. 检查评标标准及评标办法的密封情况。由监督方代表、投标人代表检查招标方提交的评标标准及评标办法的密封情况,并公开宣布检查结果。

8. 宣布评标标准及评标办法。由工作人员开启评标标准及评标办法(须在确认密封完好无损的情况下),并公开宣读。

9. 检查投标文件的密封和标记情况。由监督方代表、投标人代表检查投标人递交的投标文件的密封和标记情况,并公开宣布检查结果。

10. 开标。由工作人员开启投标人递交的投标文件(须在确认密封完好无损且标记规范的情况下)。开标应按递交投标文件的逆序进行。

11. 唱标。由工作人员按照开标顺序唱标,唱标内容须符合招标文件的规定(招标文件对应宣读的内容已经载明)。唱标结束后,主持人须询问投标人对唱标情况有无异议,投标人可以对唱标做必要的解释,但所做的解释不得超过投标文件记载的范围或改变投标文件的实质性内容。

12. 监督方代表讲话。由监督方代表或公证机关代表公开报告监督情况或公证情况。

13. 领导和来宾讲话。按照开标仪式的程序安排,参加开标仪式的领导和来宾可就开标及本次采购过程中的有关情况发表意见、看法,提出建议(此部分程序可以提前在开标程序的第三步进行),也可以安排采购人代表发言,由采购人代表向有关方面做出承诺。

14. 开标仪式结束。主持人应告知投标人评标的时间安排和询标的时间、地点(询标的顺序由工作人员用抽签方式决定),并对整个招标活动向有关各方提出具体要求。开标应当做好记录,存档备查。

3.1.5 评标阶段

开标仪式结束后,由招标人召集评标委员会,向评标委员会移交投标人递交的投标文件。评标应当按照招标文件的规定进行。评标由评标委员会独立进行评标,评标过程中任何一方、任何人不得干预评标委员会的工作。评标程序如下。

1. 审查投标文件的符合性。由评标委员会对接到的所有投标文件进行审查,主要是审查投标文件是否完全响应了招标文件的规定,要求必须提供的文件是否齐备,以判定各投标方投标文件的完整性、符合性和有效性。例如,不符合招标文件要求的或者有不完整的,可根据招标文件的规定判定其为无效投标。

2. 对投标文件的技术方案和商务方案进行审查,例如技术方案或商务方案明显不符合招标文件的规定,则可以判定其为无效投标。

3. 询标。评标委员会可以要求投标人对投标文件中含义不明确的地方进行必要的澄清,但澄清不得超过投标文件记载的范围或改变投标文件的实质性内容。

4. 综合评审。评标委员会按照招标文件的规定和评标标准、办法对投标文件进行综合评审和比较。综合评审和比较时的主要依据是招标文件的规定和评标标准、办法,以及投标文件和询标时所了解的情况。这个过程不得也不应考虑其他外部因素和证据。

5. 评标结论。评标委员会根据综合评审和比较情况,得出评标结论,评标结论中应具体说明收到的投标文件数、符合要求的投标文件数、无效的投标文件数及其无效的原因、评标过程的有关情况、最终的评审结论等,并向招标人推荐一至三个中标候选人(应注明排列顺序并说明按这种顺序排列的原因及最终方案的优劣比较等)。

3.1.6 定标阶段

1. 审查评标委员会的评标结论。招标人对评标委员会提交的评标结论进行审查,审查内容应包括评标过程中的所有资料,即评标委员会的评标记录、询标记录、综合评审和比较记录、评标委员会成员的个人意见等。

2. 定标。招标人应当按照招标文件规定的定标原则,在规定时间内从评标委员会推荐的中标候选人中确定中标人。中标人必须满足招标文件的各项要求,且其投标方案为最优,在综合评审和比较时得分最高。

3. 中标通知。招标人应当在招标文件规定的时间内定标,在确定中标后应将中标结果书面通知所有投标人。

4. 签订合同。中标人应当按照中标通知书的规定,并依据招标文件的规定与投标人签订合同。中标通知书、招标文件及其修改和澄清部分、中标人的投标文件及其补充部分是签订合同的重要依据。

3.2 编写项目标书

编写标书是整个招标最重要的一环。标书必须表达出使用单位的全部意愿,不能有疏漏。标书也是投标商编制投标书的依据,投标商必须对标书的内容进行实质性的响应,否则被判定为无效标(按废弃标处理)。标书同样也是评标最重要的依据。

3.2.1 编制标书的原则

招标文件编制质量的优劣直接影响到项目的效果和进度,为顺利完成整个招标过程,在编制标书时应遵循以下原则。

1. 全面反映客户需求的原则。招标将面对的使用单位对自己的工程、项目了解程度的差异非常大,再加上项目的复杂程度大,招标机构就要针对使用单位状况、项目复杂情况,组织好使用单位、专家编制好标书,做到全面反映使用单位的需求。

2. 科学合理的原则。技术要求与商务条件必须依据充分并切合实际;技术要求根据可行性报告、技术经济分析确立,不能盲目提高标准、提高设备精度标准等,否则会带来功能浪费,浪费不必要的资金与人力。

3. 公平竞争(不含歧视性条款)。招标的原则是公开、公平、公正,只有公平、公开才能吸引真正感兴趣、有竞争力的投标企业竞争,通过竞争达到采购目的,才能真正维护使用单位利益和国家利益。作为招标机构,审定标书中是否含歧视性条款是最重要的工作。作为政府招标管理部门管理监督招标工作,其中最重要的任务也是审查标书中是否含有歧视性条款,这是保证招标是否公平、公正的关键环节。

4. 维护企业利益、政府利益的原则。招标书编制要注意维护使用单位的商业秘密,也不得损害国家利益和社会公众利益。

3.2.2 招标书的主要内容

招标书主要分为三大部分:程序条款、技术条款、商务条款。其一般包含下列主要内容:招标公告(投标邀请函);投标人须知;招标项目的技术要求及附件;投标书格式;投标保证文件;合同条件(合同的一般条款及特殊条款);设计规范与标准;投标企业资格文件;合同格式。

1. 招标公告(投标邀请函)主要包括:招标人的名称、地址、联系人及联系方式等;招标项目的性质、数量;招标项目的地点和时间要求;对投标人的资格要求;获取招标文件的办法、地点和时间;招标文件售价;投标时间、地点及需要公告的其他事项。

2. 投标人须知:本部分由招标机构编制,是招标的一项重要内容,着重说明本次招标的基本程序。包括:投标者应遵循的规定和承诺的义务;投标文件的基本内容、份数、形式、有效期和密封要求,以及投标其他要求;评标的方法、原则、招标结果的处理、合同的授予及签订方式、投标保证金。

3. 标书技术要求及附件:这是招标书最重要的内容,主要由使用单位提供资料,使用单位和招标机构共同编制。具体包括以下内容。

- 招标编号:便于项目管理,由招标公司编号。
- 设备名称:注意准确,符合国际、行业规范。如果是软件,一般在附件中会以需求规格说明书的形式提交。
- 数量:单位明确,防止误会;数量准确。
- 交货日期:要求合理的开发工期,避免因工期不合理排斥潜在投标者。
- 设备的用途及技术要求。
- 附件及备件:这部分在前期工作中往往被忽略考虑,但附件、备件有时价值很高。附件及质保期内的零配件应包括在总价内。质保期以外的零配件建议供应商提供推荐零配件清单并分项报价,以便取舍。
- 技术文件:写明所需技术文件的种类、份数和文种。要求提供各种合格证书和提供各种精度检验证书及性能测试记录。
- 培训及技术服务要求。
- 安装调试要求。
- 人员培训要求。
- 验收方式和标准:采用国际通行的标准,或我国承认的国外标准、欧洲标准等。另外不应排斥符合要求的其他标准。
- 报价和保价方式:标书必须要求分项报价,这样便于评标和签约。采购设备的报价方式一般采用 FOB、CIF 两种,两种方式风险转移都是离岸港口船舷。交货地点是风险转移的时间、地点。
- 设备包装、运输要求很重要,关系到货物能否按时无损地顺利到达使用单位手中。

4. 投标书格式:此部分由招标公司编制,投标书格式是对投标文件的规范要求。其中包括投标方授权代表签署的投标函,说明投标的具体内容和总报价,并承诺遵守招标程序和各项责任、义务,确认在规定的投标有效期内,投标期限所具有的约束力;还包括技术方案内容的提纲和投标价目表格式等。

5. 投标保证文件:是投标有效的必检文件。保证文件一般采用三种形式:支票、投标保证金和银行保函。投标保证金有效期要长于标书有效期,和履约保证金相衔接。投标保函由银行开具,是借助银行信誉投标的方式。企业信誉和银行信誉是企业进入国际大市场的必要条件。投标方在投标有效期内放弃投标或拒签合同,招标公司有权没收保证金以弥补招标过程蒙受的损失。

6. 合同条件:这也是招标书的一项重要内容。此部分内容是双方经济关系的法律基础,因此对招投标方都很重要。由于项目的特殊要求需要提供补充合同条款,如支付方式、售后服务、质量保证、主保险费用等特殊要求,在标书技术部分专门列出。但这些条款不应过于苛刻,更不允许(实际也做不到)将风险全部转嫁给中标方。

7. 设计规范：它（有的设备需要，如通信系统、计算机设备）是确保设备质量的重要文件，应列入招标附件中。技术规范应对工程质量、检验标准做出较为详尽的保证，也是避免发生纠纷的前提。技术规范包括总需求，工程概况，分期工程对系统功能、设备、施工技术和质量的要求。

8. 投标企业资格文件：这部分要求由招标机构提出。要求提供企业许可证，以及其他资格文件，如 ISO 9001、CMM 证书。另外还要求提供业绩。

3.2.3　投标决策

通过投标获得工程项目，是市场经济条件下的必然，但并不是每标必投，应针对实际进行决策。编写、准备项目投标书需要花费很多时间和成本，因此是否参与投标，回复客户的需求建议书，评估一下自己获胜的可能，需要企业进行投标决策。投标决策时主要考虑以下几个方面的内容。

1. 竞争对手分析。了解参加本次竞标的竞争对手有哪些，分析彼此的特长。是否投标，还应注意竞争对手的实力、优势及投标环境的优劣情况。竞争对手在建项目也十分重要，如果对手的在建项目即将完工，可能急于获得新项目，报价就不会很高。反之，如果对手的在建项目规模大、时间长，则投标报价可能高。对此，要具体分析判断，采取相应对策。

2. 风险分析。该项目在实施过程中会有哪些风险？特别是创新项目，通过努力其成功的可能性有多大？项目执行过程中，可能还受到哪些因素的影响和约束，企业能够解决吗？

3. 目标分析。本项目与企业的经营目标是否一致？除非企业想开拓新的领域，否则不要轻易涉足自己不熟悉的项目。

4. 声誉与经验分析。企业在过去曾经承担过类似的项目吗？如果承担过，客户的评价如何？客户是否满意？企业过去曾在客户的项目建议书投标中失败过吗？投标该项目能给企业提供增强能力的机会吗？成功实现该项目能否提高企业的形象和声誉？等等。

5. 客户资金分析。客户是否有足够的资金支持本项目？项目在经济上是否合理和可行？对于经济效益或社会效益不佳的项目应慎重。

6. 项目所需资源分析。如果中标，企业是否有合适的资源来执行该项目？开发方需要从本企业中获得合适的人选来承担项目工作。

7. 客户本身的资信问题。一般软件项目在投标前需要做好对客户的"培训"，让他们能准确地提出自己的需求，才不会使原本定制好的系统中途出现多次变更。这样就在一定程度上减少了后期在回款上的麻烦。

投标决策的正确与否，关系到能否中标、中标后的效益，关系到企业的发展前景和经济利益。因此，需要从多方面掌握大量的信息，"知己知彼，百战不殆"。对开发难度大，风险大，技术设备、资金不到位的项目要主动放弃。否则，将陷入工期拖长、成本加大的困境，企业的信誉、效益就会受到损害。

例：表 3－1 是一家培训公司在收到关于培训的投标邀请函之后，对是否投标做出的一个评估表。

表 3-1　竞标评估表

评估项目	得分	备注
竞争	H	过去通常由当地的一家大学来提供培训项目,而本公司没有给他们做过培训,显然要面临一个比较激烈的竞争
扩展业务的机会	H	某些业务要求电视会议,而本企业没有举行
风险	L	风险不大,因为是培训项目,它不会带来什么风险
客户的声望	L	以前从未给该公司做过培训
与本企业业务的一致性	H	本公司对该客户业务不是很熟悉
资金保障	H	该公司拥有为培训而准备的预算资金
准备高质量的申请	H	我公司人员不得不重新安排假期活动,为完成申请书所需的有效资源要一直工作到规定日期
执行项目的有效资源	H	为完成几个具体的项目主题而不得不另外雇佣其他分包商
说明	各个要素按低(L)、中(M)、高(H)进行评分	

综合分析得出以下结论。

(1)本企业的优势及独特的才能

- 有良好的管理培训记录——有许多回头客户。
- 在第 2 轮和第 3 轮的行动计划中比当地大学更具灵活性,能更好地满足实地培训的要求。

(2)本企业的弱势

- 本企业的大部分客户一直都属于服务性行业,如医院,而该公司是制造性行业。
- 该公司总裁是当地大学的毕业生,并是其最大的赞助商。

3.2.4　编写投标书

投标文件应对招标文件的要求做出实质响应,符合招标文件的所有条款、条件和规定,且无重大偏离与保留。投标人的各种资质文件、商务文件、技术文件等应依据招标文件要求备全,缺少任何必需文件的投标将被排除在中标人之外。对于软件项目,投标文件中应当包括拟派出的项目负责人与主要技术人员的资质、简历和业务成果。投标人应当在招标文件要求提交投标文件的截止时间前,将投标文件送达投标地点。招标人收到投标文件后,应当签收保存,不得开启。投标人在招标文件要求提交投标文件的截止时间前,可以补充、修改或者撤回已提交的投标文件,并书面通知招标人。补充、修改的内容为投标文件的组成部分。

3.3　项目合同管理

经过招标、投标程序,在确定了中标单位之后,双方需要签订项目合同来明确各自的责、权、利。项目合同是指项目业主(客户)或其代理人与项目提供(承接)商或供应商为完成某一确定的项目所指向的目标或规定的内容,明确相互的权利、义务关系而达成的协议。合同是甲乙双方在合同执行过程中履行义务和享受权利的唯一依据,是具有严格的法律效力的文件。作为项目提供商与客户之间的协议,合同是客户与项目提供商关于项目的一个基础,是项目成功的共识与期望。在合同中,承接商同意提供项目成果或服务,客户则同意作为回报付给提供(承接)商一定的酬金。合同必须清楚地表述期望提供商提供的交付物。项目合同作为保证项目开发方、客户方既可享受合同所规定的权利,又必须全面履行合同所规定的义务的法律约束,对项目开发的成败至关重要。

3.3.1　签订合同时应注重的问题

签订合同时既要有明确的责任分工,又要有一系列严密的、行之有效的管理手段。明确责任划分是指业主(客户)、提供(承接)商和监理三者之间的责任划分,这是合同责任的最重要的划分机制。在签订合同时还应注意以下问题。

1. 规定项目实施的有效范围

在签订合同时,决定项目应该涵盖多大的范围是一项比较复杂的工作,也是一项必须完成并做好的工作。经验表明,软件项目合同范围定义不当而导致管理失控是项目成本超支、时间延迟及质量低劣的主要原因。有时由于不能或者没有清楚地定义软件项目合同的范围,以致在项目实施过程中不得不经常改变项目计划,相应的变更也就不可避免地发生,从而造成项目执行过程的被动。因此,强调对项目合同范围的定义和管理,无论对项目涉及的任何一方来说,都是必不可少和非常重要的。当然,在合同签订的过程中,还需要充分听取软件提供商的意见,他们可能在其优势领域提出一些建设性的意见,以便合同双方达成共识。

2. 合同的付款方式

对于软件项目的合同而言,很少有一次性付清合同款的做法。一般都是将合同期划分为若干个阶段,按照项目各个阶段的完成情况分期付款。在合同条款中必须明确指出分期付款的前提条件,包括付款比例、付款方式、付款时间、付款条件等。付款条件是一个比较敏感的问题,是客户制约承包方的一个首选方式。承包方要获得项目款项,就必须在项目的质量、成本和进度方面进行全面有效的控制,在成果提交方面,以保证客户满意为宗旨,因此,签订合同时在付款条件问题上规定得越详细、越清楚越好。

3. 合同变更索赔带来的风险

软件项目开发承包合同存在着区别于其他合同的明显特点,在软件的设计与开发过程中,存在着很多不确定因素,因此,变更和索赔通常是合同执行过程中必然要发生的事情。在合同签订阶段就明确规定变更和索赔的处理办法可以避免一些不必要的麻烦。变更和索赔所具有的风险,不仅包括投资方面的风险,而且变更和索赔对项目的进度乃至质量都可能造成不利的影响。因为有些变更和索赔的处理需要花费很长的时间,甚至造成整个项目的停顿。尤其是对于国外的软件提供商,他们的成本和时间概念特别强,客户很可能由于管理不善而造成对方索赔。要知道索赔是承包商对付业主(客户)的一个十分有效的武器。

4. 系统验收的方式

不管是项目的最终验收,还是阶段验收,都是表明某项合同权利与义务的履行和某项工作的结束,表明客户对软件提供商所提交的工作成果的认可。从严格意义上说,成果一经客户认可,便不再有返工之说,只有索赔或变更之理。因此,客户必须高度重视系统验收这道手续,在合同条文中对有关验收工作的组织形式、验收内容、验收时间甚至验收地点等做出明确规定,验收小组成员中必须包括系统建设方面的专家和学者。

5. 维护期问题

系统最终验收通过之后,一般都有一个较长的系统维护期,此期间客户通常保留着5% ~10% 的合同费用。签订合同时,对这一点也必须有明确的规定,当然,这里规定的不只是费用问题,更重要的是规定软件提供商在维护期应该承担的义务。对于软件项目开发合同来说,系统的成功与否并不能在系统开发完毕的当时就能做出鉴别,只有经过相当时间的运行才能逐渐显示出来,因此,客户必须就维护期内的工作咨询有关的专家,得出一个有效的解决办法。

3.3.2 软件项目合同条款分析

软件项目合同对软件环境、实施方法、双方的权利和义务等方面的重要条款规定得是否具体、详细、切实可行,对项目实施能不能达到预期的目的,或者在发生争议、纠纷的情况下能否公平地解决具有决定性的作用。因此,有必要对软件项目实施合同的主要条款的意义进行分析,以提高双方的签约能力,促进项目实施的成功率。

1. 与软件产品有关的合法性条款

(1)软件的合法性条款。软件的合法性,主要表现在软件著作权上。首先,当软件的著作权明晰时,客户单位才能避免发生因使用该软件而侵犯他人知识产权的行为。其次,只有明确了软件系统的著作权主体,才能够确定合同付款方式中采用的“用户使用许可报价”方式是否合法。因为,只有软件著作权人才有权收取用户的“使用许可费”,如果没有经过软件著作权人的许可,软件的代理商是无权采用单独收取用户使用许可报价的方式。因此,如果项目采用的是已经产品化的软件系统,应当在实施合同中明确记载该软件的著作权登记的版号。如果没有进行著作权登记,或者项目完全是由客户单位委托软件开发商独立开发的,则应当明确规定开发商承担软件系统合法性的责任。

(2)软件产品的合法性。主要是指该产品的生产、进口、销售已获得国家颁布的相应的登记证书。我国《软件产品管理办法》规定,凡在我国销售的软件产品,必须经过登记和备案。无论是软件开发商自己生产或委托加工的软件产品,还是经销、代理的国内外软件产品,如果没有经过有关部门的登记和备案,都会引起实施行为的无效。国内的软件开发商和销售商要为此承担民事上的主要责任,以及行政责任。如果是软件商接受客户单位的委托而开发的,并且是客户单位自己专用的软件,则不用进行登记和备案。因此,在签订信息化项目实施合同时,如果采用的软件系统的主体是一个独立的软件产品,就应当在合同中标明该软件产品的登记证号。

2. 与软件系统有关的技术条款

(1)与软件系统匹配的硬件环境。一是软件系统适用的硬件技术要求,包括主机种类、性能、配置、数量等内容;二是软件系统可以支持、支撑的硬件配置和硬件网络环境,包括服务器、台式终端、移动终端、掌上设备、打印机与扫描仪等外部设备;三是客户单位现有的、可运行软件系统的计算机硬件设备,以及项目中对该部分设备的利用。签订硬件环境条款的目的,是为了有效地整合现有设备资源,减少不必要的硬件开支,同时,也可以防止日后发生软件系统与硬件设备不配套的情况。

(2)软件匹配的数据库等软件系统。软件要与数据库软件、操作系统相匹配才能发挥其功能,因此,在项目实施合同中,必须明确这些匹配软件的名称、版本型号及数量,以便客户单位能够尽早购买相应的软件系统,为项目实施、培训做好准备。

(3)软件的安全性、容错性、稳定性的保证。我国对计算机信息系统的安全、保密方面已经有明确的规定。计算机信息系统的安全保护,应当保障计算机及其相关的和配套的设备、设施、网络的安全与运行环境的安全,保障信息的安全,保障计算机功能的正常发挥,以维护计算机信息系统的安全运行。因此,项目合同中,软件提供商必须对所提供的管理系统软件承诺安全性保证。这种保证对今后的保修、维护,甚至终止合同、退货、对争议与诉讼的解决,都有重要的意义。另外,合同中还应该对信息化管理软件的容错功能、稳定性进行文字化表述,以确定客户单位在实际运用中要求软件提供商进行技术维修、维护或补正的操作尺度。

3. 软件适用的标准体系方面的条款

软件肯定会涉及国家、行业的部分标准或者国际质量认证标准。软件是否符合相关的标准规范对客户单位是非常重要的,特别是对一些特殊行业的生产性企业,是能否进行生产的必要条件。例如,药品生产企业的管理软件系统,必须保证与其匹配的企业相关的业务流程和管理体系符合 GMP 质量认证标准。否则,就可能引发纠纷。所以,客户单位在签订实施合同之前,必须与软件提供商确定软件对有关标准的支持或符合程度。一般来说,除了以上所述的计算机信息安全方面的标准外,管理软件涉及的标准有以下几类:

- 会计核算方面的标准;
- 通用语言文字方面的标准;
- 产品分类与代码方面的标准;
- 计量单位、通用技术术语、符号、制图等方面的标准;
- 国家强制性质量认证标准等。

因此,在合同中应当指明适用的标准,或者符合哪项标准的要求,或者应有利于客户单位在实施过程中进行标准化管理。

4. 软件实施方面的条款

项目实施方面的条款是合同的主体部分,通常包括项目实施定义、项目实施目标、项目实施计划、双方在项目实施中的权利与义务、项目实施小组及其工作任务、工作原则与工作方式、项目实施的具体工作与实施步骤、实施的修改与变更、项目实施时限、验收等主要内容。

(1)项目实施定义

项目实施定义是确定整个项目实施范围的条款。从表面上看,它没有具体的实质性内容,但它是项目实施的纲。其他具体的实施条款都是在它的框架下生成的。如果因为实施范围发生争议或纠纷,就要根据这个条款的约定来裁量。例如,把实施完毕定义在以软件系统安装调试验收为终点,还是定义在以客户单位数据录入后的试运行结束为终点,差别就大得多。前者软件提供商只要把软件系统安装成功,就完成了实施义务,可以收取全额实施费用,而不承担软件系统适用性的任何风险;后者却要承担在试用期的风险。按照我国合同法规定,在试用期内,客户单位有权决定是否购买标的物。因此,在实施合同中签订这个条款,对维护双方的权利是非常必要的。通常,实施定义可以表述为:项目实施是软件提供商在客户单位的配合下,完成软件系统的安装、调试、修改、验收、试运行等全过程的行为。

(2)项目实施目标

项目实施目标是通过软件项目的全部实施,使客户单位获得的技术设备平台和达到的技术操作能力。在实施合同中约定的项目实施目标,是项目验收的直接依据和标准,因此,它是合同中最重要的条款之一。但是,在当前,相当一部分合同中并没有这个条款,而是把它放在软件提供商的项目实施建议书中。如果该建议书是合同的附件,与合同具有同等效力,其约束力还是比较强的;如果不是合同的附件,其效力的认定就是一个比较复杂的问题或过程了。

(3)项目实施计划

项目实施计划是双方约定的整个实施过程中各个阶段的划分、每个阶段的具体工作及所用时间、工作成果表现形式、工作验收方式及验收人员、各时间段的衔接与交叉处理方式,以及备用计划或变更计划的处理方式。项目实施计划是合同中最具体的实施内容之一,有明确的时间界限。对软件提供商的限制性是很强的。因此,通常情况下,它是最容易发生争议的环节。

(4)双方在实施过程中的权利与义务

双方的权利与义务一般体现在以下几个方面:组建项目组;对客户单位实际状况的了解与书面报告;提交实施方案;实施过程中的场地、人员配合;对客户方项目组成员的技术培训;软件安装及测试、验收;客户方的数据录入与系统切换;新设备或添加设备的购买;实施工作的质量管理认证标准等。

(5)项目工作小组及其工作任务、工作原则和工作方式

首先,对项目小组的要求主要表现在组成人员的素质(技能、水平、资格、资历)和稳定性两个方面。从素质角度看,软件提供商组成人员以往的实施经历与经验,以及对客户单位行业特点的熟悉程度等都是很重要的;而客户单位的组成人员的IT背景和对业务部门的指挥、决策权力是很关键的。从组成人员的稳定性角度看,当然是越稳定越好。但是,有些软件项目的实施周期比较长,人员完全固定是不现实的。因此,在合同规定对人员变动的程序,以及变动方对因人员变动而产生的负面作用的承担等条款,是有必要的。

其次,工作小组的任务一般包括以下内容:软件系统安装、测试;项目全程管理;项目实施进度安排、调整与控制;客户单位业务需求分析、定义和流程优化建议;系统实施分析、评价和管理建议;对软件系统进行客户化配置;在合同规定范围内对软件系统的修改与变更;对实施中突发的技术上、操作程序上或管理上的问题的分析、报告与解决;对在实施过程中发生的争议、矛盾与纠纷进行协调、报告和解决;项目小组成员间的专业方面的咨询、交流与培训;对客户单位操作人员进行系统的应用培训;对软件系统实施的进度验收、阶段性验收和最终验收。

再次,项目小组的工作原则方面。由于项目小组只是合同的主要执行者,并不是合同的履行人,因此,项目小组的工作原则是严格执行合同、协调各方关系、报告新情况、提出变更方案与设想。它是一个协调、配合性的组织,应当以协同为总原则,尽量避免发生不必要的矛盾与纠纷。

最后,项目小组的工作方式。根据项目进度及现实工作的不同,项目小组可以采取协调会议、配合工作、情况报告、交换记录等工作方式,以确保双方沟通顺畅。

(6)项目实施的具体工作与实施步骤

双方签约文件中必须包括项目实施的具体工作及其实施步骤,不管是体现在合同中,还是表述在双方签字的项目实施计划中。具体工作应逐一列出,同时应标出工作人员、工作内容、开始与结束的时间、工作场所、验收方式与验收人、工作验收标准等内容。实施步

骤是把具体工作做成一个完整的流程,使双方都明确应当先做什么,再做什么;知道在自己工作的同时,对方在干什么。这样就可以在双方心里有同一盘棋,便于相互间的配合与理解。

(7)实施的修改与变更

①从软件本身的结构上看,一些国外的高端企业信息化软件系统,与固定的管理理念和业务流程方式结合得非常紧密,在项目实施中对软件系统的修改几乎不可能。因此,客户单位应当在咨询商的指导、协助下,把重点放在改造自己企业的业务流程上,而不要刻意坚持在合同中对软件系统的修改条款。因为如果写入修改条款,就有可能使之成为指责软件提供商违约的理由,进而导致争议或纠纷。从软件系统的修改主体看,通常情况下是由软件开发商根据客户单位的实际情况,对自己的软件系统进行客户化改造或修改。这样做既可以保证软件修改的质量,又在合同的权利、义务的分配上比较合理。

②在实施过程中对软件系统的客户化改造与变更,必须按照合同规定的程序进行,不能随意处理。通常的程序是提出或记录书面的软件修改需求、双方商定修改的软件范围及修改的期限、接受方书面确认对方提出的需求。为了简化书面形式,可制定一个固定格式的软件修改需求表,双方在提出及确认需求、修改完毕时在同一张表上签字。

③在双方签署的合同或实施计划中,软件提供商应当明确声明软件系统不能修改的范围,以避免误导客户、侵犯客户知情权及妨碍后续软件模块使用等行为的发生。

④要规范在实施过程中对软件修改的行为,必须在合同中约定允许提出修改需求的时间段。只有在这个时间段内提出才有效,对方应当对修改建议进行探讨与协商,在技术许可的条件下,应达成双方都接受的处理方案。这种修改,属于合同许可的范围,一般情况下不引起合同实质性权利、义务的变更,否则对方可以不予考虑和答复。如果对方同意进行协商,应属新的要约,是对原合同的修改。双方可以对包括费用在内的实质性内容进行新的协商。总的要求是本着公平合理的原则来划分因软件系统修改不成功而产生的责任。

(8)项目验收

由于软件系统涉及的业务流程比较多,实施过程中分项目、分阶段实施的情况经常存在,因此会有不同类型的验收行为。体现在实施合同上,就应当明确约定各个验收行为的方式及验收记录形式。通常,验收包括对实施文档的验收、软件系统安装调试的验收、培训的验收、系统及数据切换的验收、试运行的验收、项目最终验收等。软件的验收要以企业的项目需求为依据,最终评价标准是它与原来的工作流程与工作效率,或者是与原有系统相比的优劣程度,只有软件的功能完全解决了企业的矛盾,提高了工作效率,符合企业的发展需要,才可以说项目是成功的。

5. 技术培训条款

技术培训是软件项目实施成功的重要保障和关键的一步。签约双方都享有权利,并承担义务。通常情况下,双方签约条款涉及以下权利、义务。

(1)要求制定培训计划的权利。客户单位有权要求软件提供商制订详细的培训计划,并以此了解培训的计划、时间、地点、授课人情况、培训步骤、培训内容、使用的教材、学员素质与资格要求、考核考察标准、考核方式、培训所要达到的目标、补救措施等内容与安排,以便做出相应的安排。

(2)要求按约定实施培训计划和按期完成培训的权利。客户单位有权要求软件提供商按照培训计划全面、正确、按时完成其承担的培训义务,以保障软件项目的实施与运用。

(3)普遍接受培训的权利。客户单位现有人员,只要纳入软件操作流程的,都应当受到专业化的培训。或者说,同等软件操作岗位的人员,应当受到同等的培训。不应当发生不平等的培训待遇的现象,即不应当出现只由专业人员培训少数骨干,而实际操作人员只能接受指导的状况。

(4)要求达到培训目标或标准的权利。客户单位接受培训的目的,是要达到既定的技术操作水平,而不仅仅是需要培训的过程,所以其有权要求软件提供商通过培训,实现约定的培训目标。

(5)要求派遣合格的授课人员的权利。授课人员的综合水平及责任心是达到培训标准的重要因素之一。客户单位有权利在合同中要求软件提供商出具授课人员的资历背景、授课能力等介绍,也有权利在培训过程中要求更换不合格或授课效果明显达不到培训标准或目标的授课人员。

(6)要求学员在计算机操作应用方面达到一定水准的义务。只有学员的计算机操作能力与水平相对一致,才能在短时间的集中、共同培训中获得较好的效果。因此,在培训条款中,应当明确学员的条件或标准,并要求在履行中按照约定派出符合条件的学员参加培训,以此作为客户单位的义务加以规定。

(7)保证学员认真接受培训的权利。客户单位有义务保证其所派出的学员遵守培训纪律,认真参加培训,接受专业技术培训和技术指导。只有这样,才能为授课人员营造、维系一个良好的培训环境与气氛,才能保证培训的效果。

(8)考核标准。考核标准的确定,对客户单位日后的具体实施有着十分重要的影响:标准定得太低,学员在实施操作和工作中,就不可能真正、完全、熟练地使用软件管理系统处理日常工作;标准定得太高,学员的学习期间就会延长,可能影响项目实施的进程;如果在合同中没有约定考核标准,当项目实施因实际操作人员的能力而搁浅或发生矛盾时,就没有判断是非的标准了。

6. 支持和服务

售后技术支持和售后服务是软件提供商的法定义务。同时,也是企业提高产品市场竞争力的重要手段。因此,软件企业应当严格服务制度,加强售后服务力量,建立健全服务网络,忠实履行对用户的服务承诺,实现售后服务的规范化。从合同约定上看,软件提供商除了承担用户使用软件的培训外,还应承担维护、软件版本更新、应用咨询等售后服务工作,并对其分支机构及代理销售机构的售后服务工作承担责任。软件提供商承担的售后技术支持与服务,分为免费和收费两种。合同的具体条款包括以下方面。

(1)软件产品的免费服务的项目。法定的免费维修的故障项目包括:硬件系统在标准配置情况下不能工作;不支持产品使用说明明确支持的产品及系统;不支持产品使用说明明示的软件功能。约定的免费维修项目除了法定的免费维修项目外,双方可以约定其他免费服务项目,例如,软件运行中的故障带来的排错、软件与硬件设备在适配方面的调整、应用软件与系统软件或数据库适配方面的调整、客户单位人员的非正常操作引起的系统或数据的恢复。

(2)免费维修的实现。应规定软件产品法定的免费维修期。由于管理软件系统实施的特殊性,起始日期的确定是非常重要的,应在合同中明确规定。

(3)可以约定的收费服务项目。收费服务的项目由当事人双方在合同中明确约定,通常包括:二次开发;软件的修改或增加;系统升级;应用模块或功能的增加;因客户单位的机构变化引起的软件系统的调整;等等。

(4)软件提供商采用的售后技术支持与服务的方式。主要有以下几种:到客户单位现场服务;通过电话、传真、电子邮件、信函等联系方式解答问题;通过专门网站提供软件下载、故障问题解答、热线响应、操作帮助或指南等网络支持服务;通过指定的专业或专门的技术支持和售后服务机构提供服务。

(5)技术支持与服务的及时性条款。在合同中还应约定软件商提供技术支持与服务的响应时间和到场时间,以及到场前应了解的故障情况;还可以对到场工程师的能力及要求做出约定。

7. 管理咨询条款

如果在项目实施中,软件提供商还承担了管理咨询的业务,则在合同中还应有关于管理咨询的条款。管理咨询条款包括了诊断、沟通、分析、提供方案和规章制度、培训、指导和咨询等各个环节。

(1)确定咨询的范围和目标。咨询的范围包括从信息化管理的整体进行咨询,从宏观的角度对实施单位进行管理思想、理念、原理等方面的咨询,以及对信息化管理项目中具体的、实际的管理制度等的咨询。特别是对当前项目的实施部分的咨询要细化和具体。不要盲目扩大到尚未实施的规划,也不要光热衷于整体设计和规划上。这样有可能淡化咨询商在咨询项目中对具体的、实际的对象所承担的咨询义务,对最终界定和落实咨询商的可量化的咨询义务是有不利影响的。客户单位在与咨询商签订合同时,一定要把希望达到的管理状态用文字表述体现在合同中,作为项目实施的管理目标,由咨询商负责提供咨询的义务,并用于检验咨询项目实施是否成功。

(2)针对实施企业的实际情况进行需求分析和业务流程诊断。软件提供商应当在获得充分的时间和客户单位的全力配合下,对客户单位的实际管理状况和业务流程情况进行全面的考察、分析。在这个过程中,客户单位应承担提供时间、人员、访问与座谈、数据与资料、现场考察等义务,以保证考察与诊断的真实性。

(3)提交详细的书面分析报告、咨询方案及实施计划。这是咨询商应当承担的合同义务。其中文字表述的咨询实施计划、为客户单位指定的目标与措施等内容,在经过确认后,即作为管理咨询的目标,由咨询商负责承担相应的义务,并用于检验咨询项目实施是否成功。

(4)制定实施企业的业务流程的每一个岗位的岗位职责和相关的管理规章制度。由咨询方提供一整套与实施单位的信息化管理项目相匹配的业务流程岗位职责和相应的管理规章制度,使实施单位能够在一开始就站在一个相对成熟和相对完整的管理平台上,这样对项目的成功实施和提高人员的信心都是非常重要的。

(5)管理咨询的培训。包括针对客户单位管理人员或项目组成员的管理思想和业务流程管理的培训与咨询,又包括进行岗位职责和管理制度的培训、演练和指导,但不包括对软件系统的技术操作规范的培训。

(6)对软件系统试运行阶段出现的管理问题进行指导和咨询。软件实施与管理咨询是同步进行的,在软件系统的试运行阶段,管理咨询和技术支持应当同时对客户单位提供服务,以保证操作、流程、管理之间的配合与默契,并防止因为签约方的失误而导致项目实施的延期或搁置。

(7)对在合同有效期内实施企业遇到的管理问题进行咨询和指导。针对软件项目的管理咨询与其他咨询最显著的区别就在于合同的期限比较长,有的时候要延至软件实施完毕后的一段时间。那么在合同期内,对客户单位出现的信息化管理问题,也应当承担提供咨询的义务。同时,合同中也可以约定,在有效期内咨询商定期或不定期对客户企业进行回访、指导和咨询。

(8)明确每一项服务的咨询费标准。现在,很多客户单位不知道咨询费为什么收得那么高,也不知道咨询商提供的每一项服务的费用是多少,更不知道在项目实施不成功的情况下可以要求咨询商退还一部分费用。

3.3.3 合同管理

项目合同管理就是对合同的执行进行管理,确保合同双方履行合同条款并协调合同执行与项目执行关系的系统工作。合同关系的法律本质性使得执行组织在管理合同时必须准确地理解行动的法律内涵。合同管理贯穿于项目实施的全过程和项目的各个方面。它作为其他工作的指南,对整个项目的实施起总控制和总保证作用。合同管理与其他管理职能,如计划管理、成本管理、组织和信息管理等之间存在着密切的关系,这种关系既可看作工作流,即工作处理顺序关系,又可看作信息流,即信息流通和处理过程。

1. 需方(甲方)合同管理

对于企业处于需方(甲方)的环境,合同管理是需方对供方(乙方)执行合同的情况进行监督的过程,主要包括对需求对象的验收过程和违约事件的处理过程。

(1)验收过程是需方对供方的产品或服务进行验收检验,以保证它满足合同条款的要求。具体包括:根据需求和合同文本制定本项目涉及的建设内容、采购对象的验收清单;组织有关人员对验收清单及验收标准进行评审;制定验收技术并通过供需双方的确认;需方处理验收计划执行中发现的问题;起草验收完成报告等。

(2)违约事件处理。如果在合同执行过程中,供方发生与合同要求不一致的问题,导致违约事件,需要执行违约事件处理过程。具体活动包括:需方合同管理者负责向项目决策者发出违约事件通告;需方项目决策者决策违约事件处理方式;合同管理者负责按项目决策者的决策来处理违约事件,并向决策者报告违约事件处理结果。

2. 供方(乙方)合同管理

企业处于供方的环境,合同管理包括对合同关系适用适当的项目管理程序并把这些过程的输出统一到整个项目的管理中。主要内容包括:合同跟踪管理过程、合同修改控制过程、违约事件处理过程、产品交付过程和产品维护过程。必须执行的项目合同管理过程应用在:

(1)项目计划的执行,用以授权软件提供商在适当的时候进行工作;

(2)执行报告,监控合同方的成本、进度和技术绩效;

(3)质量控制,检验合同方的产品是否合格;

(4)变更控制,确保变更被正确地批准,以及需要了解情况的人知晓变更的发生。

合同管理还包括资金管理部分。支付条款应在合同中规定。支付条款中,价款的支付应与取得的进展联系在一起。

3. 合同管理的依据

(1)合同。

(2)工作结果。作为项目计划实施的一部分,收集整理供方的工作结果(完成的可交付成果、符合质量标准的程度、花费的成本等）。

(3)变更请求。变更请求包括对合同条款的修订、对产品和劳务说明的修订。如果供方工作不令人满意,那么终止合同的决定也作为变更请求处理。供方和项目管理小组不能就变更的补偿达成一致的变更是争议性变更,称之为权力主张、争端或诉讼。

(4)供方发票。供方应不断开出发票要求清偿已做的工作。开具发票的要求,包括必要的文件资料附件,通常在合同中加以规定。

4. 合同管理的工具和方法

(1)合同变更控制系统。合同变更控制系统定义可以变更合同的程序,包括书面工作、跟踪系统、争端解决程序和变更的批准级别。合同变更控制系统应被包括在总体的变更控制系统中。

(2)执行报告。执行报告向管理方提供供方是否有效地完成合同目标的信息。合同执行报告应同整个项目的执行报告合并在一起。

(3)支付系统。对供方的支付通常由执行组织的应付账款系统处理。对于有多种或复杂的采购需求的大项目,项目应设立自己的支付系统。不管哪一种情况,支付系统都应包括项目管理小组的适当的审查和批准过程。

5. 合同管理的输出

(1)信函。合同条款和条件常常要求买方/供方在某些方面的沟通以书面文件进行。例如,对执行令人不满意的合同的警告,合同变更或条款的澄清。

(2)合同变更。合同变更(同意的或不同意的)是项目计划和项目采购过程的反馈。项目计划和相关的文件应做适当的更新。

(3)支付请求。支付请求假定项目采用外部支付系统,例如,项目有自己的支付系统,在这里输出为“支付”。

(4)合同跟踪管理记录。对合同执行过程进行跟踪管理并记录结果;落实合同双方的责任。合同跟踪管理过程包括:根据合同要求对项目计划中涉及的外部主任进行确认,并对项目计划进行审批。

3.3.4　合同收尾

项目合同当事双方在依照合同规定履行了全部义务之后,项目合同就可以终结了。项目合同的收尾需要伴随一系列的项目合同终结管理工作。项目合同收尾阶段的管理活动包括:产品或劳务的检查与验收,项目合同及其管理的终止(这包括更新项目合同管理工作记录,并将有用的信息存入档案)等。需要说明的是,项目合同的提前终止也是项目合同终结管理的一种特殊工作。项目合同收尾阶段的管理任务包括以下几方面内容。

1. 整理项目合同文件

这里的项目合同文件泛指与项目采购或承包开发有关的所有合同文件,包括(但不限于)项目合同本身、所有辅助性的供应或承包工作实际进度表、项目组织和供应商或软件提供商请求并被批准的合同变更记录、供应商或软件提供商制定或提供的技术文件、供应商或软件提供商的工作绩效报告,以及任何与项目合同有关的检查结果记录。这些项目合同文件应该经过整理并建立索引记录,以便日后使用。这些整理过的项目合同文件应该包含在最终的项目总体记录之中。

2. 项目采购合同的审计

项目采购合同的审计是对从项目采购计划直到项目合同管理整个项目采购过程的结构化评价,这种评价和审查的依据是有关的合同文件、相关法律和标准。项目采购合同审计的目标是要确认项目采购管理活动的成功之处、不足之处,以及是否存在违法现象,以便吸取经验和教训。项目采购合同的审计工作一般不能由项目组织内部的人员来进行,而由国家或专业审计部门来进行。

3. 项目合同的终止

当供应商或软件提供商全部完成项目合同所规定的义务以后,项目组织负责合同管理的个人或小组就应该向供应商或软件提供商提交项目合同已经完成的正式书面通知。一般合同双方应该在项目采购或承接合同中对于正式接受和终止项目合同有相应的协定条款,项目合同终止活动必须按照这些协定条款规定的条件和过程开展。提前终止合同是合同收尾的特殊情形。

3.3.5 产品选择与商务谈判

1. 产品选择

当可行性方案需要通过选择新的产品来完成时,就进入项目启动管理的产品选型阶段。在该阶段,对供应商进行初步的筛选以后,根据需求与方案要求,制定招标文档,接收供应商的项目解决方案,并根据评估标准,组织相关人员对供应商进行评估,选出几个供应商进入商务谈判。并在立项报告审批通过以后,与供应商签署合同。该阶段又可细分为以下两个步骤。

(1)创建招标文件:根据需求阶段与可行性方案阶段分析的结果,制定向供应商招标的文档。

(2)解决方案评估:制定产品选型评估的标准是该活动的核心,它包括以下几方面。

• 应用软件评估:对产品本身的功能、性能、体系架构、用户友好性、市场评价、费用等方面进行考察。

• 软件运行环境评估:对系统运行所需要的服务器、客户机的软硬件配置进行评估。这是很容易被忽略的一部分,又是有可能对后续实施投入影响最大的一部分,尤其是在客户端数量大、环境复杂的情况下。

• 项目实施评估:在信息系统的建设中,项目实施方法与能力已经成为项目成败的重要环节,因此对服务商实施能力的评估显得尤为重要。评估内容主要包括:实施方法、实施费用、实施周期、实施顾问经验及对相似实施案例的考察。

• 培训与售后服务评估:包括考察培训方式及其费用、售后服务方式及其费用、响应时间等。

• 供应商评估:对供应商的基本信息进行评估,如供应商的规模、业绩,合同语言,仲裁地,与客户的合作策略等方面。

• 效益风险评估:即项目的投入与产出的评估。这是最难评估的一项,当前在信息化项目中尚没有形成较完备的投入产出的量化评估指标,多是采用一些定性的分析与比较。

2. 商务谈判

关于商务谈判的组织与技巧,有许多专门的论述。从项目管理的角度来看,商务谈判是在一定的策略指导下与产品开发商及服务实施商进行的确定合同条款的过程,其目的是最大化地维护企业的利益,确定最优的价格和服务条款。

商务谈判的依据是评估通过的解决方案,其过程通常包括组织谈判小组、制定谈判方案、实施谈判、签署合同。值得注意的是,商务谈判与后续的立项报告审批并没有严格的先后关系,是可以同时进行的,但合同签署必须在立项报告审批完成后才可进行。

相对产品供应商而言,企业在项目建设中处于合同意义上的甲方,其项目的启动过程与乙方的项目管理有很大的不同,是一个较为复杂的过程。它往往需要考虑一系列的问题,例如,需求是否合理?是否有必要启动项目?项目可能带来的影响是什么?可能的投入有多大?取得的效益有多大?当前的管理模式是否能支撑?如果不能,可能要在哪些方面做好变革的准备?业界相关的产品有哪些?哪些是真正适合需求的?

综合上述,在项目建设中,项目启动阶段要经过意向提出、需求确认、可行性方案论证、产品选型、立项报告审批、项目启动等一系列管理活动的控制,方可完成项目的启动,进入项目计划阶段。做好项目启动管理是企业进行合理的投入产出分析,有效控制项目风险,确保项目成功的关键。

【课后实训】

本项目实践要求如下:甲方以任课老师为代表,给出“软件项目管理在线学习网站”(SPM)招标书,组织招标。课堂上学生以团队形式模拟现场竞标,提交项目竞标书。

实践目的:明白项目招投标过程。

实践要求:

1. 老师(甲方)提供招标文件。
2. 每个团队(乙方)分析 SPM 项目。
3. 每个团队编写 SPM 项目竞标书。
4. 选择两个团队在课堂上进行竞标答辩,并提交标书(建议书)。
5. 其他团队进行评述,充当评审专家的角色,可以提出问题。
6. 老师评述和总结。

思考练习题

1. 简述招标包括哪些过程。
2. 在编制标书时应遵循哪些原则?
3. 在投标决策时应考虑哪些内容?
4. 简述签订合同时应注意哪些问题。
5. 简述软件项目的合同管理具有哪些特征。
6. 简述甲方、乙方合同管理的异同。
7. 简述项目合同收尾阶段的管理任务有哪些。
8. 为什么说“软件系统的成功与否并不能在系统开发完毕的当时就能做出鉴别”?

项目四　软件项目成本管理

【知识要点】

1. 理解软件项目成本的概念与构成。
2. 掌握软件规模的度量。
3. 了解软件项目成本的估算方法。

【难点分析】

1. 熟练掌握软件项目成本的估算。
2. 熟练掌握软件项目成本的预算和控制。

在一个软件项目的实施过程中,总会发生一些不确定的事件。软件项目的管理通常都是在一种不能够完全确定的环境下进行的。项目的成本费用可能难以预料,因此,必须有一些具体可行的措施和办法来帮助项目经理进行项目成本管理,即依据实际预算制订项目计划,实施整个项目生命周期内成本的估算、预算及控制。

4.1　软件项目成本的基本概念

软件项目成本是完成软件所需付出的代价,是软件项目从启动、计划、实施、控制到项目交付收尾的整个过程中所有的费用支出。软件项目的成本相比一般的建设项目更加复杂。由于没有一个规范的行业成本及费用计算依据,项目的随意性和风险都很大,而且软件项目的执行人的劳动消耗所需代价是软件产品的主要成本,因此项目每一个执行者的行为都可能影响到整个项目成本的最终结果。所以不管是项目经理人,还是项目的具体实施人员,都应有较好的成本观念,要掌握一定的成本基础知识,才能真正有效地实施项目的成本监控。

4.1.1　软件项目规模与成本

软件项目规模是影响软件项目工作量和成本的主要因素,是从软件项目范围中抽出软件功能,然后确定实现每个软件功能所必须执行的一系列软件工程任务,包括软件规划、管理、需求、设计、编码、测试,以及后期的维护等任务。软件规模可以简单地用软件的代码行数表示,也可通过软件项目功能的多少进行估计。

项目规模是成本估算的基础。规模估算和成本估算是并行的,无须对这两个概念进行区分,可以通过规模推算出成本,有了规模就确定了成本;反之,有了成本也就有规模了。

代码行(LOC)、功能点、人天、人年、人月等都是规模的单位。成本一般采用货币单价,如人民币元或美元等。

4.1.2 软件项目成本的构成

软件项目通常是资产和技术密集型项目,其成本构成与一般的建设项目有很大区别,成本的构成中较多的部分体现为系统设备、人工、维护等技术含量较高的部分,其中最主要的成本是指在项目开发过程中所花费的工作量及相应的代价,它不包括原材料及能源的消耗,主要是人的劳动消耗。

一般来讲,软件项目的成本构成主要包括以下几种类型。

1. 设备、软硬件购置成本

开发人员需要使用计算机网络环境、系统软件等来实施创建和测试工作,硬件设备的购置费由设备的价格加上合理的运输费用组成。软件购置费,如操作系统、数据库系统和其他外购的应用软件购置费,虽然可以作为企业的固定资产,但因技术折旧太快,需要在项目开发中分摊一大部分费用。

2. 人工成本(软件开发、系统集成费用)

人工费用,主要是指开发人员、操作人员、管理人员的工资福利费等。在软件项目中人工费用总是占有相当大的份额,有的可以占到项目总成本的80%以上。通常,不同级别的项目管理者及不同技术级别的开发人员,其小时薪金水平是不同的,即人工费用标准是不同的。按照不同类别的小时工资标准和相应的人工工作小时数就可以估算项目的人工总成本。

3. 维护成本

维护成本是在项目交付使用之后,承诺给客户的后续服务所必需的开支。可以说,软件业属于服务行业,其项目的后期服务是项目必不可少的重要实施内容。所以,维护成本在项目生命周期成本中占有相当大的比例。软件项目后期维护对整个企业的形象非常关键,就像一般消费品的保修、维修承诺一样,而且要比一般消费品的维修服务要求更高。因为它常常直接涉及客户方日常经营管理的各个环节,一旦出问题,影响面极大,所以很多软件企业为项目的后期维护投入了大量的资源保证。对于一个项目来讲,全面合理地估算并有效控制维护成本对项目的整体收益和企业的经营绩效是相当重要的。

4. 培训费

培训费是项目完毕后对软件使用方进行具体操作培训所花的费用。因为软件项目的技术专业性极强,而客户通常是计算机领域的外行,项目成果的应用需要专业的培训才能进行。所以几乎每一个软件项目都要向客户制作操作手册并进行现场培训。这部分费用必须考虑到项目的总费用中去。

5. 业务费、差旅费

软件项目通常会以招投标的方式进行,并且会经过多次的谈判协商才能最终达成协议,在进行业务洽谈过程中所发生的各项费用,如业务宣传费、会议费、招待费、招投标费,必须以合理的方式进行预算,计入项目的总成本费用中。对于处在同一个城市的客户,当然会有比较少的差旅支出,但异地客户的服务就需要大量的差旅费用。这在IT项目中是相当常见的。

6. 管理及服务费

管理及服务费是指项目应分摊的公司管理层、财务及办公等服务人员的费用。

7. 其他费用

除上述所列费用外,软件项目的成本中可能还会包含一些其他费用,包括:基本建设费用,如新建、扩建机房,购置计算机机台、机柜等的费用;材料费,如打印纸、磁盘等购置费;水、电、燃气费;资料、固定资产折旧费及咨询费等。

从财务角度看,将项目成本构成按性质划分,项目成本包括两种。

1. 直接成本

直接成本是可直接归于项目组织或项目实施的有关成本,包括直接人工费、直接材料费、直接设备费及其他直接费用。例如,如果购进的一批材料全部用于某项目,则该材料成本归于直接成本。

2. 间接成本

间接成本不直接归于任何项目组织内的特定领域,往往是在组织执行项目时发生的,包括管理成本、保险费、融资成本(手续费、承诺费、利息)等。间接成本可包括员工薪金、原材料成本以及其他费用,但这些支出是不能直接和项目或项目支出联系在一起的,所以这些费用被划分到间接成本。间接成本主要由固定成本构成,但是有时也会包含一些可变成本。

需要注意的是,软件项目的产品生产不是一个重复的制造过程,因此,软件的开发成本是以"一次性"开发过程中所花费的代价来计算的。因此,软件项目开发成本的估算,应该以项目识别、设计、实施、评估等整个项目开发全过程所花费的人工代价作为计算的依据,并且可以按阶段进行估算,这个估算的阶段恰好与软件的生命周期的主要活动相对应。

4.1.3 软件项目成本管理及其目标

项目的成本管理,就是为了确保项目在既定预算内按时、按质、经济、高效地实现项目目标所开展的一种项目管理过程。项目的成本管理包括资源计划编制、成本估算、成本预算和成本控制。

成本估算是对完成项目各活动所需要的资源成本的近似估算。这是一个近似值,既可用货币单位表示,也可用工时、人月等其他单位表示。成本预算是将总成本估算分配到各单项工作活动中,进而确定项目实际执行情况的费用基准,产生费用基准计划。成本控制是控制项目预算的变更。在项目实施过程中,应定期将项目的实际成本数据与成本的计划值进行对比分析,进行成本预测,及时发现并纠正偏差,使项目成本目标尽可能好地实现。

资源规划是成本估算的基础和前提,有了成本估算才可以进行成本预算,将成本分配到各个单项任务中;然后在项目实施过程中通过成本控制保证项目的成本不超预算。所以软件的成本估算是成本管理的中心环节。

现实中,软件项目造价昂贵,并经常超过预算,这正是由于软件项目成本管理自身的困难造成的。美国斯坦迪什咨询公司的研究表明,在美国,软件项目实际成本平均达到原始估算成本的189%,即每个项目竣工后,其总支出将达到原始预算的近两倍。为什么软件项目的成本总是超支呢? 这是因为:项目需求含糊,经常会由于客户不断变化的实际要求改变计划;项目成本结构复杂,成本核算方法和实施难度大;忽视成本的估算,行业标准不明确,尤其是间接成本的估算没有成熟的方法和科学依据;项目涉及新的技术或商业过程,有很大的内在风险。

尽管软件项目成本常常由于各种原因超支，但并非没有解决的办法。实际上，结合 IT 项目的成本特点，应用恰当的项目成本管理技术和方法是可以有效地改变这种状况的。成本管理的主要目的就是项目的成本控制，将项目的运作成本控制在预算的范围内，或者控制在可以接受的范围内，以便在项目失控之前就及时采取措施予以纠正。

4.2　软件规模度量

软件项目的规模是影响软件项目成本和工作量的主要因素。在基于代码行和功能点的度量方法中，利用代码行数和功能点数表示软件系统的规模。通过对软件项目规模的度量，可进一步估算软件项目的成本和工作量。

4.2.1　代码行(LOC)

代码行是从软件程序员的角度来定义项目规模。直观地说，一个软件项目的代码行数越多，它的规模也就越大。软件代码行的数目易于度量，多数软件开发组和项目组都会对以往开发的软件项目代码行数目进行备案，当开发类似项目时，便可借助这些经验数据，在此基础上对当前软件项目的规模进行度量。

用代码行的数目表示软件项目的规模简单易行，自然、直观，且易于度量。其缺点也非常明显。在软件开发初期很难较为精确地估算出最终软件系统的代码行数；软件项目代码行的数目通常依赖于程序设计语言的功能和表达能力，采用不同的开发语言，代码行可能不一样；采用代码行的估算方法会对那些设计精巧的软件项目产生不利的影响。该方法只适合于过程式程序设计语言，不适合于非过程式程序设计语言。

4.2.2　功能点(FP)

针对上一小节所述问题，人们提出用软件系统的功能数目来表示软件系统的规模。1979 年 IBM 公司的 Alan Albrecht 提出了计算功能点的方法。功能点以一个标准的单位来度量软件产品的功能，与实现产品所使用的语言和技术无关。该方法需要对软件系统的两个方面进行评估，即评估软件系统所需的内部基本功能和外部基本功能，然后根据技术复杂度因子对这两方面的评估结果进行加权量化，产生软件系统功能点数目的具体计算值。以下是软件系统功能点的计算公式。

$$FP = UFC \times (0.65 + 0.01 \times SUM(F_i)) \quad (i = 1, 2, 3, \cdots, 14)$$

其中，UFC 即未调整功能点计数值，是 5 个参数(表 3 - 1)的“加权和”，F_i ($i = 1, 2, 3, \cdots, 14$)是 14 个技术因素的“权重调节值”；常数 0.65 和 0.01 是经验常数。

计算 UFC 所涉及的 5 个参数分别是：

- 用户输入数：是指由用户提供的、用来输入的应用数据项的数目。
- 用户输出数：是指软件系统为用户提供的、向用户输出的应用数据项的数目。
- 用户查询数：是指要求系统回答的交互式输入的项。
- 文件数：是指系统中主文件的数目。
- 外部界面数：是指机器可读的文件数目(如磁盘或者磁带中的数据文件)。

UFC 的计算方法是按照表 4－1，将产品中所有参数计数项加权求和。即

UFC =（简单用户输入数 ×3 + 一般用户输入数 ×4 + 复杂用户输入数 ×6）+
（简单用户输出数 ×4 + 一般用户输出数 ×5 + 复杂用户输出数 ×7）+
（简单用户查询数 ×3 + 一般用户查询数 ×4 + 复杂用户查询数 ×6）+
（简单文件数 × 7 + 一般文件数 ×10 + 复杂文件数 ×15）+
（简单外部界面数 ×5 + 一般外部界面数 ×7 + 复杂外部界面数 ×10）

表 4－1　UFC 值的加权计算

参数	加权因子（权重）		
	简单	一般	复杂
用户输入数	3	4	6
用户输出数	4	5	7
用户查询数	3	4	6
文件数	7	10	15
外部界面数	5	7	10

F_i（i = 1，2，3，…，14）14 个技术因素的“权重调节值”取值见表 4－2。

表 4－2　F_i的取值表

编号	技术因素	
F_1	系统需要可靠的备份和复原吗？	
F_2	系统需要数据通信吗？	
F_3	系统有分布处理功能吗？	
F_4	性能是临界状态吗？	
F_5	系统是否在一个实用的操作系统下运行？	
F_6	系统需要联机数据项吗？	F_i的取值（0，1，2，3，4，5） 0—没有影响 1—偶有影响 2—轻微影响 3—平均影响 4—较大影响 5—严重影响
F_7	联机数据项是否在多屏幕或多操作之间进行切换？	
F_8	需要联机更新主文件吗？	
F_9	输入、输出和查询文件很复杂吗？	
F_10	内部处理复杂吗？	
F_11	代码需要被设计成可重用吗？	
F_12	设计中需要包括转换和安装吗？	
F_13	系统的设计支持不同组织的多次安装吗？	
F_14	应用的设计方便用户修改和使用吗？	

F_i的取值是根据它所对应的技术因素对软件影响程度，取值范围是 0 ~ 5 之间的任一整数。

举一个简单的例子，假设待开发一个软件项目 X。根据用户的需求描述，该软件项目的

UFC 的计算结果如表 4-3 所示。表中的数据项表示：各种因素在各种复杂级别下的取值与权重值的乘积。UFC 的计算结果为 341。进一步假设该软件项目的 14 个权重调节值全部取平均程度，即取值为 3。14 个权重调节值的累加值 $SUM(F_i)=42$，因而根据公式 $FP = UFC \times (0.65+0.01 \times SUM(F_i))(i=1,2,3,\cdots,14)$ 可知，该软件项目的功能点 $FP=341 \times (0.65+0.01 \times 42)=364.87$，即该项目的功能点数目大致为 364。

表 4-3 软件项目 X 的 UFC 计算结果

参数	加权因子（取值 × 权重）			终值
	简单	一般	复杂	
用户输入数	6×3	2×4	5×6	56
用户输出数	7×4	6×5	5×7	103
用户查询数	2×3	0×4	5×6	36
文件数	0×7	3×10	3×15	75
外部界面数	2×5	3×7	4×10	71
UFC =				341

用功能点表示软件项目规模的优点是：软件系统的功能与实现该软件系统的语言和技术无关，而且在软件开发的早期阶段（如需求分析）就可通过对用户需求的理解获得软件系统的功能点数目，因而该方法可以较好地克服基于代码行软件项目规模表示方法的不足。功能点方法的不足主要体现在：功能点计算主要靠经验公式，主观因素比较多；该方法没有直接涉及算法的复杂度，不适合算法比较复杂的软件系统；此外计算功能点所需的数据不好采集。

大量实践表明：针对特定的程序设计语言，软件系统的功能点和代码行二者之间存在某种对应关系（表 4-4）。

表 4-4 功能点和代码行之间的对应关系

序号	程序设计语言	代码行/功能点	序号	程序设计语言	代码行/功能点
1	汇编语言	320	6	Ada	71
2	C	150	7	PL/1	65
3	Cobol	105	8	Prolog/LISP	64
4	Fortran	105	9	Smalhalk	21
5	Pascal	91	10	代码生成器	15

根据表 4-4 的数据，一个功能点如果用汇编语言来实现大约需要 320 行代码，如果用 C 语言来实现大约需要 150 行代码，如果用 Smalhalk 语言来实现大约需要 21 行代码。从另一个角度上看，该表反映了不同程序设计语言的描述能力是不一样的。

软件规模度量发生在项目实施之前，因而度量的结果与实际的结果有所偏差是不可避免的。但是，如果度量的偏差过大，那么度量的结果将会对软件项目的实施和管理产生消极的影响,甚至可能导致软件项目的失败。因此,在对软件项目的规模、成本和工作量等进行度量的过程中,应尽可能获得合理和准确的度量数据。

4.3 软件项目成本估算方法

成本估算就是编制一个为完成项目各活动所必需的资源成本的近似估算。对于一个大型的软件项目,由于项目的复杂性及独特性,开发成本的估算不是一件容易的事情,它需要进行一系列的估算处理,主要依靠分析和类比推理的手段进行。常用的成本估算方法有自顶向下估算法、自底向上估算法、COCOMO 估算模型等。

4.3.1 软件项目成本估算的依据

在进行成本估算前,应该清楚项目所需要占用的各项资源。任何一个项目的实施都需要占用各种资源,资源计划的编制就是确定完成项目活动所需要的各种不同资源的种类以及每种资源的需要量。为了估计、预算和控制成本,项目经理及其团队必须确定完成项目所需要的所有物质资源(人员、设备、材料、技术、环境条件等)以及各种资源的数量。当资源计划完成后,就可以根据项目对资源的占用情况进行成本估算。

要做出成本估算,必须找到资源的使用量和所使用资源的实时单价。所以成本估算的输入数据就涉及项目工作分解、资源需求、资源单价、活动历时时间、资金成本参数、历史信息等内容,如图 4-1 所示。

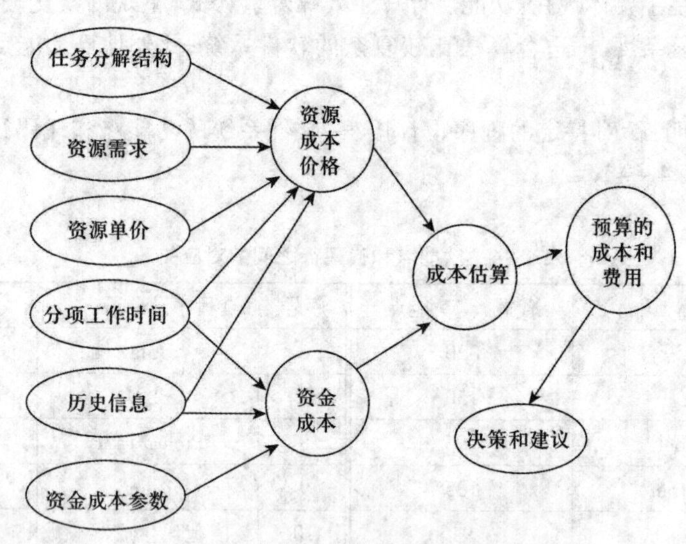

图 4-1 成本估算的输入及结果

(1)任务分解:任务分解就是采用任务分解结构模式,将整体成本分解到各工作包中,使成本的估算能够分项进行。各个工作包的成本估算应尽量做到准确合理。

(2)资源需求:即资源编写计划,是进行成本核算的基础,用来说明所需资源的类型、数量和分配情况。

(3)资源单价:用以计算项目成本,每种资源的单价与该种资源的需求量相乘即可得到该资源的成本。如果某项资源的单价不清楚,则必须首先对资源单价进行估价。

(4)分项工作时间:即进度规划,是对项目各个组成部分和总体实施的估算。分项工作历时时间的估算,将影响到所有成本估算中计入资金占用成本的项目。

(5)历史信息:历史信息是保证项目成本估算顺利进行的重要参考,是指所有涉及项目策划、实施、评估等事件的汇总。通常历史信息的来源主要有项目文档、商业成本估算数据库和项目成员的经验知识三个方面。项目文档保存了以往项目的详细记录,这些记录可以帮助进行成本估算,一个成熟的软件企业应该具有完善的项目档案。商业成本估算数据库通常是获取历史信息的另一个重要渠道,主要用以估算项目总费用中的商业费用部分。项目各成员的经验知识也可作为历史信息的来源渠道,依靠项目组成员的个人素质和以往的工作经验实现对某些费用的估算,其可靠性低于文档资料,比较适用于粗略估算。

(6)资金成本参数:是充分估算项目成本的一种方式。资金成本在项目的成本估算中是用机会成本的概念来计量的。无论是货币还是实物资源,当某个项目对其发生实际占用的时候,该货币或实物资源就失去了进行其他投资的可能,就无法从其他投资机会中获取收益,我们将这些可能在其他各种投资机会中预计获得的最大收益作为该项目的机会成本,并以资金成本的方式合并到项目的总成本估算中,使项目的成本估算更加具有项目经营意义的特点。

有了上述基础输入资料,项目的成本估算就可以进行了。但项目的成本估算不仅涉及大量的基础数据,还会涉及许多比较复杂的计算和评估过程。由于影响软件成本的因素很多,目前并不存在一种适用于所有软件类型和开发环境的估算方法或模型。

4.3.2 自顶向下的估算

自顶向下的估算法也叫类比估算法,是项目的上、中层管理人员利用以往类似项目的经验和个人的判断,估算出当前项目的成本。然后,这些成本估算被传达给下一级的管理人员,并由他们继续将成本估算进行细化,为分项目的每一项任务和工作包估算成本,然后继续向下层传递,细化,直到最底层。通常在项目早期,信息的详细程度有限,所以采用类比估算法来进行项目成本估算。

自顶向下进行估算的一个优点是,整体的成本预算可以得到较好的控制。估算由于是自顶向下的过程,上下级关系使得成本的估算遇到的阻力较小,所以估算的时效较高。中层项目管理者丰富的项目实施经验使他们能够比较准确地估计出未来项目的整体或部分资源需要,使得项目的成本估算过程建立在有效的基础上。自顶向下的估算法的另一个优点是,成本估算建立在自顶向下的估算和费用分配的基础上,这样可以避免有些任务被过分重视而获得过多预算。

但自顶向下的估算法也存在自身的缺点。该方法较多地依赖于上层管理人员的个人经验和判断,上层管理人员根据他们的经验估算出的成本分解到下层,下层人员或许会认为不足以完成相应的任务。但往往下层人员不愿直接向上层人员提出异议,这样通常会在项目的执行过程中出现问题,甚至由于预算不足而失败。类比法在实际应用中,要积极采取民主评议,避免由于上下级行政关系及自我保护意识等因素影响估算精确度。

4.3.3 自底向上的估算

自底向上的估算是将项目任务分解到最小单位工作包,对项目工作包进行详细的成本估算,然后通过各个成本汇总将结果累加起来,得出项目总成本。自底向上估算法包括两个部分:单个工作项目的成本估算和项目整体的成本汇总,项目的工作分解结构做得越充分细致,估算的精度就会越高。

因为是每项工作的执行者进行他所负责部分的成本估算,与高层管理人员相比,这些直接参与项目建设的人员更清楚项目涉及活动所需要的资源量,预算的专业性和准确性都较高。

自底向上的估算法的缺点是通常花费时间长,工作代价高。作为公司较高层的管理人员很容易认为自底向上的预算具有风险,他们对下级上报的预算并不十分信任,认为他们会强调自己负责部分的重要性,而且夸大所需要的资源数量;另一方面,高层管理人员通常不会将资金分配的权力轻易转给下属,这种现象较为普遍,它不可避免地以人为因素影响了费用的估算。在这种情况下,成本估算往往是由申请预算开始,从最高层起每一层管理人员均让下一层人员申报下一层的预算,而后逐层汇总。伴随成本估算过程往往存在从上而下的指示。下层根据上层的指示确定自己的预算,这与真正的自底向上完全不同,结果也截然不同。当然,如果公司管理人员能够更为民主,则有助于在此过程中形成良性的协商过程。

4.3.4 构造型成本模型

构造型成本模型方法是一种精确、易于使用、应用广泛的基于模型的成本估算方法。最早由勃姆(Boehm)基于对63个项目的研究,于1981年提出的。

在COCOMO模型中,根据项目规模、开发环境等因素,可把项目分为以下3种:

- 有机模式:指规模较小的、简单的软件项目;
- 半有机模式;指在规模和复杂性上处于中等程度的软件项目;
- 嵌入模式:指必须在一组紧密联系的硬件、软件及操作约束下开发的软件项目。

COCOMO模型按其详细程度也被分为3级。

(1)基本COCOMO

基本COCOMO是一个静态单变量模型,它用一个以源代码行数为自变量的函数来计算软件开发工作量。成本估算公式为

$$E=a(\text{KDSI})^{b}$$

其中,E为开发工作量,以人月为单位。DSI,定义为源代码行数,不包括注释行数。若一行有两个语句,则算作一条指令。KDSI即为千代码行数,即1KDSI = 1024 DSI。a、b为两个常数,具体值与项目的种类有关。

有机模式: $E=2.4(\text{KDSI})^{1.05}$

半有机模式: $E=3.0(\text{KDSI})^{1.12}$

嵌入模式: $E=3.6(\text{KDSI})^{1.20}$

(2)中间COCOMO

中间COCOMO是在以源代码行数为自变量的函数计算软件开发工作量的基础上,再用一些与项目规模和类型无关的因素来调整成本的估算。成本估算公式为

$$E=a(\text{KDSI})^{b}\times\text{乘法因子}$$

其中,a,b的具体取值为

有机模式: $a=3.2$　　$b=1.05$

半有机模式：　　　　　　　$a=3.0$　　$b=1.12$

嵌入模式：　　　　　　　　$a=2.8$　　$b=1.20$

COCOMO 方法重点考虑 15 种影响成本估算的因素，并通过定义乘法因子，准确、合理地估算软件的工作量，这些因素主要分为以下 4 类。

①产品因素，包括软件可靠性、数据库规模、产品复杂性。

②硬件因素，包括执行时间限制、存储限制、虚拟机易变性、环境周转时间。

③人的因素，包括分析员能力、应用领域实际经验、程序员能力、虚拟机使用经验、程序语言使用经验。

④项目因素，包括现代程序设计技术、软件工具的使用、开发进度限制。

根据每种因素影响的大小，将这些因素从低到高，在 6 个级别上取值，根据取值级别来确定乘法因子。

(3) 详细 COCOMO

详细 COCOMO 包括中间 COCOMO 的所有特性，但用上述各种影响因素调整工作量估算时，还要考虑对软件工程过程中分析、设计、编码、调试等各阶段的影响。软件生命周期中有些阶段的影响可能会相对其他阶段更大。详细 CO－COMO 提出了"阶段敏感工作权数"对成本估算进行调整。此外详细 COCOMO 模型将项目分解为子系统或子模型，以便在一组子模型的基础上更精确地调整整个模型的属性。

4.3.5 估算的误差度

通常，成本估算都会存在一定的误差，所有的估算结果都是实际情况的近似值，而非给出确切预计的精确计算。误差的大小会因项目的不同、项目阶段的不同、估算人员的不同以及物价水平的不同而有所不同。

导致成本估算不准的主要原因有以下几点：

(1) 项目的工作进展和资料。成本估算的精度与项目工作进展的程度和项目所掌控的资料有关，工作进展越深入，资料越丰富，估算精度越高。在项目的前期阶段，影响估算的因素较多，对项目的了解不够深入，分析尚未展开，资料欠缺，因而成本估算误差较大，随着可计算因素的增加，成本估算的精度得以提高。

(2) 物价水平。如果项目执行期间，物价水平频繁波动，会使项目成本估算的难度加大。

(3) 估算人员的知识水平和经验。在进行项目估算的过程中，存在各种不确定因素时，需要依靠估算人员的知识水平和经验，经过分析判断，主观估计求得估算值。因此，项目成本估算会受估算人员个人因素的影响。尤其是涉及人工费估计时，常要依赖个人主观看法来判断劳动时间。故项目成本估计不是一门精确的学问。事实上，可以把成本估算人员分成四种类型：乐观型成本估算人员、悲观型成本估算人员、善变型成本估算人员和准确型成本估算人员。

(4) 签约前后不一致和低劣的推测技术也是不准的原因。签约前，销售人员为了拿到项目，通常不得不增加承诺，压低价格；签约后，项目经理接手项目的时候，可能会处于无法成功的尴尬境地。所以，估算也不可能准确。

无论成本估算所使用的方法看上去多么复杂，也无论数学模型多么复杂，所有的估算结果不过是实际情况的近似值。既然成本估算有误差在所难免，就有必要采取一定的方法减小误差。

首先要避免低劣的成本估算,应该尽可能使企业的估算机构专业化,对参与成本估算的人员进行相关的培训,同时制订一套严格的方法和步骤,以便估算者可以参照执行。应该尽量避免估算中的过分乐观、行政压力、低劣的估算模型。应避免无准备的估算,要做好估算的计划,借鉴以往类似项目的估算数据,在经验数据的基础上进行估算。另外,可以使用不同的估算技术,比较其结果,之后进行一定的调整。

如果低劣估算已经发生了,就应该想方设法降低低劣估算带来的估算误差,采取相应的措施。首先,项目经理可以通过有力的证据说明资源不足,尽量争取更多资源和资金,或者争取削减、降低项目的需求,保证项目目标的实现。其次,要确定目标的先后次序,当项目经理发现资源严重不足,可能完不成所有的任务时,必须做出某种选择,或减少工作量,或增加人员,或追加资金等,必须确定各种选项的先后次序。最后,应该强化变更管理程序,只有强化变更程序才可以避免多次变更造成的影响。

4.4 软件项目成本预算

成本预算与成本估算是处在项目成本管理不同阶段的两项工作。成本估算是从项目整体角度出发,基于整个项目对资源的占用而测算出的项目总支出;而成本预算则是将批准的项目成本估算(有时因为资金等原因需砍掉一些工作来满足总预算的要求,或因为追求经济利益而缩减成本额)分配到每个相对独立的工作任务和活动中,成本估算的输出结果是成本预算的基础与依据。项目的预算过程包括两个步骤:第一,将项目成本估计分摊到项目任务分解结构中的各个工作包(或任务包);第二,在整个工作包期间进行每个工作包的预算分配,这样才可能在任何时间点及时地确定预算支出是多少。

项目成本预算的依据主要有成本估算、工作分解结构、项目进度计划等。其中工作分解结构确定了要分配成本的组成部分。项目进度计划包括要分配成本的项目组成部分的开始日期和预计完成日期,从而可将成本分配到发生成本的时段上。关于项目进度计划的相关内容将在项目四中详细介绍。

软件项目成本预算,首先要将项目总成本分为直接成本和间接成本,按照各个成本要素进行分配,如设备购置、人工、维护材料,再依据任务分解结构分配至适当的具体工序或人,然后为每一项任务建立总预算成本。项目成本预算的方法与项目成本估算的方法类似,只是其目的不同,所以具体运用时存在一定差异。成本预算的方法主要有两种:一种是自上而下法,即在总项目成本之内按照每一项工作任务的相关工作范围来考虑,以总项目成本的一定比例分摊到各项任务中;另一种方法是自下而上法,它是依据与每一项工作任务有关的具体活动而计算成本估计的方法。在提交项目建议书时通常已经估计了项目的成本,但并没有做到具体的计划中。可是,在项目开始之后,就要详细说明具体活动并制订计划。一旦对具体的活动做了详细具体的说明,就能对每一活动进行的时间、资金和成本进行估计了。每一项工作任务的总预算成本即是组成各任务的所有活动的成本的总和。

项目成本预算是将成本估算总额,再按照项目的实施工序和进度进行分配,目的是使项目的资金支配在时间上有合理的安排。按照时间和活动的项目详细预算,对项目资金使用的安排、项目成本的分段控制都是非常有好处的,同时对项目合理地进行资金的筹措也十分有效。

4.5 软件项目成本控制

项目的成本控制是采用一定的方法对项目全过程所耗费的各种费用的使用情况进行管理的过程。在整个项目的实施过程中,定期收集项目的实际成本数据,与成本的计划值进行对比分析,并进行成本预测,发现并及时纠正偏差,以便使项目的成本目标尽可能好地实现。项目的成本控制主要包括监视成本执行以寻找成本与计划的偏差;确保所有变更被准确地记录;防止不正确、不适宜或未核准的变更纳入费用计划;及时调整项目计划和成本预算,将核准的变更通知项目相关人员等。

对于以项目为基本运作单位的企业或组织来说,成本控制能力直接关系企业的赢利水平,因此,多数企业或组织都将成本控制放在非常重要的地位。但是在实际工作当中,很多企业往往没有一套系统的管理办法来进行成本控制,而把更多的精力放在了技术上。

4.5.1 软件项目成本控制的目标

在软件项目管理过程中,控制通常是指软件项目管理人员按计划来衡量所取得的成果,纠正所发生的偏差,以保证计划目标得以实现的管理活动。进行软件项目成本控制的目标是实现成本计划,降低项目成本,把各种成本控制在成本计划和成本标准之内,并尽可能地使耗费达到最小。在软件项目的成本控制中,更需要通过运用各种现代化管理手段和方法,减少项目实施过程中的各种机会损失,从而减少人工费用、维护费用及协调管理费用等各项开支,使项目的总成本最低化,以最小的投入得到一定的产出,获得最佳经济效益。

4.5.2 实际成本与成本偏差

已完成工作实际成本,也叫实际成本,它是指在给定时间内,完成一项活动所发生的实际直接成本和间接成本的总和。

计划工作预算成本,通常叫作预算成本。它是根据批准认可的进度计划和预算到某一时刻应当完成的工作所需投入资金的累计值。一般情况下,除非合同有变更,BCWS 在工作实施过程中保持不变。

已完成工作预算成本,也叫挣值,它等于实际完成工作的百分比乘以计划成本。实际完成工作必须要经过验收,要符合质量要求,所以挣值反映了满足质量标准的项目的实际进度,实现了投资额到项目成果的转化。挣值的计算公式为

$$挣值 = 当时的预算成本 \times 完成的百分比$$

成本偏差是指已完成工作的预算成本与其实际成本之间的差额,其计算公式为

$$CV = BCWP - ACWP$$

成本偏差显示了某项活动预算成本与实际成本的差异,如果成本偏差是负数,则意味着执行工作所用成本多于计划成本,说明工作执行效果不好;如果成本偏差是正数,则意味着执行工作成本少于计划的成本,工作执行效果良好。

成本偏差分为局部成本偏差和累计成本偏差。局部成本偏差包括项目的月度(或周、

天等)核算成本偏差、专业核算成本偏差及分项作业成本偏差等。累计成本偏差是指已完工程在某一时间点上实际总成本与相应的计划总成本的差异。

4.5.3 挣值分析

挣值分析是一种项目绩效衡量技术,是最常用的成本控制技术。它综合了范围、时间和成本数据。给定成本执行基准计划,项目经理及其团队可以通过输入实际的信息,然后将其与基准计划进行比较,就能够决定在多大程度上满足了范围、时间和成本目标的要求。基准计划是最初项目计划加上已被批准的变更。实际信息包括某项工作是否完成或大约完成多少,工作什么时候实际开始或结束,完成的工作实际花费是多少。

挣值分析涉及计算项目工作分解结构中的每项活动的三个基本值,即计划工作预算成本、已完成工作实际成本和已完成工作预算成本。为了对项目的实际进展情况做出测定和衡量,实现对项目的监控,清楚地反映出项目管理和项目技术水平的高低,可对三个基本值进行如下的分析:

(1)对计划工作预算成本和已完成工作预算成本进行比较。

(2)对已完成工作预算成本和已完成工作实际成本进行比较。

(3)根据(1)(2)的比较结果识别成本、进度变动情况,并根据劳动、原材料或其他因素以及引起较大变动的原因进行分析。

分析的过程中可导出一些重要的指标,例如成本偏差,可以定量地反映出工作执行效果。其定义以及含义已在上一节中讨论。此外还有以下一些指标:

进度偏差显示了某项活动计划完成情况与实际完成情况的差异,负的进度偏差意味着执行工作比计划花费更长的时间,正的进度偏差意味着执行工作比计划花费更少的时间。其计算公式为

$$SV = BCWP - BCWS$$

成本执行指数用于估计预测的完成项目的计划成本,如果成本执行指数等于1,则预算成本和实际成本相等,也就是实际成本与计划相同;如果成本执行指数小于1,则项目超出预算;如果成本执行指数大于1,则项目成本在预算范围内,并且有结余。其计算公式为

$$CPI = BCWP/ACWP$$

进度执行系数可以用于估计预测完成项目的计划时间。与成本执行指数相类似,速度执行系数为1意味着项目按计划进度完成;如果大于1,则项目比计划提前完成;如果小于1,则项目较计划滞后完成,工期延误。其计算公式为

$$SPI = BCWP/BCWS$$

要计算整个项目的挣值,就需要计算所有项目活动的挣值。某些活动可能超过预算,落后于进度,某些可能低于预算和超前于进度计划。通过将项目活动的所有挣值相加,就能够决定项目作为一个整体执行的情况。

图4-2显示了用挣值分析法得到的评价曲线。其中,横坐标表示时间,即项目的进度;纵坐标表示费用的累计。图中 $CV>0$,$SV<0$,表示项目运行的效果不好,成本超支,进度拖延,应采取一定的补救措施。

在项目的实际执行过程中,最理想的状态是BCWP、BCWS、ACWP三条曲线紧密相靠,平稳上升,这表示项目和期望的走势差不多,向着良好的方向发展。若三条曲线偏离很大,则表示项目实施过程中存在重大问题隐患,或已经发生了严重问题,应对项目重新评估和安排。

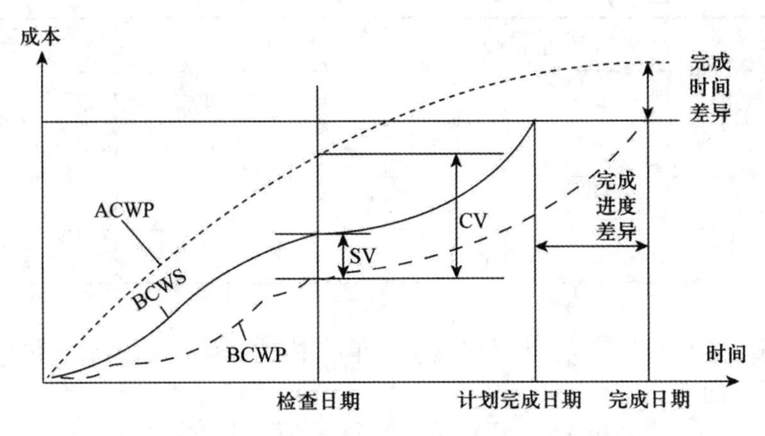

图 4 – 2　挣值评价曲线

挣值分析是高级管理者和项目经理评估项目进展、进行管理决策的一项重要技术，它强调两点：一是强调追踪实际执行情况与计划执行情况的比较；二是强调计算每种任务完成百分比数的重要性。为了使挣值分析使用更加简单，可以利用完成百分比数直接表示项目的执行情况。只要项目定义得足够详细，这种简化的完成百分比数就可以提供足够的总体信息，从而使管理者了解项目总体进展情况。使用这些简单的完成总量的百分比数据，能够得到非常精确的整个项目的执行情况信息。

挣值分析是用于综合执行情况、成本和进度数据的主要分析方法，它也是项目经理和高级管理人员评估项目执行绩效的有力工具。

4.5.4　资源调度

资源是执行项目所需要的所有人和物。软件项目资源可分为三类——人力、可复用的软构件、软硬件环境。对于软件项目来说，人力资源是最重要的资源，因为软件开发是智力活动和知识管理，软件产品设计人员、开发人员和测试人员等决定了项目的成败。

人是最有价值的资源，项目管理和实施的过程都是由人来完成的。这里所说的人主要指开发项目组的成员，如项目经理、系统分析员和软件开发人员。此外还有质量保证人员和其他支持人员等。

可复用的软构件是软件组织的宝贵财富，可以加快软件的开发进程，提高软件的质量与生产效率。

软硬件环境是支持软件开发的必要条件，软硬件环境也直接影响到软件开发的效率。

进行资源调度的第一步是列出所要求的资源的种类以及每种资源的需用量。可以依次考虑工作分解结构中每项活动所需的资源，根据有关项目领域中的消耗定额或经验数据来计算资源需求量。然而，有些需要的资源并不是活动所要求的，但却是项目基础设施的一部分（例如项目经理）或是支持其他资源所要求的（例如，办公场地可能是内部签约软件开发人员所要求的）。

可以列出项目的资源需求清单，如表 4 – 5 所示。资源需求清单必须尽可能全面，宁可所包含的某些资源在以后不需要时删掉，也不要忽略某些必需的资源。

表 4-5 资源需求清单

活动	活动持续天数	资源名称	资源数量
活动 1			
活动 2			
⋮			
活动 n			

资源需求清单生成后，下一步是将这个清单映射到活动计划，然后评估项目实施期间所需要的资源分配。

资源的分配是一个系统工程，既要保证各个任务得到合适的资源，又要努力实现资源总量最少。简言之，所有任务都分配到了所需的资源，而所有资源也得到了充分的利用。通过编制资源计划可以清楚地知道需要使用何种类型的资源以及工作分解结构中每一项工作需要的资源数量，将各种资源的数量、取得方式、使用时间等汇总起来，就得到了资源计划。

资源计划结果的表现形式有多种，如可用资源计划矩阵（表 4-6）、资源需求量表（表 4-7）、资源负荷图或资源需求曲线（图 4-3）、资源累计需求曲线（图 4-4）等表示。

表 4-6 项目资源计划矩阵

活动	资源需求						
	资源 1	资源 2	资源 3	…	资源 $m-2$	资源 $m-1$	资源 m
活动 1							
活动 2							
⋮							
活动 n							

表 4-7 资源需求量表

资源需求种类	资源需求总量	时间					
		1	2	3	…	$t-1$	t
资源 1							
资源 2							
⋮							
资源 n							

在实践中,资源是逐个分配给项目各活动的,而找到"最佳"分配不仅要消耗时间,并且很困难。一旦项目组的一名成员承担了某项活动,该活动具有计划的开始日期和完成日期,那么该项目组成员在那段时间对其他活动来讲就变得无法得到。因而,分配某一资源给一项活动限制了资源分配的灵活性和其他活动的进度安排。为此,可以设置活动的优先权以使得资源能以某种合理的顺序分配给竞争的活动。优先权总是先将资源分配给关键路径活动,然后将资源分配给那些最可能影响其他活动的活动。用这种办法,使较低优先权的活动适应更加关键的已经安排的活动(关键路径的概念请参考项目四)。

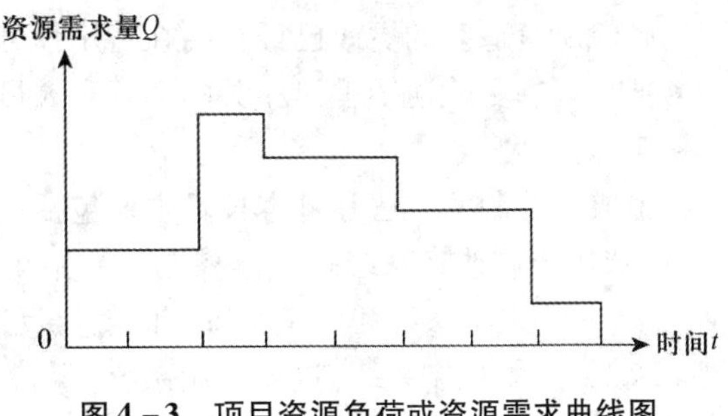

图 4-3　项目资源负荷或资源需求曲线图

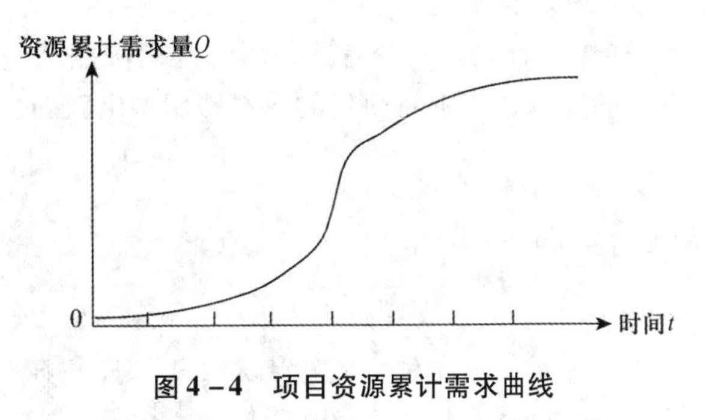

图 4-4　项目资源累计需求曲线

4.5.5　控制成本的方法

在项目管理中,成本控制、质量控制和进度控制贯穿于项目实施的整个过程。其控制原理如图 4-5 所示。

成本控制的工作过程如图 4-6 所示,项目的成本控制工作首先是从确定工作范围开始的,包括成本预算和工作进度计划。项目具体工作开始实施后,就要进行检查和跟踪,然后对检查跟踪的结果进行分析,预测其发展趋势,生成费用进展情况和发展趋势报告。再根据这个报告,做出进一步的决策,即采取措施纠正成本偏差。成本控制过程主要包括:

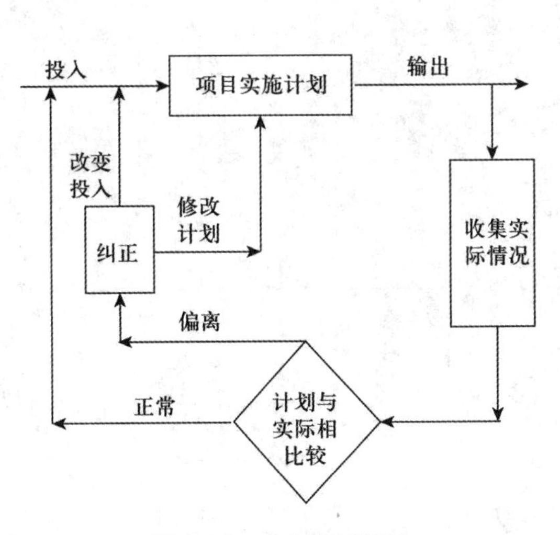

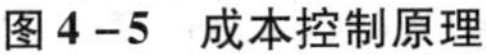
图 4-5　成本控制原理

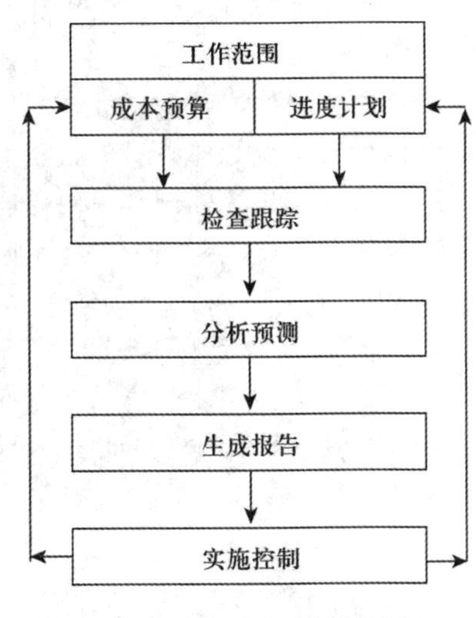

图 4-6　项目成本控制过程

- 监督成本执行情况以及发现实际成本与预算的偏差。
- 确保所有适宜的更改已经包括在费用预算计划(基线成本)中,并准确地记录下来。
- 把合理的更改通知项目相关的部门和人员。
- 实施控制。

实施成本控制的方法和基本技术主要包括:

(1)成本控制改变系统。成本控制改变系统通常描述了成本基线被改变的基本步骤,包括记录工作、跟踪系统和调整系统,即信息、反馈和措施三要素。成本的变更应当与其他控制系统(如质量控制系统、进度控制系统)保持一致。

(2)绩效度量。绩效度量主要是分析项目目标成本的各种变化、变化的幅度及原因等。经常使用的是挣值和偏差分析技术,可以方便地计算成本的偏差,确定导致偏差的原因,需要采取的纠正措施等。

(3)附加计划。很少有项目能够准确按照期望的计划执行,不可预见的各种情况要求在项目的实施过程中对项目的成本费用做出新的估计,编制补充计划。

【课后实训】

本项目实践要求采用实例和自底而上的估算方法对SPM项目进行成本估算,在课堂上,学生以团队形式讲述成本估算过程以及采用的方法。

实践目的:掌握软件项目规模成本估算方法。

实践要求:

1. 复习软件成本估算方法。
2. 采用实例点方法估算SPM项目的成本。
3. 采用自底而上方法估算SPM项目的成本。
4. 选择一个团队课堂上讲述SPM项目的两个成本估算方法。
5. 其他团队进行评述,可以提出问题。
6. 老师评述和总结。

说明:

采用用例点估算时:

1. 根据需求分析中的用例模型,计算相应的用例、角色。
2. 通过权重和量化计算用例点。
3. 假设工作效率是22人日/工时 ,计算规模。

采用自底而上的估算方法时:

1. 根据WBS确定任务项。
2. 对每个工作包确定规模(人天数)。
3. 计算总的规模,包括直接规模和间接规模。

思考练习题

1. 软件项目成本主要包括哪些部分?

2. 软件规模的估算方法有哪些? 简述各种方法的利弊。

3. 简述软件项目成本估算的基本方法。

4. 成本估算是在软件项目计划期间完成的,即在软件需求分析或设计之前完成,为什么?

5. 成本控制的目标是什么? 什么是成本偏差?

项目五　软件项目需求管理

【知识要点】

1. 理解软件项目需求相关概念。
2. 掌握软件需求的挑战和风险。
3. 了解软件需求工程内容。
4. 了解软件需求开发。

【难点分析】

1. 熟练掌握项目成功需求的标准。
2. 熟练掌握软件需求获取。

对于软件项目来说，软件项目的范围和软件项目的需求是密不可分的。明确软件项目的范围也就是要确定软件项目的需求是什么，要完成的软件项目有什么样的功能和性能需求。因此本项目结合软件项目的特殊性，阐述如何进行软件项目需求管理，本质上也在阐述如何进行软件项目的范围管理。软件项目需求管理是软件项目后序工作的起始。

5.1　软件项目需求概述

在经济蓬勃发展的今天，企业的信息化需求变化非常快，这对软件企业提出了严峻的挑战，对需求的快速反应能力体现了一个软件企业的核心竞争能力。目前国内软件企业的软件开发过程不是很成熟，还常常要面临国外同行的竞争，如何在激烈的市场竞争环境中既积累产品技术，又迅速把握市场机会，软件需求开发和管理能力成为关键。

据调查显示，在众多失败的软件项目中，由于需求原因导致的失败约占45%，因此，需求工作将对软件项目能否最终实现产生至关重要的影响。虽然如此，项目开发中很多人对需求的认识仍然不够，小到几十万元，大到上亿元的软件项目的需求都或多或少地存在问题：有的是开发者本身不重视原因；有的是技术原因；有的是人员组织原因；有的是沟通原因；有的是机制原因，等等。

软件项目需求开发和管理是软件项目的开始阶段工作，不做好需求开发和管理工作显然会影响后续工作。而做好软件需求开发是一项系统工作，而不是简单的技术工作。只有系统地了解和掌握需求的基本概念、方法、手段、评估标准、风险等相关知识，并在实践中加以应用，才能真正做好需求的开发和管理工作。

5.1.1　软件需求定义

什么是“需求”？通俗地讲，“需求”就是用户的需要，也有人定义其为“用户解决某一问题或达到某一目标所需的软件功能”。从软件系统角度考虑，需求包括用户要解决的问题、达到的目标，以及实现这些目标所需要的条件，它是一个程序或系统开发工作的说明，表现形式一般为文档形式。因为软件需求涉及不同角色，如用户和开发方，不同背景的人对需求有不同的看法，因此需求概念相对难以统一。IEEE 对需求的定义如下。

(1)用户解决问题或达到目标所需具备的条件或能力。

(2)系统或系统部件要满足合同、标准、规范或其他正式规定文档所需具备的条件或能力。

(3)一种反映上面(1)或(2)所描述的条件或能力的文档说明。

在 IEEE 的定义中既包含用户的观点(1)，也包含开发方的观点(2)，但是即便如此，不同群体的人对 IEEE 定义的解读也难以一致和准确。在实际的软件项目中，尽管需求本身定义很难理解，但是软件需求一定是甲乙双方达成一致的内容。

5.1.2　软件需求分类和层次结构

软件需求可以分为不同的类别，不同的类别有不同的属性和处理要求。常见的软件需求分类和层次结构如图 5－1 所示。总体上看，软件需求分为功能需求和非功能需求，即图 5－1 中纵向区分的两部分；而功能需求又分为业务需求、用户需求和功能需求三个层次，即图 5－1 中横向区分的三部分。非功能需求也相应地处于各层中。

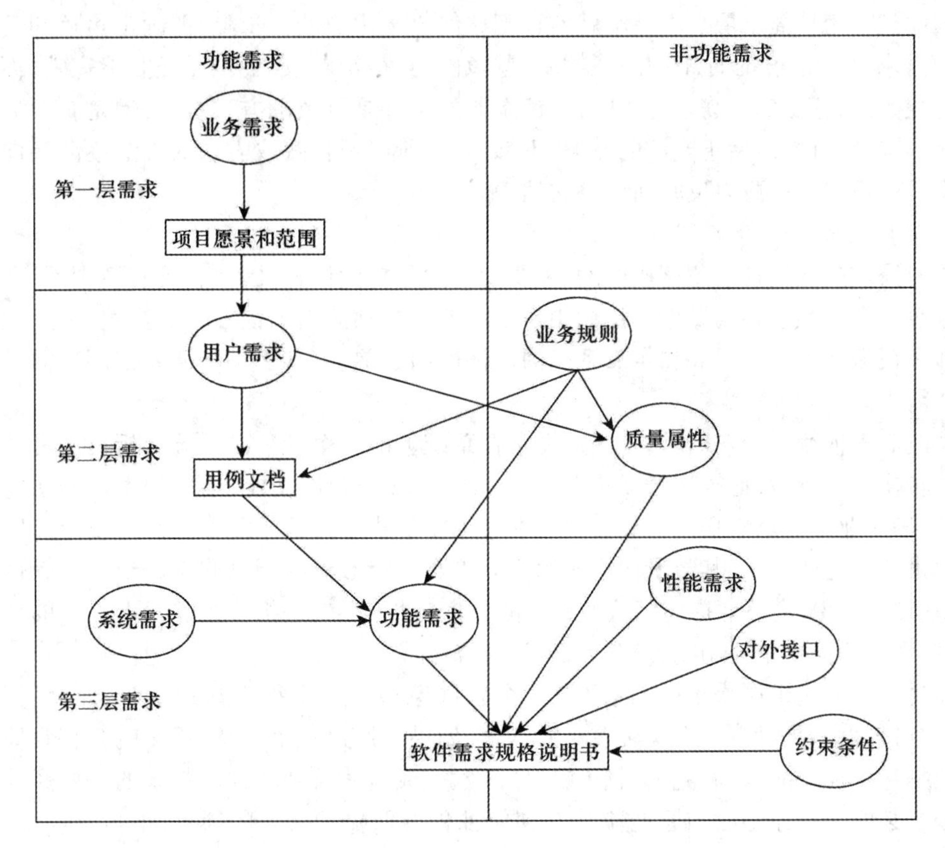

图 5－1　软件需求分类和层次图

图5-1也反映了软件需求各组成部分之间的关系,下面具体阐述每种需求。

1. 业务需求

业务需求是抽象层次最高的需求,它描述组织或客户的高层次目标,通常问题定义本身就是业务需求。业务需求从总体上描述了为什么要开发系统,组织希望通过系统达到什么目标。它一般是业务导向、可度量、合理、可行的。这类需求通常来自高层,例如项目投资人、购买产品的客户、实际用户的管理者、市场营销部门或产品策划部门。业务需求一般使用项目愿景和范围文档来记录。所谓愿景是一个组织对将使用的软件系统所要达成的目标的预期期望,例如"希望实施生产执行系统(MES)后公司的生产过程可以实现可视化,提高管理效率"。一般这种最高级别的业务需求数量很少,仅2~5条。业务需求层次需要投入的精力视具体项目而定,而业务需求的确定对之后的用户需求和功能需求起了限定作用,业务需求就是需求过程的最高要求,任何需求不得与之相违背。

2. 用户需求

企业高层次的目标是由专门的部门制定出来的,而普通用户才是组织中任务的实际执行者,只有通过一套具体并合理的业务流程才能真正地实现目标。所以用户需求就是描述用户使用产品必须要完成什么任务。通常是在问题定义的基础上进行用户访谈、调查,对用户使用的场景进行整理,从而建立用户角度的需求。用户需求描述了用户能使用系统来做些什么,这个层次的需求是非常重要的。例如,针对业务需求中建立的MES需求,这一层会提出如下用户需求:"对于计划员,他能够通过MES进行计划的制定,并通过MES查看每日每个车间的完成情况,进行计划和实际对比分析"。

因此到了用户需求层次上重心就转移到如何收集用户的需求上,即确定角色和角色的用例。需求分析是很难的,因为很多需求是隐性的,很难获取,更难保证需求完整,而需求又是易变的。一般来说,需求分析时,阅读企业的文件是有效的方法之一,但是企业的文件往往有局限性,可能落后于当前的业务,不够明确,所以现在获取需求的方法逐渐倾向组织访谈会。用户需求的成果反映在用例文档中。

3. 功能需求

用户需求是从用户的角度描述的,主要使用的是自然语言,因此它具有模糊不清晰、多逻辑混杂和多特性混杂的属性。比如用户把功能和非功能需求混在一起描述,一个用户需求中涉及很多任务等。因此在定义系统的规格说明之前,需求工程师需要把用户需求转化为功能需求。

功能需求依赖于用户需求,是用户需求在系统上的一个映射。系统分析员思考的角度从用户转换为开发者,他描述开发人员在产品中实现的软件功能,用户利用这些功能来完成任务,满足业务需求。功能需求是需求的主体,它描述的是开发人员如何设计具体的解决方案来实现这些需求,其数量往往比用户需求高一个数量级。这些需求记录在软件需求规格说明中。SRS完整地描述了软件系统的预期特性,也就是指一组逻辑上相关的功能需求,它们为用户提供某项功能,使业务目标得以满足。

在功能需求这个层次上,为用户做一个软件原型是一个很不错的主意。因为直到现在,用户对软件还是没有一个实实在在的概念,如果给用户一个原型,用户就会直观地感受到系统是什么样子的,就避免了用户在软件开发完成后才看到软件所带来的一些风险。当然是否有必要采用原型法和原型应开发到何种程度取决于具体的项目,很多时候,用一些非正规的方法来生成原型。例如:如果要开发一个Web系统,就让美工做几个页面;如果做一个 C－S 系统,就做一个界面等都可以。

以上三类需求可以用图 5－2 来表示这种层次关系和数量关系。

4. 系统需求

系统需求也是功能需求的一个来源,它用于描述包含多个子系统的产品(即系统)的顶级需求,是从系统实现的角度描述的需求,有时还需要考虑相关的硬件、环境方面的需求。因为系统既可以只包含软件系统,也可以既包含软件,又包含硬件子系统。

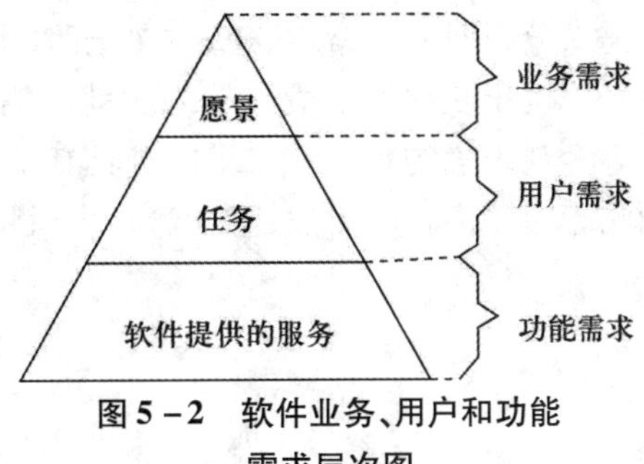

图 5－2 软件业务、用户和功能需求层次图

5. 业务规则

业务规则包括企业方针、政府条例、工业标准、会计准则和计算方法等。因为业务规划不属于任何特定软件系统的范围,所以它本身并非软件需求。然而业务规则常常会限制谁能够执行某些特定用例,或者规定系统为符合相关规则必须实现某些特定功能。有时,功能中特定的质量属性也源于业务规则。对某些功能需求进行追溯时,会发现其来源正是一条特定的业务规则。业务规则影响用例文档、质量属性和功能需求。

除了功能需求外,SRS 中还包含非功能需求,包括性能指标和对质量属性的描述,下面阐述每种非功能需求。

6. 质量属性

质量属性是产品必须具备的属性或品质,即系统完成工作的质量。系统要在一个“好的程度上”实现功能需求。质量属性补充描述了产品的功能,从不同方面描述了产品的各种特性,如可用性、可移植性、完整性、效率、健壮性、可维护性和可靠性。这些特性对用户或开发人员都很重要。质量属性从第二层次上反映了用户对系统的需求,要记录在 SRS 中。

7. 性能需求

性能需求是系统整体或者部分应该具有的性能特征,如 CPU 使用率、内存使用率。有时性能需求也需要记录在 SRS 中。

8. 对外接口

对外接口是系统和环境中其他系统之间需要建立的接口,包括软件接口、硬件接口和数据库接口等,这个部分的内容也需要记录在 SRS 中。

9. 约束条件

约束条件也称为限制条件、补充规约,通常是对解决方案的一些约束说明,限制了开发人员设计和构建系统时的选择范围,如编程语言、硬件设施。约束条件要记录在 SRS 中。

以上各种需求,管理人员或市场营销人员负责定义软件的业务需求,以提高公司的运营效率(对项目系统而言)或产品的市场竞争力(对商品软件而言)。所有的用户需求都必须符合业务需求。需求分析员从用户需求中推导出产品应具备哪些对用户有帮助的功能。开发人员则根据功能需求和非功能需求设计解决方案,在约束条件的限制范围内实现必需的功能,并达到规定的质量和性能指标。

5.1.3 软件需求的挑战和风险

笔者对300多名有工作经验的软件工程硕士做过调研,统计结果为:目前的软件项目管理需求分析时间通常占30%左右,而项目中需求发生变动的概率约为85%。实践中很多项目经理也反映项目中最大的问题就是需求问题。由于需求分析的参与人员、业务模式、时间等客观因素的影响和需求本身具有主观性和可描述性差的特点,软件需求分析工作往往面临着一些潜在的挑战,隐含着很多风险。这些挑战和风险的主要表现如图5-3所示。

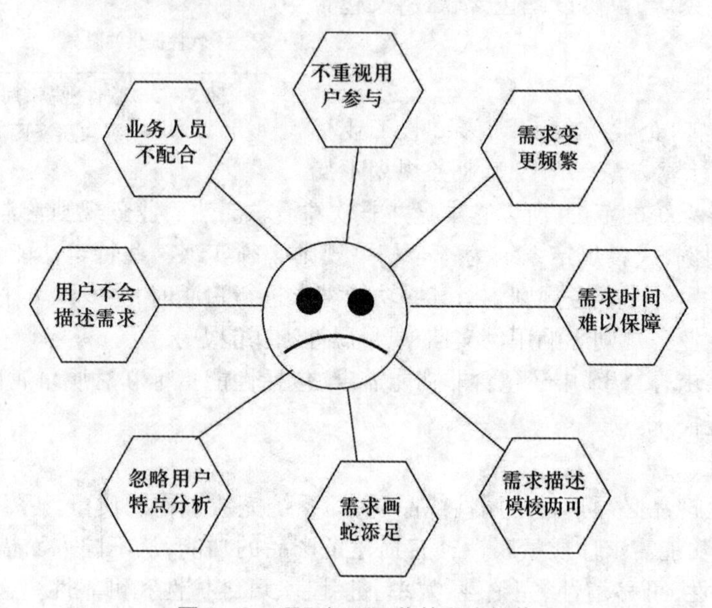

图5-3　项目经理面临的需求挑战

(1)用户不能正确表达自身的需求。在实际开发过程中常常碰到用户对自己真正的需求并不是十分明确的情况。用户只是简单地说说自己想干什么,而对业务规则和工作流程却不愿多谈,也讲不清楚,这会增加需求分析工作的难度,分析员需要花费很多的时间和精力与用户交流,帮助他们梳理思路,搞清用户的真实需求,有时花了很大的力气也仍然没有弄明白。因此常常听到项目经理和分析员委屈地抱怨"客户都不知道自己要什么,我又如何知道!"

(2)业务人员配合力度不够。有的用户日常工作繁忙,不愿意付出更多的时间和精力向分析员讲解业务;还有些业务人员对系统使用态度不积极,认为新系统上线会增加自己的工作量,所以也不积极配合需求调研;还有些客户对需求漠不关心,这些都会加大分析员的工作难度和工作量,也可能导致因业务需求分析不足而使系统无法使用。

(3)分析人员不重视用户参与。很多分析员在需求分析中遇到了与用户沟通障碍而不会处理,或者他们觉得已经通过其他途径明白用户的需求了,所以就不重视用户的参与,这种情况下分析出来的需求肯定是不能够满足需要的。

(4)客户需求总是变更。由于需求识别不全、业务发生变化、需求本身错误、需求不清楚等原因,需求在项目的整个生命周期都可能发生变化。一旦发生了需求变化,就不得不修改设计、重写代码、修改测试用例、调整项目计划等。需求的变化就像是万恶之源,为项目的正常进展带来不尽的麻烦。

(5)需求描述模棱两可。需求描述模棱两可一方面是指不同读者对需求说明产生了不同的理解;另一方面是指同一读者能用不同的方式来解释某个需求说明。模棱两可会使用户和开发人员等项目参与者产生不同的期望,也会使开发、测试人员因为不同的理解而浪费时间,带来不可避免的后果便是返工重做。

(6)忽略了用户的特点分析和分类。分析人员往往容易忽略了系统用户的特点,系统是由不同的人使用其不同的特性,使用频繁程度有所差异,使用者受教育程度和经验水平不尽相同。如果忽略这些特性,不尽早将用户分类,将会使一些用户对产品感到失望。

(7)需求开发的时间难以保障。为了确保需求的正确性和完整性,项目负责人往往要坚持在需求阶段花费较多的时间,但用户和开发部门的领导却会因为项目迟迟看不到实际成果而焦虑,他们往往会强迫项目尽快往前推进,需求开发人员也会被需求的复杂和善变折腾得筋疲力尽,他们也希望尽快结束需求阶段。有些时候,客户上一个软件是出于一种特殊的要求,必须在某个时间点完成系统的上线,因此需求还没有弄清楚,客户就要求提供承诺系统交付的时间,甚至要求提供系统了。需求分析的时间难以保证导致软件项目需求出问题。

(8)需求开发中“画蛇添足”。主要是指开发人员凭自己的兴趣力图增加一些“自己认为好,而且用户会欣赏”但需求规格说明中并未涉及的新功能。但是现实中经常发生的情况是用户并不认为这些功能很有用,以致在其上耗费的努力白费了。同样,客户有时也可能要求一些看上去很“酷”,但缺乏实用价值的功能,而实现这些功能只是徒耗时间和成本。

这些问题在现实的项目中不可避免地会存在,从而导致项目经理焦头烂额,尤其需求变更就像一个可怕的恶魔一样总是带来麻烦,因此有效的需求分析和管理是必需的。

5.1.4　成功需求标准

关于成功需求的标准比较通用的是认为需求要满足明确性、完整性、一致性和可测试性。

(1)明确性:形式化语言不利于和用户的沟通,因此目前大多数的需求分析采用的仍然是自然语言。自然语言最大的弊病就是它的二义性,所以不得不对需求分析中采用的语言做某些限制,例如尽量采用主语 + 动作的简单表达方式。除了二义性,需求分析尽量不要使用计算机术语。如果在需求分析中使用了术语,就会造成用户理解上的困难。

(2)完整性:再也没有什么比软件开发接近完成时才发现遗漏了一项需求更糟的事情了。需求的完整性是非常重要的。可是令人遗憾的是:需求遗漏是经常发生的事情。这不仅是分析员的问题,更多的问题发生在用户那里,因为他们不知道该做些什么。要做到需求的完整性是很艰难的一件事情,它涉及需求分析过程的各个层面,贯穿了整个过程,即从最初的计划制订到最后的需求评审。

(3)一致性:简单地说,所谓一致性就是用户需求必须和业务需求一致,功能需求必须和用户需求一致。严格地遵守不同层次需求间的一致性关系,就可以保证最后开发出来的软件系统不会偏离最初的实现目标。

(4)可测试性:目前业界普遍认可测试是从需求分析过程就开始了。需求分析是测试计划的输入和参照,这就要求需求分析是可测试的。举例来说,类似“要用新的系统完成报表自动化处理”的需求描述就是不可测试的,因为“报表包括哪些？自动化处理的标准是什么?”这些都没有说明。之前的几项需求标准都是为了保证需求的可测试性的。事实上只有系统的所有需求都是可以被测试的,才能够保证软件始终围绕着用户的需要,保证软件系统是成功的。

5.1.5 软件需求工程内容

需求工程是随着计算机的发展而发展的。在计算机发展的初期,因软件规模不大,所以软件开发所关注的是代码编写,需求分析很少受到重视。后来软件开发引入了生命周期的概念,需求分析成为其第一阶段。随着软件系统规模的扩大,需求分析与定义在整个软件开发与维护过程中越来越重要,直接关系到软件的成功与否。人们逐渐认识到需求分析活动不再仅限于软件开发的最初阶段,它贯穿于系统开发的整个生命周期。20 世纪 80 年代中期,形成了软件工程的子领域——需求工程。

进入 20 世纪 90 年代以来,需求工程成为研究的热点之一。从 1993 年起每两年举办一次需求工程国际研讨会,自 1994 年起每两年举办一次需求工程国际会议(ICRE),在 1996 年 Springer - Verlag 发行了一种新的刊物——*Requirements Engineering*。一些关于需求工程的工作小组也相继成立并开始开展工作,如欧洲的 RENOIR。

需求工程是软件工程中最复杂的过程之一,其复杂性来自客观和主观两个方面。客观上需求工程面对的问题几乎是没有范围的。由于应用领域的广泛性,它的实施无疑与各个应用行业的特征密切相关。客观上的难度还体现在非功能性需求及其与功能性需求的错综复杂的联系上,当前对非功能性需求分析建模技术的缺乏大大增加了需求工程的复杂性。从主观意义上说,需求工程需要方方面面人员的参与(如领域专家、领域用户、系统投资人、系统分析员、需求分析员),各方面人员有不同的着眼点和不同的知识背景,沟通上的困难给需求工程的实施增加了人为的难度,因此有必要研究需求工程来提高项目的成功性。

需求工程是指应用已证实有效的技术、方法进行需求分析,确定客户需求,帮助分析员理解问题并定义目标系统的所有外部特征的一门学科。它通过合适的工具和符号,系统地描述待开发系统及其行为特征和相关约束条件,形成需求文档,并对用户不断变化的需求演进给予支持。关于需求工程的子任务包含哪些内容,有许多不同的看法。20 世纪 80 年代,Herb Krasner 定义了需求工程的 5 阶段生命周期:需求定义和分析、需求决策、形成需求规格、需求实现与验证、需求演进管理。后来 MatthiasJarke 和 KiausPohl 提出了三阶段周期的说法:获取、表示和验证。也有人提出需求工程的基本活动包括抽取需求、模拟和分析需求、传递需求、认可需求、进化需求。此外也有很多人提出把需求工程的活动划分为获取、建模、需求规格、验证和管理 5 个独立的阶段。

本书综合上述观点,采用普遍接受的思路,认为需求工程包含两大过程:需求开发和需求管理。需求开发是指从情况收集、分析、评价到编写文档、评审等一系列产生需求的活动,分为 4 个阶段:需求获取、需求分析、需求规格说明和需求验证。这 4 个阶段不一定是遵循线性顺序的,而是相互独立和反复的。需求管理是软件项目开发过程中控制和维持需求约定的活动,包括变更管理、版本控制、需求跟踪和需求状态 4 个活动。每个活动都有它基本的动机、任务和结果,也有各自的困难所在。需求工程的层次结构如图 5 - 4 所示。

需求工程本身也可以看作一个项目,从项目角度考虑,为提高需求工程的成功性在需求开发之前,需要有知识培训的过程。在需求开发活动中,会产生三种常见的文档:项目愿景和范围文档、用户需求文档和需求规格说明书。第一个文档是对业务需求的描述;第二

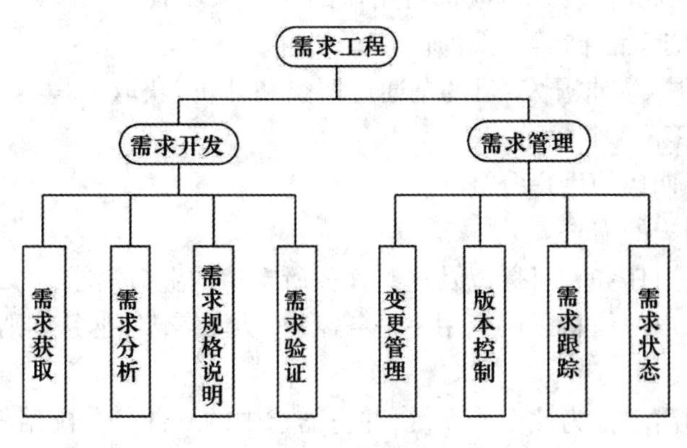

图 5－4　需求工程的层次结构

个文档是对用户需求的描述,如用例文档;第三个文档定义了系统级的需求,即开发者应该完成的任务。在需求开发活动结束后,定义良好的需求又被转入系统开发的后继阶段——设计、实现和测试等。但是此时系统的开发人员经常面临需求变更的问题,而这些变化需要被妥善地处理,因此需求开发结束后又进入了需求管理过程,进行需求的管理和变更的控制。和需求开发不同的是,需求管理是项目管理活动,是需求开发结束之后才开始执行的。因此从项目管理角度考虑,整个需求过程涉及的活动和界限如图 5－5 所示。需求基线是需求开发的结果之一,它是需求变更管理的基础;需求状态信息是需求开发的另外一个结果,是需求跟踪管理的基础,它随着软件项目的进展不断更新。

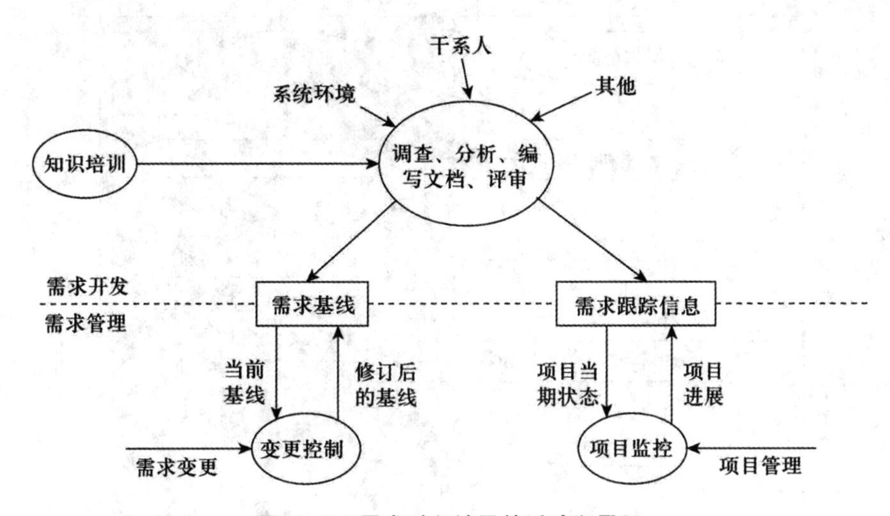

图 5－5　需求过程涉及的活动和界限

需求开发之前进行知识培训,主要包括分析员、开发员和用户三方面的培训。

(1)需求分析员培训。需求分析员应该参加沟通培训、产品培训和需求工程技能的培训。

(2)用户培训。用户也应该接受需求工程知识的培训,理解需求的重要性,从而使甲方积极友善地参加需求工程中的各项活动,并且了解如何准确地描述需求的方法、项目需求获取的方法和用户需要配合的工作等。

(3)开发人员培训。开发人员应该对用户的应用领域有一个基础的了解，参加关于客户的业务活动、术语、产品目标等的培训。

知识培训后就进入需求开发，目的是通过调查和分析，获取用户需求并定义产品需求，需求开发活动包括以下几个方面。

(1)确定产品所期望的用户分类。

(2)获取每类用户的需求。

(3)了解实际用户任务和目标以及这些任务所支持的业务需求。

(4)分析源于用户的信息以区别用户任务需求、功能需求、业务规则、质量属性、建议解决方法和附加信息。

(5)将系统级的需求分为几个子系统，并将需求中的一部分分配给软件组件。

(6)了解相关质量属性的重要性。

(7)商讨实施优先级的划分。

(8)将所收集的用户需求编写成规格说明和模型。

(9)评审需求规格说明，确保对用户需求达到共同的理解与认识，并在整个开发小组接受说明之前将问题都弄清楚。

实践中很难一次性得到完全正确的需求，所以上述步骤并不是严格按顺序执行到底，而是不断反复的，如图5-6所示。图中纵向白、灰区域分别表示甲、乙两方范围，跨两个区域的活动是甲、乙两方共同参与的，比如审核规格说明书，审核如果没有通过，则一般甲方给出修改意见，乙方根据意见编写规格说明书，再次审核，直到审核通过则需求开发结束。

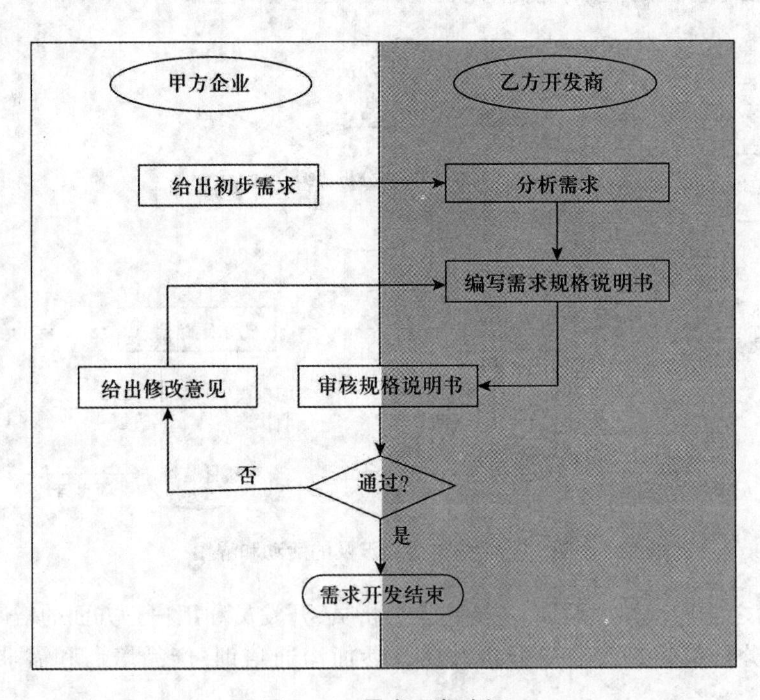

图5-6　需求开发过程

需求管理是对定义和验证的需求进行管理和控制的过程，它包括如下活动。

(1)定义需求基线。

(2)评审提出的需求变更，评估每项变更的可能影响，从而决定是否实施它。

(3)以一种可控制的方式将需求变更融入项目中。

(4)使当前的项目计划与需求一致。

(5)估计变更需求所产生的影响,并在此基础上协商新的承诺(约定)。

(6)让每项需求都能与其对应的设计、源代码和测试用例联系起来以实现跟踪。

(7)在整个项目过程中跟踪需求状态及其变更情况。

5.2　软件需求开发

软件需求开发是软件需求工程的第一个阶段,重点在于根据企业业务流程采用适当的需求分析方法,提炼并抽象出软件工程中的需求规格说明,并通过认可和确认。

5.2.1　软件需求获取

在需求开发之前,要先定义好需求开发的过程并形成文档,内容包括需求开发的步骤、每一个步骤如何实现、如何处理意外情况、如何规划开发资源等。

需求获取是在问题及其最终解决方案之间架设桥梁的首要步骤,是需求工程的主体,目的是通过各种途径获取用户的需求信息。对于所建议的软件产品,获取需求是一个确定和理解不同用户的需要的过程,核心任务就是确定业务需求、用户需求和功能需求。业务层要强调明确业务总目标及使用范围;用户层要强调明晰用户工作流程;功能层要收集系统运行环境的限制等非功能性需求。不同的时间、不同的用户会由于不同的业务目标及使用范围而提出不尽相同的需求,同时由于没有约定提出方式也会有各不相同的表现形式。针对上述问题,首先,要确定用户代表并对其在需求中的主次地位予以划分;其次,要确定需求的整个开发过程;最后,还要明确不同层次的需求要以约定的形式出具文档,以备双方的交流及问题检查。

1. 需求获取的指导方针

(1)深入浅出。对企业的需求调研要尽可能全面、细致。调研的需求是全集,系统真正实现的是子集。即当新系统设计出来时,开发人员很清楚系统与企业现状相符合的程度,还有多大的余地或工作可以做。

(2)以流程为主线。在与用户交流的过程中,应该用流程将所有的内容串起来,如单据、信息、组织结构、处理规则,这样便于交流沟通,符合用户的思维习惯。流程的描述要注意进行必要的流程分析和再造。

(3)识别所有需求来源和冲突来源。尽量使用所有可以利用的需求信息来源来充分透彻地了解需求,并找出冲突所在,把客户讲述中所提的假设解释清楚,从用户角度来描述他们需求的思维过程,并充分理解用户在执行任务时做出决定的过程。

(4)有效座谈。每次座谈调研之前要有准备,在座谈调研中抓住主题,在每次座谈调研后,记下所讨论的条目,并请参与讨论的用户评论并更正。

(5)有效识别甲方核心干系人。有效的用户参与是需求调研成功的基础,但不同的用户给出的系统的期望可能是不同的,所以必须识别甲方核心用户,以他的意见为主要考虑内容。

2. 需求信息的来源

需求的来源有多种,尽量识别出各种需求来源,并加以充分利用,从而加快需求调研的过程。一般来说,系统分析员进行需求获取时,需要考虑的需求来源如图 5－7 所示。

在图 5－7 中,中心是系统分析员,他从周围两大需求来源进行需求获取。一类是从人员处获取的,图中以白色矩形框标注;另一类是从非人员处获取的,图中以深色矩形框标注。

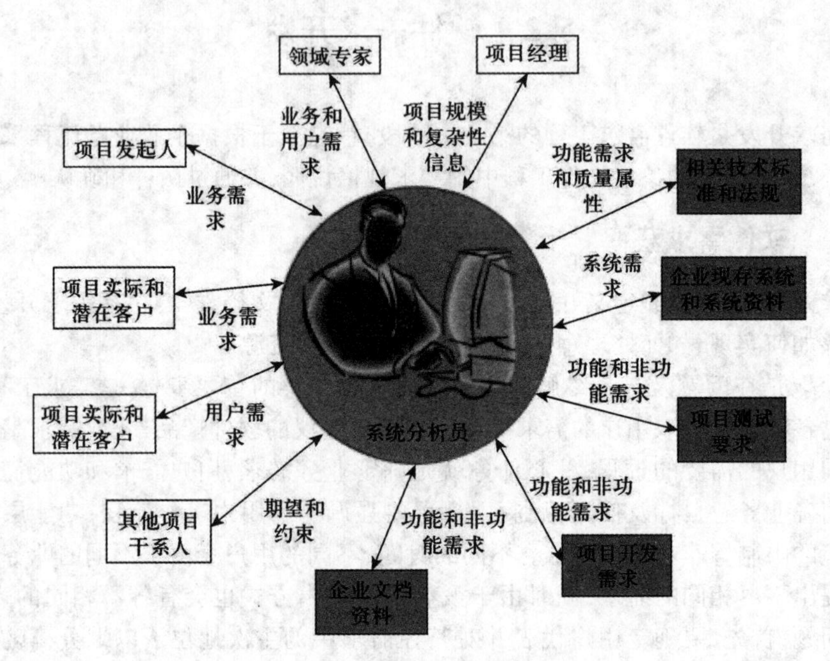

图 5－7　需求信息来源

需求获取常见的人员需求来源主要有如下几类。

• 客户(实际的和潜在的)。他们对项目的期望构成项目的业务需求。

• 用户(实际的和潜在的)。从他们那里可以调查出系统的用户需求。

• 领域专家。通过和领域专家的沟通,可以获取项目的业务和用户需求。

• 项目发起人。这是一类重要的需求来源,他们的期望构成了项目的业务需求。

• 项目经理。需求分析人员往往从项目经理那里获取项目的规模和复杂性,从而在需求获取时掌握基本的项目范围和非功能需求。

• 其他项目干系人。其他项目干系人的期望和提出的约束是需求获取中应该考虑的。

非人员类需求来源主要有如下几种。

• 相关技术标准和法规。这些规定可能会影响系统的质量属性和功能需求。

• 企业文档资料。通过提前查阅企业业务相关文档资料,可以快速地了解系统的功能和非功能需求。

• 企业现存系统和与系统相关的资料。企业新开发的系统一般和企业现存系统之间存在数据交换,因此通过直接调查现存系统或者看现存系统的资料,能够获得系统接口约定等系统需求。

• 项目开发要求。调研的需求只有实现了才是真正的功能需求,因此分析员在需求获取时需要考虑开发需要,确定哪些功能和性能是应该包含的真正的系统需求。

● 项目测试要求。对有些项目来说,测试环境是有特定要求的,比如嵌入式软件,这些要求就会影响系统的功能和非功能需求。

3. 需求获取的步骤

需求获取涉及软件分析人员如何与客户建立有效的沟通,主要分为三步。

第一步:需求获取前的准备工作,主要包括如下内容。

● 制定需求获取的方法和过程,在项目小组内达成一致,并进行需求获取的分工。

● 确定需求获取的范围,一般需要从公司背景、项目范围、业务活动定义、企业数据定义、企业组织架构定义、需求获取计划来获得软件开发需求。

● 前期和甲方的接触,拿到甲方的相关企业资料后,阅读企业资料。

● 根据前期掌握的信息,进行用户初步分析,确定用户群和分类,对用户组进行详细描述,包括使用产品频率、所使用的功能、优先级别和熟练程度等。对每一个用户组确定用户的代言人。

● 设计需求获取的调查问卷,针对不同管理层次的用户询问不同的问题,列出问题清单。将操作层、管理层、决策层的需求既联系又区分开,形成一个金字塔,使下层满足上层的需求。

● 给甲方提交需求调研计划和调研问卷,让其提前得知计划并做好准备配合调研。

第二步:需求获取实施过程,一般来说,这一步包含的工作如下。

● 就调研内容,先听取甲方人员的介绍。一般包括企业人员对项目的整体介绍、对自己公司组织架构的介绍、项目核心业务的介绍。

● 和甲方项目经理再次确认项目调研范围。

● 根据需求制定调研计划,进行逐部门、逐业务的调研,可以采取首先开部门需求调研会的形式,根据调查问卷问题进行调研,个别细节再与相关人员访谈。

● 收集单据、报表、账本等原始资料,分析信息流向。

● 整理调研原始内容,发现新的疑点及时和业务部门沟通了解。

● 通过与用户沟通,确定用例,得到用例模型,同时根据用例导出功能需求。

第三步:需求获取总结过程,一般来说,这一步包含的工作如下。

● 形成调研报告,明确项目范围、业务流程、数据类型等。需求描述可包括6个方面:组织结构与岗位定义、业务流程、处理规则、数据项、功能,以及它们之间的关系。

● 初步构成需求基线,并与甲方沟通确认,若基线符合要求,则需求获取分析完毕。反之返回第二步,如此循环多次,直到需求分析使双方满意为止。

4. 需求获取技术

常见的需求获取技术包括如下方式。

(1)阅读背景资料。阅读背景资料可以使需求分析人员尽快了解甲方的业务领域知识,便于实际调研时与用户的沟通。此外,通过阅读背景资料可以提前了解系统接口等需求,而且也是形成调查问卷的基础。这种方法主要在需求获取的准备阶段使用。

(2)调查问卷法。所谓"调查问卷法",是指开发方通过向用户发问卷调查表的方式,达到彻底弄清项目需求的一种需求获取方法,适用于开发方和用户方都清楚项目需求的情况。这种方法主要是开发方首先根据以往类似项目的经验,整理出一份《问卷调查表》提交给用户;然后用户回答《问卷调查表》中提出的问题;接下来开发方对用户返回的《问卷调查表》进行分析,如仍然有问题,则继续调查,否则开发方整理出《调查报告》,提交给用户方确认签字。

这种方法比较简单、侧重点明确,能大大缩短需求获取的时间、减少成本、提高效率。

(3)需求讨论会。需求分析中最常用的方法是召开需求工作讨论会,通过若干次需求讨论会,彻底弄清项目需求。在需求讨论会上项目经理、分析员和重要甲方干系人一起分析系统的需要和解决方案。这种方法适合于开发方不太清楚甲方需求的情况。一般首先是开发方根据双方制定的《需求调研计划》召开相关需求主题沟通会,会议上甲方关键干系人阐述业务流程,乙方记录;乙方会后整理出《需求调研记录》,如有疑问继续调研,否则提交甲方确认签字。

需求调研会最好不要在采访对象的工作场地进行,否则易受打扰。一般需要通过多次会议才能得到最终结果。需求讨论会可以节省不少时间,因此是一个非常有用的工具,但是往往很难同时将所有掌握重要信息的人聚集到一起。另外,一些掌握重要信息者在这样的会议上可能不十分积极,因此他们的需求没有获得必要的重视。

(4)用户访谈法。用户访谈获取需求信息是需求获取中另一个常见的方法,它是前面方法的补充。针对特别的疑问,找相应的业务人员进行访谈调研,能够获取准确的需求信息。但是这种方法花费时间较多,而且不同的用户可能有不同的甚至相反的需求,分析员必须协调各方的需要。

(5)原型法。当用户本身对需求的了解不太清晰时,分析人员通常采用建立原型系统的方法对用户需求进行挖掘。原型系统是目标系统的一个可操作的模型。在初步获取需求后,开发人员会快速地开发一个原型系统。用户通过对原型系统进行模拟操作,提出自己的修改意见,则开发人员能及时获得用户的意见,从而对需求进行明确。

5. 需求获取重点

为了通过需求获取准确地定义项目的功能需求和非功能需求,在对具体业务流程进行调研时需把握的重点有以下几个方面。

(1)平均频度。即业务发生的频繁程度,也就是在单位时间内发生的次数。这个数字可以是一个平均值或统计值。频度越高,数据量越大,对响应时间、易操作性等要求就越高,在数据存储时对大频度的业务或单据也要进行充分的考虑。比如对于生产执行系统,每日产量就是一个高频数据。

(2)高峰期的频度。系统响应越快越受用户的欢迎,因此要保证系统的响应速度,则要关注高峰期业务发生的数据量,对系统进行测试时要模拟高峰期的业务频度。

(3)单据和报表内容和表间联系。系统调研中获取的业务流程中使用的各种单据上的内容是进行数据结构设计的基本依据。需求获取时要考虑单据上有哪些数据、每项数据的精度、每项计算生成方法和数据的取值范围或限定等问题。数据的精度是定义数据库中字段长度的依据,计算生成方法是设计算法的依据,取值范围与限定是数据完整性检测的依据。报表的表间联系体现了业务流程中数据传递过程,是系统工作流设计的基础。

(4)单据报表生成时间。现实中很多和业务相关的工作都离不开报表的生成,而实际中很多报表的手工工作量很大,因此系统的实现需要考虑这些基本的功能需求。

(5)特殊业务情况。进行需求获取时除了要考虑现状的业务流程,也要考虑一些特殊情况。用户业务领域中可能会有很多“合理但不合法,不合理也不合法”的特殊情况,它们出现的机会比较少,调研时用户往往会遗漏这些问题,需要分析人员挖掘出来,这些特殊情况有时是系统必须处理的。对于特殊情况的处理,体现了系统的灵活性。此外,对于系统中需要录入的环节,需要考虑录入如果出现错误应该如何进行系统纠正。

(6)系统的可扩展性。系统的开发是为了满足目前的业务流程,但是用户的业务流程并不是一成不变的,比如企业的生产工艺可能改进,那么这势必影响生产执行系统的业务流程。因此如果仅着眼于现在,而不调研企业未来的需求,并在系统设计时考虑可扩展性,那么系统的寿命便不会长久。考虑了系统的可扩展性,也为乙方承接后期项目打下了基础。

6. 需求获取过程中的注意事项

(1)需求调研前的知识培训很关键,培训中和用户讲清楚调研的意义、过程,以及需要注意的问题。

(2)调查前的准备工作要做好。在每次和用户见面前,要准备好问题单,对问题进行合理的分类,安排提问的次序,并事先提供给用户,便于用户准备,以提高工作效率,减少用户的反感情绪。

(3)调研发问时以一人为主,其他人注意记录与查找问题,以免造成调研的混乱场面。

(4)尊重每个被调研的用户。在用户讲解时,不要打断用户,使对方有充分的演说机会,之后再对疑问的地方提出问题。而且要多听用户自己提出的对系统的期望,了解各个角色的关注点。

(5)对每天调研的问题要有记录,并及时进行消化。避免调研过的问题重复询问而引起用户的不满。

(6)调研时最好以“输入、处理、输出”三个环节为基础进行调研,了解用户业务流程中数据来自哪里,进行了怎样的加工,最后生成了什么。这样便于进行业务流程的整理,而且用户也容易理解。

(7)需求获取是一个需要高度合作的活动,而不是客户所说的需求的简单誊本。所以分析人员要注意交谈的技巧,并尽可能多地记住用户的姓名、职务、爱好等。要在用户提供的单据中提炼出其中最本质的内容来。在调研中拉近和用户的距离,和用户成为朋友。

5.2.2　软件需求分析

需求分析是对获取的用户需求进行加工,对需求进行推敲和润色以使所有涉众都能准确理解需求。这一阶段的核心任务就是确定并完善需求。需求获取阶段得到的需求往往是不系统、不完整甚至个别需求是错误的、不必要的,因此这个阶段首先要对需求进行提炼、分析和仔细审查,以保证需求的正确性和完备性;然后将高层需求分解成具体的细节,并采用适当的形式表达出来,比如绘制功能结构示意图、编制数据字典、编写用户实例等,从而完成需求从需求获取人员到开发人员的过渡。软件需求分析方法一般分为结构化分析方法和面向对象分析方法。

1. 结构化分析方法

结构化需求分析方法是20世纪70年代提出的一种面向数据流的需求分析方法。它基于“分解”和“抽象”的基本思想,逐步建立目标系统的逻辑模型,进而描绘出满足用户要求的软件系统。

“分解”是指对于一个复杂的系统,为了将复杂性降低到可以掌握的程度,可以把大问题分解为若干个小问题,然后再分别解决。图5-8演示了对目标系统x进行自顶向下逐层分解的示意图。

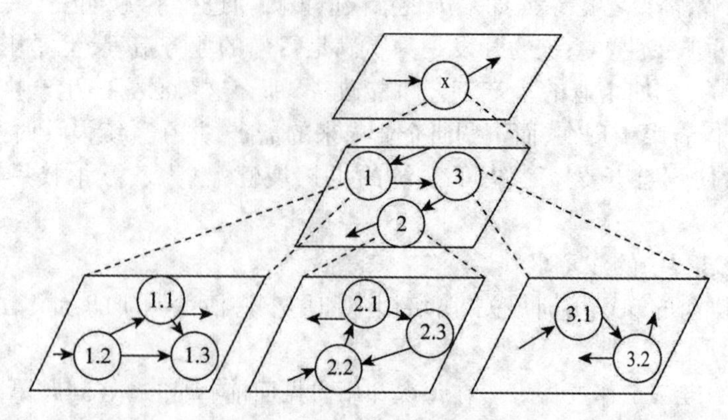

图 5-8　自顶向下逐层分解

顶层描述了整个目标系统，中间层将目标系统划分为若干个模块，每个模块完成一定的功能，而底层是对每个模块实现方法的细节性描述。可见，在逐层分解的过程中，起初并不考虑细节性的问题，而是先关注问题最本质的属性，随着分解自顶向下进行，才逐渐考虑越来越具体的细节。这种用最本质的属性表示一个软件系统的方法就是"抽象"。

在结构化需求分析中，通常需要借助数据流图、数据字典、E-R 图、结构化语言、判定表、判定树等工具。这里主要介绍前三种。

（1）数据流图

数据流图是描述系统中数据流的图形工具。DFD 是一种用来表示信息流和信息变换过程的图解方法，可以标识一个系统的逻辑输入和逻辑输出，以及把逻辑输入转换为逻辑输出所需的加工处理。数据流图把软件系统看作由数据流联系的各种功能的组合，在需求分析的过程中，可以用来建立目标系统的逻辑模型。

结构化需求分析采用的是"自顶向下，由外到内，逐层分解"的思想，开发人员要先画出系统顶层的数据流图，然后再逐层画出低层的数据流图。顶层的数据流图要定义系统范围，并描述系统与外界的数据联系，它是对系统架构的高度概括和抽象。底层的数据流图是对系统某个部分的精细描述。

（2）数据字典

用数据流图来表示系统的逻辑模型直观且形象，但是缺乏细节描述，也就是说它没有准确和完整地定义各个图形元素。可以用数据字典来对数据流图做出补充和完善。

数据字典用于定义数据流图中各个图形元素的具体内容。数据字典包含四类条目：数据流、数据存储、数据项和数据加工。这些条目按照一定的规则组织起来便构成了数据字典。

（3）E-R 图

E-R 图用于描述应用系统的概念结构数据模型，它是进行需求分析并归纳、整理、表达和优化现实世界中数据及其联系的重要工具。

在建模的过程中，E-R 图以实体、联系和属性三个基本概念概括数据的基本结构。实体就是现实世界中的事物，多用矩形框来表示，框内含有相应的实体名称。属性多用椭圆形表示，并用无向边与相应的实体联系起来，表示该属性归某实体所有。可以说，实体是由若干个属性组成的,每个属性都代表了实体的某些特征。联系用菱形表示,并用无向边分别与有关实体连接起来,以此描述实体之间的关系。实体之间存在着三种联系类型,分别是一对一、一对多、多对多,它们反映到 E-R 图中就是相应的联系类型,即 1∶1,1∶n 和 m∶n。

需要指出的是,同一个系统的 E-R 图不具有唯一性,即不同的软件开发人员所设计出来的 E-R 图可能不同。

2. 面向对象分析方法

面向对象的需求分析基于面向对象的思想,以用例模型为基础。开发人员在获取需求的基础上,建立目标系统的用例模型。所谓用例是指系统中的一个功能单元,可以描述为操作者与系统之间的一次交互。用例常被用来收集用户的需求。

首先要找到系统的使用者,即用例的操作者。操作者是在系统之外,透过系统边界与系统进行有意义交互的任何事物。“在系统之外”是指操作者本身并不是系统的组成部分,而是与系统进行交互的外界事物。这种交互应该是“有意义”的交互,即操作者向系统发出请求后,系统要给出相应的回应。而且,操作者并不限于人,也可以是时间、温度和其他系统等。比如,目标系统需要每隔一段时间就进行一次系统更新,那么时间就是操作者。

可以把操作者执行的每一个系统功能都看作一个用例。可以说,用例描述了系统的功能,涉及系统为了实现一个功能目标而关联的操作者、对象和行为。识别用例时,要注意用例是由系统执行的,并且用例的结果是操作者可以观测到的。用例是站在用户的角度对系统进行的描述,所以描述用例要尽量使用业务语言而不是技术语言。

确定了系统的所有用例之后,就可以开始识别目标系统中的对象和类了。把具有相似属性和操作的对象定义为一个类。属性定义对象的静态特征,一个对象往往包含很多属性。比如,读者的属性可能有姓名、年龄、年级、性别、学号、身份证号、籍贯、民族和血型。目标系统不可能关注对象的所有属性,而只是考虑与业务相关的属性。比如,在“图书馆信息管理”系统中,就不会考虑读者的民族和血型等属性。操作定义了对象的行为,并以某种方式修改对象的属性值。

目标系统的类可以划分为边界类、控制类和实体类。边界类代表了系统及其操作者的边界,描述操作者与系统之间的交互。它更加关注系统的职责,而不是实现职责的具体细节。通常,界面控制类、系统和设备接口类都属于边界类。控制类代表了系统的逻辑控制,描述一个用例所具有的事件流的控制行为,实现对用例行为的封装。通常,可以为每个用例定义一个控制类。实体类描述了系统中必须存储的信息及相关的行为,通常对应于现实世界中的事物。

确定了系统的类和对象之后,就可以分析类之间的关系了。对象或类之间的关系有依赖、关联、聚合、组合、泛化和实现。依赖关系是“非结构化”的和短暂的关系,表明某个对象会影响另外一个对象的行为或服务。关联关系是“结构化”的关系,描述对象之间的连接。聚合关系和组合关系是特殊的关联关系,它们强调整体和部分之间的从属性,组合是聚合的一种形式,组合关系对应的整体和部分具有很强的归属关系和一致的生存期。比如,计算机和显示器就属于聚合关系。泛化关系与类间的继承类似。实现关系是针对类与接口的关系。

明确了对象、类和类之间的层次关系之后,需要进一步识别出对象之间的动态交互行为,即系统响应外部事件或操作的工作过程。一般采用顺序图将用例和分析的对象联系在一起,描述用例的行为是如何在对象之间分布的。

最后,需要将需求分析的结果用多种模型图表示出来,并对其进行评审。由于分析的过程是一个循序渐进的过程,合理的分析模型需要多次迭代才能得到。面向对象需求分析如图 5－9 所示。

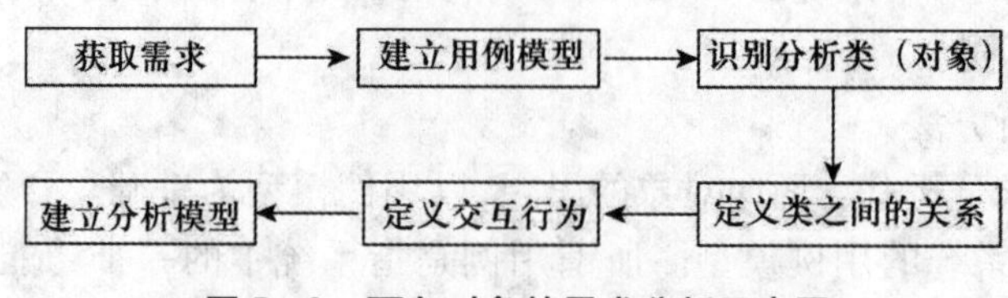

图 5－9　面向对象的需求分析示意图

基于上述分析可知,结构化分析方法与面向对象分析方法的区别主要体现在两个方面。第一,两者分解系统的方式不同。前者将系统描述成一组交互作用的处理,后者则描述成一组交互作用的对象。第二,两者描述子系统之间交互关系的方式不一样。前者是通过数据流来表示的,而后者是通过对象之间传递消息来实现的。因此,面向对象软件需求分析的结果能更好地刻画现实世界,处理复杂问题,对象比过程更具有稳定性,便于维护与复用。

5.2.3　需求规格说明

需求规格说明阶段的任务强调将已收集并做分析处理的需求经编制整理形成规范化的可视文档,即软件需求规格说明书。SRS 应该是一个作为涉众对系统的统一理解,作为用户和开发者之间的一个协约,使之成为整个开发工作的基础。同时 SRS 也是评价后续工作的基线和控制需求变化的基线。对 SRS 感兴趣的群体包括用户、客户、系统分析员、需求分析员、软件开发者、程序员、测试员、项目管理者等。

一般来说,软件企业都会有自己统一的软件开发文档模板,包括软件需求规格说明模板,这是组织的一种标准模板。许多组织都采用 IEEE 标准 830—1998(IEEE 1998)描述的需求规格说明书模板,但有时要根据项目特点进行适当的改动。下面给出一份较简单的 SRS 模板。

1. 范围

1.1 标识

本条应包含本文档适用的系统和软件的完整标识,包括标识号、标题、缩略词语、版本号和发行号。

1.2 系统概述

本条应简述本文档适用的系统和软件的用途,它应描述系统和软件的一般特性;概述系统开发、运行和维护的历史;标识项目的投资方、需方、用户、开发方和支持机构;标识当前和计划的运行现场。

1.3 文档概述

本条应概述本文档的用途和内容,并描述与其使用有关的保密性或私密性要求。

1.4 术语和缩略词

给出本文档中所涉及的专业的业务和技术术语,并给出文档中所有的缩略词的全称。

2. 引用文档

本条应列出本文档引用的所有文档的编号、标题、修订版本和发行日期，也应标识不能通过正常渠道获得的所有文档的来源。引用文档应包括以下内容。

(1) 项目任务书。

(2) 其他文档(如设计文档应引用需求文档)。

3. 功能需求

以用例图的形式给出系统功能需求的分解结构，并对用例模型中的参与者和用例进行详细的描述，可参考如下思路将本节划分为几小节(也可按照系统的实际情况进行调整)。

3.1 给出系统的用例模型，并进行简要的说明。

3.2 对系统的用户进行详细的描述(即用例图中的参与者)

3.3 以后每个小节描述一个用例模型，可采用文字的方式，对于涉及复杂流程的用例可以绘制其活动图。

4. 数据需求

描述该系统所涉及的数据实体。以 E－R 图的方式给出基本的数据实体以及关系，再针对每个数据实体的数据项进行展开介绍。

5. 非功能需求

给出系统的性能、可靠性、可扩展性、易用性、安全性等非功能需求。每项非功能需求可作为一小节，如果没有，可以省略。

6. 运行需求

6.1 硬件接口

描述与该系统实施相关的硬件环境的要求。

6.2 软件接口

描述与该系统实施相关的软件环境的要求。

6.3 用户界面需求

描述对该系统用户界面的基本要求，可以给出用户界面原型方案。

5.2.4 需求验证

需求验证是需求开发工作的最后阶段，要确定在上个阶段所编制的需求文档是否与预期结果一致，是否符合高质量需求的评价标准。这项工作可以通过评审来完成，即开发方和客户共同对需求文档进行评审，双方对需求达成共识后做出书面承诺。评审可以根据用户代表的个人偏好、习惯予以审查需求，也可以遵循行业质量控制办法制定严格的步骤进行审查，这主要取决于项目的大小、需求及各个部分的重要程度。

对需求文档进行评审是保证项目质量的关键活动。一般来说，需求验证阶段的评审活动可以分为两类：一类是正式评审，主要是由甲方和乙方共同参与的评审；另一类是非正式评审，主要是软件乙方内部的评审。非正式评审是正式评审的一个有效补充，可以是软件甲方提出要求，由乙方自己内部进行，但软件甲方会跟踪和抽查乙方的评审过程和结论，希望乙方能事先排除基本的错误，明确主要问题，以提高后续正式评审的效率。在此基础上，在软件甲方场所进行双方人员参与的正式的评审，一般针对需求规格说明书至少执行一次正式评审。

正式评审中常常会出现很多问题,其严重影响评审工作的执行。常见问题如下。

1. 评审工作"虎头蛇尾"

需求评审比较乏味,刚开始评审的时候大家都比较认真,越到后面越马虎,特别是需求文档很长时。针对这个问题,建议在需求评审工作中通过以下几点来进行改进。

(1)评审工作事先有计划,并做好内容分工。每部分内容都有专门的人员负责,以减少每个人的阅读工作量。

(2)作者就评审文档的主要问题事先和责任人进行沟通,明确需要会上确认的主要问题,这样有助于提高评审效率,尽量减少评审时间。

(3)会议主持人事先强调需求评审工作的重要性,以提高评审人员的注意力和积极性。

2. 评审工作量大

需求评审的人员可能比较多,有时候让这么多人聚在一起花费比较长的时间开会并不容易。需求评审可以分段进行,这样每次评审的时间比较短,参加评审的人员也少一些,组织会议就比较容易。

3. 评审时容易"跑题"

评审时如果针对一个细节问题进行激烈讨论,则可能会使得会议主题跑偏,甚至有可能使评审会议变成聊天会议。因此,会议主持人应当控制话题,避免大家讨论与主题无关的内容。此外,对于"如何做,如何解决"这样的讨论问题,要适可而止,不能过多地谈论细节,可以放在会后进行,这样有助于节约多数人的时间。

4. 评审时过多的"争论"

在很多评审会议上,往往会因为某个问题难以达成共识,并分成"几派"各据一方。此时,会议的主持人应该进行协调,建议大家站在他人的立场上进行思考,这样一般会很快找到适中的解决办法。此外,可以会后和项目的重要干系人沟通确定,找出最终的解决办法。

5.3 软件需求管理

需求管理是支持系统需求演进的工作过程。需求管理的目的是在客户与开发方之间建立对需求的共同理解,维护需求与其他工作成果的一致性,并控制需求的变更。需求管理过程主要包括需求变更管理、版本控制、需求跟踪和需求状态管理4个过程。

5.3.1 需求变更管理

在软件开发过程中如果只有一条真理,那一定是需求不可能是一成不变的。软件开发的过程实际上是同变化做斗争的过程。需求变更通常会对项目的进度、人力资源产生很大的影响,这是开发商非常畏惧的问题,也是必须面临与需要处理的问题。

1. 需求变更的原因

软件需求发生变更的原因一般来说可以归结为以下4类。

第一类:需求分析错误引起的需求变更。需求分析初期,双方沟通不清楚,理解出现问题,从而开发人员和用户没有搞清楚需求或者搞错了需求,因此在项目进展的后期发现错误而引起变更。这种变更是要把需求错误纠正过来,导致产品的部分内容需要重新开发。毫无疑问,这种需求变更将使项目付出额外的代价。

第二类：需求分析不完善引起的需求变更。需求分析初期，没有识别完需求，或者双方都对需求不明确、不清楚，但是随着项目生命周期的不断往前推进，开发方和客户方对需求的了解越来越深入，原先提出的需求可能存在着一定的缺陷，因此要变更需求。这类需求变更是现实中普遍存在的需求变更，是占主要成分的需求变更。

第三类：业务发生变化的需求变更。用户业务需求发生了变化，原先的需求可能跟不上当前的业务发展，因此要变更需求。由于甲方业务变化而导致需求发生变更，对开发商而言这里面可能蕴含着潜在的商机。

第四类：由于甲方内部干系人意见不统一引起的需求变更。大型软件项目的甲方涉及的干系人往往有很多，而这些干系人站在不同的立场对软件功能的需求可能有不同的看法，有时甚至是矛盾的。软件开发往往是根据首要干系人的意见来进行开发，但是首要干系人往往不是实际的功能使用者，所以导致后期软件使用后可能会发生更改。

2. 需求变更管理过程

不论需求变更的原因是什么，本质上看需求变更的目的都是为了使产品更加符合市场或客户需求，出发点本身是好的。但对于开发商而言，需求变更则意味着需要重新进行估计，调整资源、重新分配任务、修改前期工作产品等，开发商要为需求变更付出较重的代价。所以需求变更问题是每个开发人员、每个项目经理都头痛的问题。需求不变是不可能的，那么唯一的处理需求变更的办法就是管理它。使需求在受控的状态下发生变化，而不是随意变化。需求管理就是要按照标准的流程来控制需求变化。通常需求变更的流程如图5－10所示。

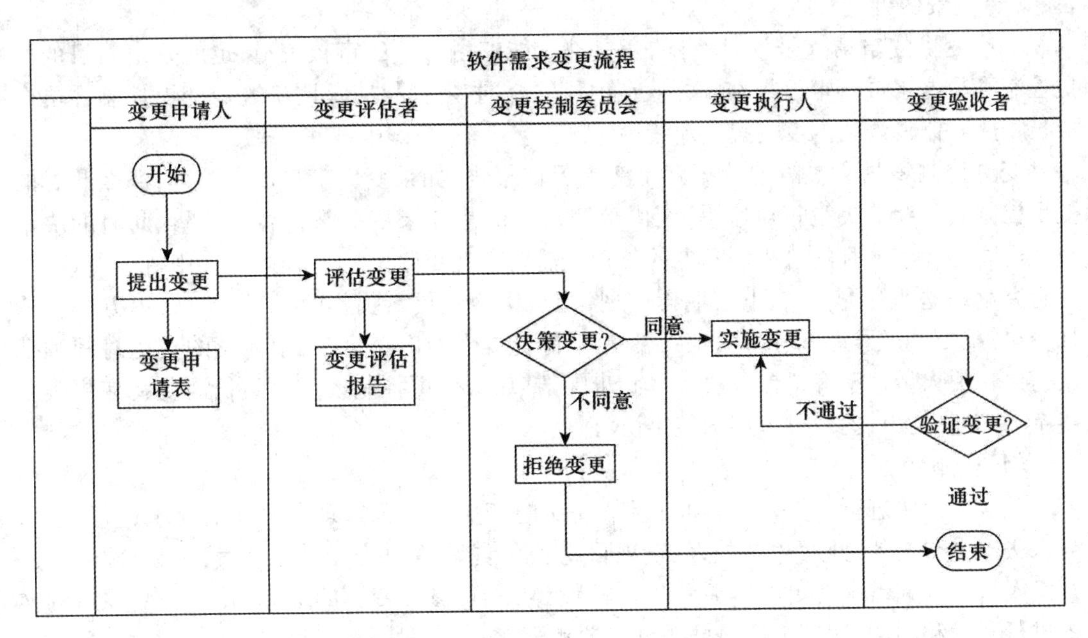

图5－10　需求变更流程图

(1)提出变更

客户方和软件开发方内部人员都可能提出软件项目的需求变更，但是不论是谁提出变更，首先都要填写需求变更申请表。需求变更申请表内容一般包括变更建议人、提出变更时间、变更内容描述、变更理由和变更的紧急程度。

(2)评估变更

评估变更根据变更申请人来自开发方内部和外部分为两种情况。

如果变更申请人来自客户,即来自开发方外部,那么此步骤的评估变更包含两个层面的评估。第一个层面是客户自身首先进行变更评估,确认申请人提出的变更是否值得进行。这个过程是客户方的变更申请人,把变更申请表提交给客户方责任人,然后客户方责任人审核需求变更,认为属于变更范围,则允许变更,在变更申请表上签字认可,同时将变更申请表转给开发方责任人;如果不允许变更,则取消需求变更。第二个层面变更评估则是开发方收到来自甲方负责人签字后的变更申请表后,立即组织相关人员进行变更评估。评估如果实现该变更,对项目时间、成本的影响;判断哪些变更能够目前解决,哪些需要留到以后解决。最后输出一份变更评估表。此步骤参与评审的人员要包含项目经理、项目组长、测试组长和市场人员。

如果变更申请人来自开发方内部成员,那么在变更申请人把变更申请表提交给项目负责人后,乙方项目负责人经过初步审核,如果认为不值得变更,则直接忽略此申请,否则组织乙方相关人员进行评估。一般由乙方的项目组长、测试组长、市场人员共同确认是否修改。在这个小组评估会议上,评审需求变更部分的工作量,判断需求变更的内容是否对开发进度有影响,如果需求变更对开发进度有影响,项目组长可以拒绝变更,将变更内容放入下一版本进行修改;如果市场人员认为必须在本版中进行修改,项目组长可以将变更的内容提交给项目变更控制委员会进行处理,并决定是否在本版中进行修改。这种变更评估不涉及甲方人员。

(3)决策变更

不论变更的申请人是谁,所有的变更都只能够由单一的审核渠道,也就是由项目的变更控制委员会来进行审核批准。一般在项目的合同签订时,应该明确规定变更控制委员会成员构成和制订严格的变更控制流程。

变更控制委员会决策的依据就是变更评估报告,如果变更来自乙方内部,那么此时的变更控制委员会的决策相对容易,在内部完成。但是如果变更来自客户,那么此时的决策过程可能是一个谈判的过程。乙方的负责人需要就变更带来的各种影响和甲方进行谈判,确定究竟是立即变更,还是下一期再实现,还是拒绝变更,或者如果立即实现,甲方是否追加资源等。双方经过几次协商,最终变更控制委员会给出决定,其中涉及的变更时间和费用需要相关人员包括客户参与决策。此步骤结束时,变更控制委员会组长需要在变更表中签字,一般包括甲、乙双方高层的签字认可。

(4)实施变更

一旦决策要进行变更,那么项目组就要实施变更。配置管理员对变更需求进行记录,需求文档进行更新,并通知相关人员;项目组长负责调整相关开发进度表,重新分配任务;开发人员接收到需求变更内容后首先审核设计文档,修改变更的地方,并根据变更后的文档进行开发和测试;测试组长根据变更需求和开发进度,对测试进度进行相应调整,分发需求更新给相关测试人员。测试人员对用例进行补充、修改,并进行相关的测试。

(5)验证变更

在变更完成后,回顾变更的成果。一般由质量保证人员来验收变更结果,如果通过,则此次变更结束,否则开发小组继续修改变更内容直至通过为止。

3. 需求变更注意事项

有效处理需求变更能极大地降低项目管理的难度,需求变更管理中很多事项值得关注。

①需求的变更要经过出资者的认可。需求的变更会引起投入的变化,所以需求变更要通过出资者的认可,这样才会对需求的变更有成本的概念,能够慎重地对待需求的变更。

②小的需求变更也要经过正规的需求管理流程。实践中人们往往不愿意为小的需求变更去执行正规的需求管理过程,认为降低了开发效率,浪费了时间。正是由于这种观念才使需求变更积少成多,逐渐变得不可控,最终导致项目的失败。

③精确的需求与范围定义并不会阻止需求的变更。并非对需求定义得越细,越能避免需求的渐变,这是不同层面的问题。太细的需求定义对需求渐变没有任何效果,因为需求的变化是永恒的,并非由于需求写细了,它就不会变化了。

④注意沟通的技巧。客户可能往往不愿意为需求变更付出更多的代价,但要求变更;开发方有可能主动变更需求,目的是使软件做得更精致,所以作为需求管理者需要采用各种沟通技巧来使项目的各方各得其所。

5.3.2　版本控制

当开发人员做了一个已经被取消的功能,他会很沮丧;当测试人员按照老的测试用例去测试新的需求规格的开发结果时,他可能要抓狂。出现这些情况,都是因为需求的版本控制出现了问题,他们没有拿到最新版本的需求。需求版本混乱会造成资源的浪费,而软件项目的资源(成本、时间)是项目管理的一个重要目标,因此从软件项目管理的角度来看,有效的需求版本控制是必需的。需求的版本控制主要包括两个方面。

- 保证人人得到的是最新的需求版本。
- 记录需求的历史版本。

需求的版本控制是与软件配置管理密切相关的。在项目初期的项目管理制度中明确制定要求,每个项目组成员完成的工作一旦成为基线,就必须受控。任何对基线的修改都必须是在控制之下进行的。软件需求规格说明书是软件项目中一个重要的基线,所以任何对需求文档的修改都必须有记录。版本控制最简单的方法是每一个公布的需求文档的版本应该包括一个修正版本的历史情况,即已作变更的内容、变更日期、变更人的姓名以及变更的原因,并根据标准约定手工标记软件需求规格说明的每一次修改。

但是需求的版本管理并不是将需求文档放到配置库就可以了。因为需求有其特殊性,有它分析和管理的特殊要求,所以实际工作中需求版本控制应该考虑更多层次。

(1)需求文档的版本。对整个文档进行版本的管理是最基础的。当谈及最新版本时,项目团队的成员"应该"都知道它指的是哪个版本的文档。现实中是团队成员容易把自己机器上的文档版本当成最新版本。

(2)需求条目的版本。需求条目的版本表示了对每个需求对象进行更细粒度的控制。需求文档由若干个需求项组成,有时两个需求文档版本之间可能只是几个需求项发生了变化,所以在这种情况下,需要更清楚地知道某条关键的需求,何人何时创建,何人何时做出何种修改,能够知道修改的开始和结束的状态,并且显示出其中的差异,最好能自动回退到某个历史状态。现实工作中的需求,实际上都体现了对需求条目层次上版本管理的要求。

(3)需求体系的版本。现在越来越多的公司采用迭代或增量开发模式。为了降低风险,将开发过程分为多个增量部分可以加快整个开发过程。每个阶段结束后,要将整个项目的文档做一个快照。此时的项目基线也就是这里说的需求体系的版本。需求体系的版本包含自需求而来的多个相关文档,此时的版本管理不仅应将这些文档打上统一的基线,并且将该组文档之间的追踪关系也进行基线化的管理。

项目的每一个阶段,需求文档会有不同,需求文档之间追踪关系也会有不同。记录项目每个阶段的需求文档及其追踪关系的版本后,在日后的工作中可以回溯到以前的某个需求版本,并能够按照当时的项目追踪关系,追踪分析当时的分析设计结果,实现对整个需求体系的掌握,能够更好地理解、利用以至复用已完成的工作成果。

5.3.3 需求跟踪

在开发的过程中客户需求会发生新增、变更和删除等变动,因此需要进行需求跟踪,其主要作用是确保需求被实现、被验证,以及了解需求变更影响的范围。

需求跟踪是指跟踪一个需求使用期限的全过程,包括编制每个需求同系统元素之间的联系文档,这些元素包括其他类型的需求、体系结构、其他设计部件、源代码模块、测试、帮助文件等。需求跟踪提供了由需求到产品实现整个过程中范围的明确查阅能力。需求跟踪的目的是建立与维护需求、设计、编程、测试之间的一致性,确保所有的工作成果符合用户需求。

1. 需求跟踪的方式

需求跟踪有以下两种方式。

(1)正向跟踪。检查需求规格说明书中的每个需求是否都能在后续工作成果中找到对应点。

(2)逆向跟踪。检查设计文档、代码、测试用例等工作成果是否都能在需求规格说明书中找到出处。

正向跟踪和逆向跟踪合称为“双向跟踪”。不论采用何种跟踪方式,都要建立与维护需求跟踪矩阵。需求跟踪矩阵保存了需求与后续工作成果的对应关系。

2. 需求跟踪的实现

不论正向还是逆向需求跟踪都是通过需求跟踪链来实现的。跟踪链使得需求跟踪能跟踪一个需求使用期限的全过程,即从需求源到实现的完整生存期。跟踪能力是优秀需求规格说明书的一个特征。为了实现可跟踪能力,必须统一地标识出每一个需求,以便能明确地进行查阅。从客户需求到系统需求再到后续设计实现和测试,这期间都是可以追溯的。一般有 4 种需求链,如图 5 – 11 所示。

(1)客户需求可向前追溯到系统需求,这样就能区分出开发过程中或开发结束后由于需求变更受到影响的需求,这也确保了需求规格说明书包括所有客户需求。

(2)可以从系统需求回溯到相应的客户需求,确认每个软件需求的源头。如果使用场景的形式来描述客户需求,如图 5 – 11 所示上半部分就是使用场景和系统功能需求之间的跟踪情况。

(3)从需求追溯到后续工作产品。由于开发过程中系统需求转变为软件需求、设计、编码等,因此通过定义单个需求和特定的产品元素之间的联系链可从需求向前追溯,这种联系链使得需求跟踪能够知道每个需求对应的产品部件,从而确保产品部件满足每个需求。

(4)从产品部件回溯到需求,从而知道每个部件存在的原因。绝大多数项目不包括与用户需求直接相关的代码，但开发者却要知道为什么写这一行代码。如果不能把设计元素、代码段或测试回溯到一个需求，则可能会有"画蛇添足"的程序。然而，若这些孤立的元素表明了一个正当的功能，则说明需求规格说明书漏掉了一项需求。

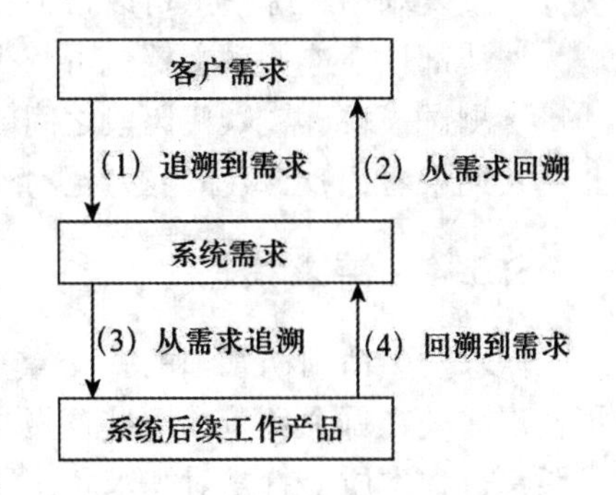

图 5－11　4 类需求链

4 种需求跟踪链记录了单个需求之间的父层、互连、依赖的关系。当某个需求变更（被删除或修改）后，这种信息能够确保正确地传播，并将相应的任务做出正确的调整。一个项目不必拥有所有种类的需求跟踪链，要根据具体的情况调整。

需求跟踪链在项目中的具体体现就是需求跟踪矩阵。采用需求跟踪矩阵的前提是标识需求链中各个过程的元素，比如需求的实例号、设计的实例号、编码的实例号和测试的实例号。可以采用数据库管理标识，需求的变化就能够体现在整个需求链上，从而实现需求的可跟踪。

需求跟踪链上各种系统元素类型间的关系可以是一对一、一对多和多对多关系。

- 一对一：如一个代码模块应用一个设计元素。
- 一对多：如多个测试实例验证一个功能需求。
- 多对多：如多个测试用例对应多个功能性需求，而一些功能性需求常拥有几个使用实例。

表 5－1 所示是一个需求跟踪矩阵实例，体现了需求说明书中的功能需求、需求用例、设计实例、编码实例以及测试用例之间的对应关系。因为给出的都是标识符，所以仍然需要一份文档来解释每个标识符，比如对于需求代号 ROO1 需要说明所属模块、功能描述；需求用例需要描述对应的需求文档（包括文档名称、作者、基线时间、版本、修改时间、备注等）；设计实例需要描述对应的设计文档；编码实例需要描述组件/包/类名称、代码存放位置、文件名称、作者、版本等；测试用例需要描述对应的测试报告名称以及测试记录报告等。

表 5－1　需求跟踪矩阵实例

需求代号	需求用例	设计实例	编码实例	测试用例
ROO1	UC－28	Class Catalog	Catalog. sort( ) Catalog. import( )	Search. 7 Search. 8 Search. 13

当需求文档或后续工作成果发生变更时，要及时更新需求跟踪矩阵。

在项目中实施需求跟踪能够带来如下作用。

- 审核跟踪信息可以帮助审核确保所有需求被应用。
- 变更影响时分析跟踪信息可以确保不忽略每个受到影响的系统元素。
- 维护可靠的跟踪信息使得维护时能正确、完整地实施变更，从而提高生产率。
- 开发中认真记录跟踪数据，可以获得当前实现状态的记录，还未出现的联系链意味着没有相应的产品部件。

- 重复利用跟踪信息可以帮助在新系统中对相同的功能利用旧系统相关资源。
- 使部件互连关系文档化可减少由于一名关键成员离开项目所带来的风险。
- 测试模块、需求、代码段之间的联系链可以在测试出错时指出最可能有问题的代码。

长期来看,需求跟踪能够减少整个产品生存期费用,提高组织的软件开发效率。

5.3.4 需求状态

需求全生命周期管理的一个重点就是需求的状态管理。用户提出来的需求是否实现了?现在处在哪个环节?这些问题的回答都需要依靠需求的状态管理和跟踪来实现。需求跟踪过程本质上就是对需求状态监控过程,而需求状态跟踪的过程正好就是对项目进度和状态的跟踪过程。因此有效的需求状态监控可以帮助提高项目管理水平。

需求状态是需求在某一时点下的一种情况反映,根据软件开发过程中对需求处理的方式,可以把需求状态分为如下几种。

1."开放"状态

对于原始需求或接收到的正式需求,未正式进行需求分析之前的需求状态统一定义为"开放"状态。

2."已分析"状态

对需求状态为"开放"的需求,若已完成需求分析过程,但还未正式通过需求评审前,其状态统一定义为"已分析"状态。

3."已审核"状态

对需求状态为"已分析"的需求,若已正式通过需求评审,但还未完成设计,或设计结果没有通过之前,其状态统一定义为"已审核"状态。

4."已设计"状态

对于"已审核"的需求完成了设计,并且设计方案通过了审核,则需求状态定义为"已设计"。

5."已实现"状态

对需求状态为"已设计"的需求,若已完成编码,且已通过单元测试,其状态统一定义为"已实现"。

6."已通过"状态

对需求状态为"已实现"的需求,如果已通过正式测试,验证了其功能的正确性,其状态统一定义为"已通过"。

7."已交付"状态

对需求状态为"已通过"的需求,若需求已正式上线使用,且得到客户和项目团队的共同认可后,其状态统一定义为"已交付"。

8."已取消"状态

当原定义的某些需求被取消时(包括上线前取消和上线后取消),其需求状态统一定义为"已取消"。

9."失败"状态

对需求状态为"已交付"的需求,若需求在上线用后发现问题或存在缺陷,需要对其进行修正时,其需求状态统一定义为"失败"。

需求的状态和需求的实现过程是分不开的,随着软件开发每个阶段的进展,需求的状态发生相应的变化。图 5－12 是随软件需求开发过程变化的需求状态图。

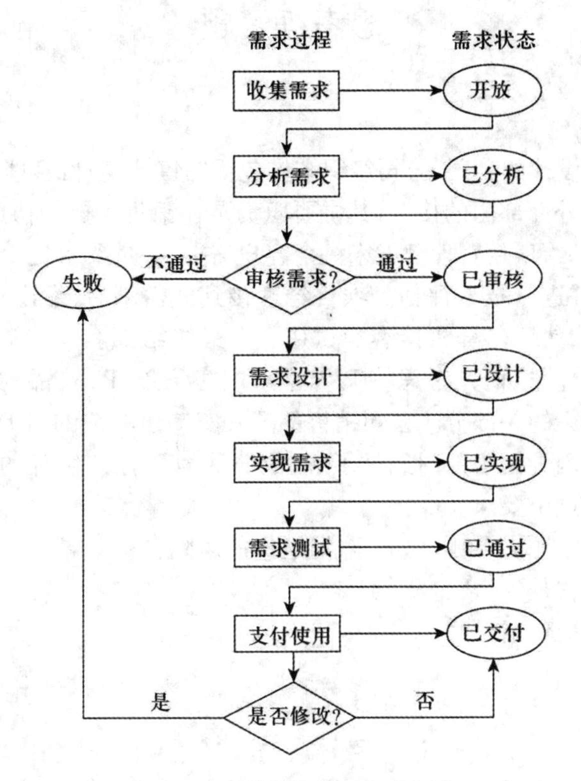

图 5－12　需求状态变化过程图

【课后实训】

本项目实践采用自上而下方法对 SPM 项目进行任务分解，完成 WBS 后需要验证分解结果。在课堂上，学生以团队形式展示 WBS 的分解过程和结果，其他团队进行评述。

实践目的：理解 WBS 概念，掌握任务分解方法。

实践要求：

1. 复习任务分解和验证方法。
2. 编写 SPM 项目的任务分解，即 WBS。
3. 选择一个团队课堂上讲述 SPM 项目任务分解结果。
4. 其他团队进行评述，可以提出问题。
5. 老师评述和总结。

思考练习题

1. 案例分析

A 公司是作手机设计的公司,公司组织结构包括销售部、项目管理部和研发部。其中项目管理部是研发部与外面部门的接口,其主要职责是在销售人员的协助下完成与客户的需求沟通。某天,销售部给项目管理部发来一个客户需求:客户要求把 P1 产品的 C 组件更换为另外型号的组件,并进行技术评估。项目经理接到此需求后,发出正式通知让研发部门修改产品并进行测试,然后出样机给客户试用。但最终结果客户非常不满,客户说他们的意图并不是仅更改 C 组件,而是考虑将 P1 产品的主板放到 P2 产品的外壳中的方案,组件替换评估只是这个方案的一部分。公司销售部门其实知道客户的目的,但未能向项目经理说明详细背景情况。因为销售部门经过了解,他们认为只有 C 组件的评估是最关键的,所以只向项目经理提到这个要求。

请问项目的关键问题出在哪?如何规避这样的风险?

2. 需求变更的流程是什么?

3. 需求成功的标准包括哪些?

项目六　软件项目团队管理

【知识要点】

1. 理解团队管理的定义和特征。
2. 掌握团队成长的规律。
3. 了解人力资源和沟通管理。

【难点分析】

1. 熟练掌握人力资源计划。
2. 熟练掌握团队构建与建设。

软件企业是脑力密集型企业，软件项目是典型的“以人为本”。项目初期为找不到合适的人选而头疼；项目招到人后因为成员搭配不当也头疼；各个成员各自表现自己的“英雄本色”而不进行合作更令人沮丧。一个好的软件团队不一定保证会做出成功的项目，但是一个成功的软件项目一定是由一个好的软件团队来完成的。有效的团队管理能够促进软件项目的成功。

6.1　团队管理概述

6.1.1　团队的定义和特征

众所周知，软件项目需要一个团队才能够完成，但是究竟什么是团队？是否人的集合就构成了一个团队？一个班的学生是不是一个团队？一辆公交车上的乘客、驾驶员及售票员是不是一个团队？要准确回答这几个问题，需要了解团队的定义和特征。

管理学和组织行为学大师斯蒂芬·罗宾斯认为，团队是指一种为了实现某一目标而由相互协作的个体所组成的正式群体。这一定义突出了团队与群体不同，所有的团队都是群体，但只有正式群体才能是团队。

麦肯锡顾问卡曾巴赫(Katzenbach)则是从团队任务角度提出团队的含义：“团队就是由少数有互补技能，愿意为了共同的目的、业绩目标而相互承担责任的人们组成的群体。”他对团队的理解侧重于团队的构成要素，只有具备特定5要素才能构成一个团队，否则只是一个伪团队或工作群体而已。

对于团队概念的理解，不同的人所理解的含义有所差异。本书综合定义为：团队就是由两个或两个以上相互依赖的、能相互负责的、具有共同的目的和方向的、愿意为共同的目标而努力的有互补技能的成员组成的群体,并且团队具有如下三个特征。

1. 目标

团队一定有一个共同的目标,它为团队成员导航,使团队成员知道要向何处去。大家为了这个目标而努力,没有目标团队就没有存在的价值。公共汽车上的乘客之所以不是一个团队就是因为他们没有共同的目标,他们只是一个人的集合。

团队的目标必须与团队所处的组织的目标一致。此外,还可以把大目标分成小目标,然后具体分到各个团队成员身上,大家合力实现这个共同的目标。同时,目标还应该有效地向大众传播,让团队内外的成员都知道这个目标,有时甚至可以把目标贴在团队成员的办公桌上、会议室里,以此激励所有的人为这个目标去工作。

2. 人

人是构成团队最核心的力量。两个(包含两个)以上的人就可以构成团队。没有人构不成团队,但是这些人一定要是具有互补技能的人。试想开发一个 IT 项目,团队中全是一些数据库专家,显然这种情况下团队工作很难有进展。

目标是通过人员具体实现的,所以人员的选择是团队管理中非常重要的一部分。在一个团队中可能需要有人出主意,有人定计划,有人实施,有人协调不同的人一起去工作,还有人去监督团队工作的进展,评价团队最终的贡献。不同的人通过分工来共同完成团队的目标。

3. 领导者

一个团队的领导者是带领团队完成共同目标的必要条件。如果一个团队没有一个领导者,它根本运作不了。球队有队长,班级有班长,一个公司有一个 CEO,没有领导者就没有办法协调人之间的问题,战场上"擒贼先擒王",也就是说明领导者对于团队的重要性。

自然界中有一种昆虫很喜欢吃三叶草,这种昆虫在吃食物的时候都是成群结队的,第一个趴在第二个的身上,第二个趴在第三个的身上,由一只昆虫带队去寻找食物,这些昆虫连接起来就像一节一节的火车车厢。管理学家做了一个实验,把这些像火车车厢一样的昆虫连在一起,组成一个圆圈,然后在圆圈中放了它们喜欢吃的三叶草。结果它们爬得精疲力竭也吃不到这些草。这个例子说明在团队中没有领导者后,即使团队成员知道团队目标,但是行动仍然不得力,不知道该如何完成目标,这个团队存在的价值可能就要打折扣。

6.1.2 团队的成长规律

如同每个人虽然在人生之路上所走的路各自不同,但是都会经历幼年、青年、壮年和老年几个阶段一样,每个团队虽然形成的过程也会不同,但是都会经历5个发展阶段:形成期、震荡期、正规/规范期、表现/执行期和收尾期。

1. 形成期

团队形成期即组建一个团队并促使个体转变成团队成员的过程。在形成期主要应完成两方面的工作:第一,形成团队的内部结构框架;第二,建立团队与外界的初步联系。两个工作一个对内,一个对外。

(1)形成团队的内部结构框架

团队的内部结构框架主要包括团队的任务、目标、角色、规模、领导、规范。在其形成过程中,主要考虑以下问题。

①是否该组建这样的团队?

②团队的任务是什么?

③团队中应包括什么样的成员？

④成员的角色如何分配？

⑤团队的规模要多大？

⑥团队生存需要什么样的行为准则？

(2)建立团队与外界的初步联系

主要工作如下。

①建立起团队与组织的初步联系。

②确立团队的权限。

③建立对团队的绩效进行考评、对团队的行为进行激励与约束的制度体系。

④建立团队与组织外部的联系与协调的关系，如建立与顾客、企业协作者的联系，努力与社会制度和文化取得协调等。

团队形成之初，团队成员比较关注所要做的工作目标和工作程序。每个人在这一阶段都有许多疑问：我们的目的是什么？其他团队成员的技术、人品怎么样？大家都急于知道自己能否与其他成员合得来，自己能否被接受。因此，这个阶段团队成员相互了解和相互交往，彼此表现出一种在一起的兴趣和新鲜感受，在行为方面则可能表现为：在完全了解情势之前，不会轻易投入；承受着可能对个人期望的模糊和不确定状况；保持礼貌和矜持，至少一开始不表现出敌视态度等。

作为项目经理，要做好下述工作，帮助团队成员快速度过第一个阶段。

①宣布自己对团队的期望。即希望通过团队建设在若干时间后取得什么样的成就。同时项目经理还要进行组织构建工作，包括确立团队工作的初始操作规程，规范沟通渠道、审批及文件记录工作等。

②与成员分享成功的愿景。告诉团队成员项目愿景是什么，设想出项目成功的美好前景以及成功所产生的益处。

③为团队提供明确的方向和目标。针对软件项目，需要公布项目的工作范围、质量标准、预算及进度计划的标准和限制。在与下属分享这个目标的时候，要展现出自信心，因为如果自己都觉得这个目标高不可攀，那么下属肯定是不会有信心的。

④提供团队所需要的一些资讯、信息。比如项目产生的背景，目前的形势，现有的项目资料，软件项目客户方的主要干系人。

⑤帮助团队成员认识彼此。让团队的成员认识彼此，并介绍哪位成员身上怀有什么样的绝技，这样容易形成彼此对对方的尊重，为以后的团队合作奠定良好的基础。

项目经理可以在项目内部启动会上完成上述工作。

2. 震荡期

团队组建后就进入了震荡阶段，此时成员们开始着手执行分配的任务，缓慢地推进工作。随着时间的推移，一系列的问题开始暴露出来，现实也许会与个人当初的设想不一致，团队中一些不尽如人意的事情发生。例如，张三写的代码命名不规范，导致没有成员愿意做他的代码回顾，项目经理为此多次对张三提出修改意见，但是张三改变不大，甚至认为大家在挑刺；李四只爱写代码不喜欢写文档，遭到其他人的不满；团队成员的培训进度落后，刚开始承诺有很多很好的培训机会，但是一遇到问题的时候就耽误了培训机会。类似这样的矛盾都会发生，个体之间开始争执，互相指责，并且开始怀疑项目经理的能力。团队成员甚至可能对团队的目标产生了怀疑，尽管当初领导者很有信心地要达成目标，但经过一两个月的实践,大家发现目标高不可攀。

现实和预期差别太大,人际关系紧张,对领导权产生不满等,这个时期的震荡主要包括以下三种。

(1)成员与成员之间的震荡

成员之间由于立场、观念、方法、行为等方面的差异必然会产生各种冲突,人际关系陷入紧张局面,甚至出现敌视、强烈情绪及向领导者挑战的情况。其结果是,一些人可能暂时回避,一些人准备退出。

(2)成员与环境之间的震荡

成员与环境之间的震荡体现在多个方面。

首先,体现在成员与组织技术之间的震荡。如成员在新的环境中可能对团队采用的新技术不熟悉,经常出差错。这时最紧迫的是进行技能培训,使成员迅速掌握团队采用的技术。

其次,成员与组织制度之间的震荡。组织内现有的人事、考评、奖惩等制度体系对于团队来说未必有效,影响成员工作积极性,所以制定适应团队的行为规范迫在眉睫。

再次,成员与组织其他部门之间的关系磨合。团队在成长过程中,与组织其他部门要发生各种各样的关系,也会产生各种各样的矛盾冲突,需要进行很好的协调。

最后,团队与社会制度及文化之间的关系也需要协调。

(3)新旧观念与行为之间的震荡

团队在震荡期会产生新旧观念、行为之间的震荡,如成员以往经验可能和团队新的规范不协调。

以上冲突的存在,使得团队组建之初就确立的基本原则可能像大风中的大树一样被打倒,团队热情往往让位于挫折和愤怒,成员更多地把自己的注意力和焦点放在人际关系上,无暇顾及工作目标,生产力在这个时候遭到持续性的打击。因此这一阶段,项目经理要做导向工作,致力于解决矛盾,决不能希望通过压制来使冲突自行消失。项目经理可以从以下三个方面入手工作。

①安抚人心。认识并处理冲突;化解权威与权力,不要以权压人;鼓励团队成员对有争议的问题发表自己的看法。

②以身作则,建立工作规范。没有工作规范、工作标准约束,就会造成一种不均衡,这种不均衡也是冲突源,领导者在规范管理的过程中,自己要以身作则。

③调整领导角色,鼓励团队成员参与决策。

3. 正规/规范期

经受了震荡阶段的考验,项目团队就进入了发展的正规阶段,当团队结构稳定下来,团队对于什么是正确的行为基本达成共识时,这个阶段就结束了。

在这个阶段,团队成员之间开始形成亲密的关系,会产生强烈的团队身份感,彼此之间保持积极的态度,表现出相互之间的理解、关心和友爱,并再次把注意力转移到工作任务和目标上来,大家关心的问题是彼此的合作和团队的发展。团队成员对新的技术、制度也逐步熟悉和适应,并在新旧制度之间寻求某种均衡,团队与环境的关系也逐渐地理顺,团队的凝聚力开始形成。在新旧观念的交锋中,新型的观念逐渐占据上风,并逐渐为团队成员普遍接受。总之,团队会逐步克服团队建设中碰到的一系列阻力,新的行为规范得到确立并为大家所信任。

在这一阶段,团队面临的主要危险是团队的成员因为害怕遇到更多的冲突而不愿提出自己的好建议。这时的工作重点就是通过提高团队成员的责任心和权威,来帮助他们放弃沉默。给团队成员新的挑战显示出彼此之间的信任。在正规阶段,项目经理一是要发掘每个成员的自我成就感和责任意识,引导员工进行自我激励;二是尽可能地多创造团队成员之间互相沟通、相互学习的环境,以及从项目外部聘请专家讲解与项目有关的新知识、新技术,给员工充分的知识激励。

4. 表现/执行期

表现/执行期也称为"高产期"。在这个阶段,团队结构已经开始充分地发挥作用,并已被团队成员完全接受。团队成员的注意力已经从试图相互认识和理解转移到充满自信地完成手头的任务。至此,团队成员已经学会了如何建设性地提出不同意见,能经受住一定程度的风险,并且能用他们的全部能量去面对各种挑战。大家高度互信、彼此尊重,也呈现出接受团队外部新方法、新输入和自我创新的学习性状态。整个团队已熟练掌握如何处理内部冲突的技巧,也学会了团队决策和团队会议的各类方法,并能通过团队追求团队的成功,每个人有一种完成任务的使命感和荣誉感。在执行任务过程中,团队成员加深了了解,增进了友谊。

这个阶段是团队生产效率最高的阶段,对于一个高效的团队,这个阶段维持越久越好。项目经理应该采用如下方式维持这个阶段。

①随时更新工作方法和流程。随着时间推移,调整工作方法和流程使其更利于团队工作,保持团队不断学习的劲头。

②团队的领导者要把自己当作团队中的一分子去工作,不要把自己当成团队的长官。

③通过承诺而不是管制来追求更佳的结果。在一个成熟的团队中,应该鼓励团队成员,给他们一些承诺,而不是命令。有时资深的团队成员反感自上而下的命令式的方法。

④要给团队成员具有挑战性的目标。

⑤监控工作的进展。这一阶段,项目经理需要特别关注预算、进度计划、工作范围等项目业绩。在进行监控反馈的过程中既要承认个人的贡献,也要庆祝团队整体的成就,毕竟大家经过磨合已经形成了合力,所以团队的贡献是至关重要的。

5. 收尾期

收尾期也称为调整或休整期。天下没有不散的宴席,任何一个团队都有它自己的寿命,表现期的团队运行到一定阶段,完成了自身的目标后,就进入了团队发展的第 5 个阶段——收尾期。收尾期的团队可能有以下三种情况的结局。

①团队解散。为完成某项特定任务而组建的团队,伴随着任务的完成团队也会解散。此时,高绩效不是压倒一切的首要任务,注意力转移到了团队的收尾工作。这个阶段团队成员的反应差异很大:有的很乐观,沉浸于团队的成就中;有的则很悲观,惋惜在共同的工作团队中建立起的友谊关系,不能再像以前那样继续下去。团队的士气可能提高,也可能下降。

②团队休整。团队目前任务完成了,第二个任务又来了,所以团队进入了修整时期。经过短暂的总结、休年假等,要进入到下一个工作周期,这个时候新的团队又宣告成立,此间可能会有团队成员的更替,既可能有新成员加入,也可能有老成员流出。

③团队整顿。对于表现差强人意的团队,可能会被勒令整顿,整顿的一个重要内容就是优化团队规范。通常团队不能达成目标就是因为规范建立不够,流程做得不够,没有形成一套有效的方式和方法。优化规范可以从三个方面入手,首先,明确团队已经形成的规范;尤其是那些起消极作用的规范。其次,听取各方面对这些规范进行改革的意见,经过充

分的民主讨论，制定系统的改革方案，包括责任、信息交流、反馈、奖励和招收新员工等；最后，对改革措施实现跟踪评价，并作必要的调整。

以上5个阶段，各个时期团队的工作绩效和团队精神是有显著差异的。前4个阶段有明显特征，最后一个阶段因为团队结局不同，所以特征不同。如图6-1所示是团队的工作绩效和团队精神在前4个阶段的表现。

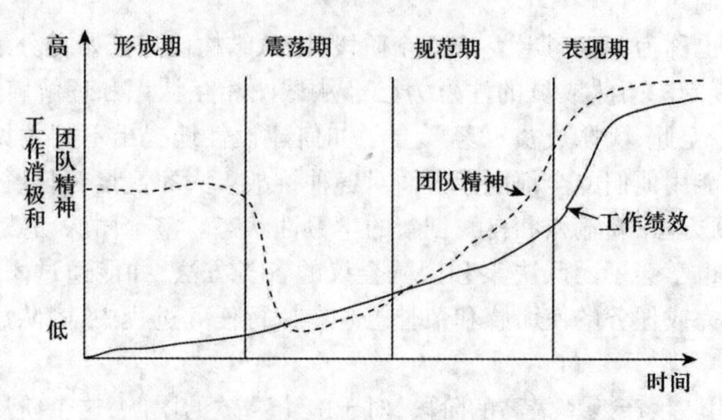

图6-1　团队工作绩效和团队精神发展过程

6.1.3　项目人力资源和沟通管理领域过程

软件团队管理和PM BOK中的两大辅助领域——项目人力资源管理领域和项目沟通领域是密切相关的。根据2008版PMB OK，这两个领域的活动如表6-1和表6-2所示。

表6-1　人力资源管理过程的输入、工具和输出

	规划(1)	执行(3)		
	1. 制定人力资源计划	2. 组建项目团队	3. 建设项目团队	4. 管理项目团队
输入	1. 活动资源需求 2. 事业环境因素 3. 组织过程资产	1. 项目管理计划 2. 事业环境因素 3. 组织过程资产	1. 项目人员分派 2. 项目管理计划 3. 资源日历	1. 项目人员分派 2. 项目管理计划 3. 团队绩效评价 4. 绩效报告 5. 组织过程资产
工具	1. 组织机构图与职位描述 2. 人际交往 3. 组织理论	1. 预分派 2. 谈判 3. 招募 4. 虚拟团队	1. 人际关系技能 2. 培训 3. 基本原则 4. 团队建设活动 5. 集中办公 6. 认可与奖励	1. 观测与交谈 2. 项目绩效评估 3. 冲突管理 4. 问题日志 5. 人际关系技能
输出	人力资源计划	1. 项目人员分派书 2. 资源日历 3. 项目管理计划(更新)	1. 团队绩效评价 2. 事业环境因素(更新)	1. 事业环境因素(更新) 2. 组织过程资产(更新) 3. 变更请求 4. 项目管理计划(更新)

表 6－2 沟通管理过程的输入、工具和输出

	启动(1)	规划(1)	执行(2)		监控(1)
	1. 识别干系人	2. 沟通规划	3. 信息发布	4. 管理干系人期望	5. 报告绩效
输入	1. 项目章程 2. 采购文件 3. 事业环境因素 4. 组织过程资产	1. 干系人登记册 2. 干系人管理策略 3. 事业环境因素 4. 组织过程资产	1. 项目管理计划 2. 绩效报告 3. 组织过程资产	1. 干系人登记册 2. 干系人管理策略 3. 项目管理计划 4. 问题日志 5. 变更日志 6. 组织过程资产	1. 项目管理计划 2. 工作绩效信息 3. 工作绩效测量结果 4. 成本预测 5. 组织过程资产
工具	1. 干系人分享 2. 专家判断	1. 沟通需求分析 2. 沟通技术 3. 沟通模型 4. 沟通方法	1. 沟通方法 2. 信息发布工具 3. 招募 4. 虚拟团队	1. 沟通方法 2. 人际关系技能 3. 管理技能	1. 偏差分析 2. 预测方法 3. 沟通方法 4. 报告系统 5. 人际关系技能
输出	1. 干系人登记册 2. 干系人管理策略	1. 沟通管理计划 2. 项目文件(更新)	组织过程资产(更新)	1. 组织过程资产(更新) 2. 变更请求 3. 项目管理计划(更新) 4. 项目文件(更新)	1. 绩效报告 2. 组织过程资产(更新) 3. 变更请求

软件项目的团队形成和管理过程就是一个项目的人力资源管理过程，而团队形成后在完成项目过程中的各种沟通活动就涉及项目的沟通领域。表 6－1 中人力资源领域的过程内容在本项目中基本都被覆盖到，但表 6－2 中沟通管理领域内容本项目只覆盖规划阶段内容——沟通规划。

6.2 软件项目人力资源计划

软件项目受人力资源影响很大。项目成员的结构、责任心、能力和稳定性对项目的质量以及是否成功有着决定性的影响。人在 IT 项目中既是成本，又是资本，因此在软件项目计划阶段，人力资源规划是必不可少的。通过编制人力资源计划，识别和确定那些拥有项目所需技能的人力资源。

在编制人力资源计划时应该特别关注稀缺或有限人力资源的可得性，或者各方面对这些资源的竞争。可按个人或小组分派项目角色。这些个人或小组可来自项目执行组织的内部或外部。其他项目可能也在争夺具有相同能力或技能的资源，这可能会对项目成本、进度、风险、质量及其他方面产生显著影响。编制人力资源计划时，必须认真考虑这些因素，并编制人力资源配备的备选方案。

6.2.1 项目人力资源计划的内容

作为项目管理计划的一部分,人力资源计划是关于如何定义、配备、管理、控制以及最终遣散项目人力资源的指南。人力资源计划应该包括(但不限于)如下内容。

1.角色和职责

在罗列项目所需的角色和职责时,需考虑下述各项内容。

• 角色:说明某人负责项目某部分工作的一个名词。项目角色的例子包括分析员、开发员。应该清楚地界定和记录各角色的职权、职责和边界。

需要注意的是,角色不等于人员,一个项目中人员是相对固定的、静态的,但是角色是相对动态的、不固定的。项目开始的时候需要分析员,之后需要文档工程师,然后需要编码人员和测试人员,所以角色是相对动态的。项目中一个人可以担任多个角色,角色是可以改变的,同时一个角色也可以由多个人担任,比如很多人同时是开发员角色。此外,项目角色是根据个人的技能和项目管理流程来制定的,与行政职务无关。

• 职权。使用项目资源,做出决策以及签字批准的权力。当个人的职权水平与职责相匹配时,团队成员就能更好地开展工作。

• 职责。为完成项目活动,项目团队成员应该履行的工作。

• 能力。为完成项目活动,项目团队成员所需具备的技能和才干。

如果项目团队成员不具备所需的能力,就不能有效地履行职责。一旦发现成员的能力与职责不匹配,就应主动采取措施,如安排培训、招募新成员、调整进度计划或工作范围。

2.项目组织机构图

项目组织机构图以图形方式展示项目团队成员及其报告关系。基于项目的需要,项目组织机构图可以是正式或非正式的,非常详细或高度概括的。

3.人员配备管理计划

人员配备管理计划是人力资源计划的一部分,描述何时以及如何满足项目对人力资源的需求。基于项目的需要,人员配备计划可以是正式或非正式的,非常详细或高度概括的。应该在项目期间不断更新人员配备管理计划,以指导持续进行的团队成员招募和发展活动。人员配备管理计划的内容因应用领域和项目规模而异,但都应包括以下内容。

• 人员招募。在规划项目团队成员招募工作时,需要考虑一系列问题。例如,从组织内部招募,还是从组织外部的签约供应商招募?团队成员是必须集中在一起工作,还是可以远距离分散办公?项目所需各级技术人员的成本分别是多少?组织的人力资源部门和职能经理们能为项目管理团队提供多少帮助?

• 资源日历。人员配备管理计划需要按个人或小组来描述项目团队成员的工作时间框架,并说明招募活动何时开始。

• 人员遣散计划。事先确定遣散团队成员的方法与时间,对项目和团队成员都有好处。一旦把团队成员从项目中遣散出去,项目就不再负担与这些成员相关的成本,从而节约项目成本。如果已经为员工安排好向新项目的平滑过渡,则可以提高士气。人员遣散计划也有助于减轻项目过程中或项目结束时可能发生的人力资源风险。

• 培训需要。如果预计到团队成员不具备所要求的能力,则要制订一个培训计划,并将其作为项目计划的组成部分。培训计划中也可说明应该如何帮助团队成员获得相关证书,以提高他们的工作能力,从而使项目从中受益。

• 认可与奖励。需要用明确的奖励标准和事先确定的奖励制度来促进并加强团队成员的优良行为。应该针对团队成员可以控制的活动和绩效进行认可与奖励。在奖励计划中规定发放奖励的时间，可以确保奖励能适时兑现而不被遗忘。认可与奖励是建设项目团队的一部分。

• 合规性。人员配备管理计划中可包含一些策略，以遵循适用的政府法规、工会合同和其他现行的人力资源政策。

• 安全。应该在人员配备管理计划和风险登记册中规定一些政策和程序，来保护团队成员远离安全隐患。

6.2.2　软件项目团队角色分类

软件开发团队的每个成员在项目中都充当着不同的角色，典型的软件项目角色包括以下几种。

1. 软件项目经理

软件项目经理是软件企业最基层的管理人员，他的基本职责就是确保项目目标的实现，领导项目团队准时、优质地完成全部工作。他的主要工作包括：与客户沟通，了解项目的整体需求；与客户保持一定的联系，及时反馈阶段性的成果，以及及时更改客户提出的合理需求；制定项目开发计划文档，量化任务，并合理分配给相应的人员；跟踪项目的进度，协调项目组成员之间的合作；监督产生项目进展各阶段的文档，并与质量保证人员及时沟通，保证文档的完整和规范；对于开发过程中的需求变更，项目经理需要同客户了解需求，在无法判断新的需求对项目的整体影响程度的情况下，需同项目组成员商量，最后决定是否接受客户的需求，然后再与客户协商；确定要变更需求的情况下，需产生需求变更文档，更改开发计划，通知质量保证人员；项目提交测试后，项目经理需了解测试结果，根据测试 bug 的严重程度来重新制定开发计划；向上级汇报项目的进展情况，需求变更等所有项目信息；项目完成的时候需要进行项目总结，产生项目总结文档。

2. 系统分析人员

系统分析员角色主要从事需求获取和调研，包括流程分析、业务设计、模型复审等。在一个软件项目中，系统分析员是代表着业务和技术的桥梁，其工作是通过与客户的交流沟通，了解客户的业务以及客户对系统的需求和期望，围绕新的系统，协助客户建立新的业务流程。然后根据新的业务流程，设计系统的功能，编写软件需求规格说明书，详细描述系统的功能，最后利用各种手段和方法，使客户理解即将建立的系统，并给予确认。担任系统分析员的人应该善于简化工作，并且具有良好的沟通技巧，一般要求具有专业领域知识，这样和客户沟通时会更容易。此外，要具备业务建模能力，熟悉用于获取业务需求的工具，掌握引导客户描述需求的方法。在有些软件公司，系统分析员还负责建立用户界面原型和进行概要设计。

3. 系统设计人员

系统设计者的工作就是在分析员和程序员之间架起一座桥梁。分析员的输出是设计者的输入，而设计者的输出是程序员的输入。设计者把分析员的“编制什么”（需求说明书）转换为程序员的“如何编制”（设计说明书），所以系统设计员的工作就是根据软件需求规格说明书进行架构设计、数据库设计和详细设计，负责在整个项目中对技术活动和工件进行领导和协调。

目前系统设计员的职业发展前景就是系统架构师，它是很多技术人员的职业发展目标。系统构架师对于一个软件项目来说是举足轻重的，他需要具有高瞻远瞩的能力。系统架构师是一个最终确认和评估系统需求、给出开发规范、搭建系统实现的核心构架，并澄清技术细节、扫清主要难点的技术人员。他主要着眼于系统的“技术实现”，因此他应该是特定的开发平台、语言、工具的大师，对常见应用场景能马上给出最恰当的解决方案，同时要对所属的开发团队有足够的了解，能够评估自己的团队实现特定的功能需求需要付出的代价。系统架构师负责设计系统整体架构，从需求到设计的每个细节都要考虑到，把握整个项目，使设计的项目尽量效率高，开发容易，维护方便，升级简单等。系统架构师的工作在于针对不同的情况筛选出最优的技术解决方案，而不是沉浸在具体实现细节上。好的系统架构师也许不是一个优秀的程序员，但是不能不懂技术之间的差别、技术的发展趋势、采用该技术的当前成本和后继成本、该技术与具体应用的耦合程度、研发中可能会遇到的风险以及如何回避风险等问题，这些才是架构师需要考虑的主要内容。与其他角色相比，构架设计师的见解不仅要有深度而且要有广度，这样他才能在无法获得完整信息的情况下迅速领会问题并根据经验做出审慎的判断。系统架构师是典型的T形人才。

系统架构师应该和系统设计员分开，但架构师必须具备设计员的所有能力，同时还应该具备设计员所没有的很多能力。系统架构师是指导、监督系统设计员的工作，要求系统设计员按什么标准，什么工具，什么模式，什么技术去设计系统。同时，系统架构师应该对系统设计员所提出的问题、碰到的难题及时地提出解决方法，并检查、评审系统设计员的工作。

4. 开发人员

开发人员也称为程序员，是一个翻译者，他将一个设计蓝图翻译成一个产品，将一个设计说明书翻译成一个系统。一些公司把程序员看成编码员，限制他们进行设计，认为这是设计员的工作，也不让他们进行测试，而把测试工作留给专门的测试小组，这种职责分配有利于人员管理，但是不利于程序员个人的发展。

5. 测试人员

测试人员作为质量控制的主要人员，负责软件的测试设计和执行工作。如同软件开发一样，测试在执行之前，同样需要进行测试计划和测试策略的设计。

测试人员根据详细设计的文档对软件要实现的功能进行一一测试，保证软件执行正确的设计要求，在此也只证明了软件正确地反映了设计思想，但是否真正反映了用户的需求仍需要进一步的功能性测试。测试人员只有根据软件需求规格说明书所提及的功能进行检测，才能确保项目组开发的软件产品满足用户需求。在正确性测试完成之后，需要测试的是软件的性能。软件性能在项目中占有重要的地位，性能要求有可能改变软件的设计，为避免造成软件的后期返工，测试在性能上需要较大的侧重。

6. 软件配置管理人员

软件配置管理人员是负责策划、协调和实施软件项目的正式配置管理活动的个人或小组。配置管理员在保证项目开发完毕的同时，内部文档和外部文档都同时完成。内部文档的及时产生和规范，是保证项目开发各小组能够更好地交接和沟通的重要前提，从另一个方面讲，也是保证工程不被某个关键路径所阻塞而延滞的前提。此外，配置管理小组还是保证质量保证小组得以发挥作用的基础。配置管理小组的主要职责包括：完善各个部门完成的需要存档和进行版本控制的代码、文档（包括外来文件）和阶段性成果；对代码、文档等进行单向输入的控制；对所有存档的文档进行版本控制；提供文档规范，并传达到开发组中。

7. 软件质量保证人员

质量保证人员作为质量保证的实施人员，主要职责是保证软件透明开发，达到规定质量要求。在项目开发的过程中几乎所有的部门都与质量保证人员有关。质量保证人员对项目经理提供的项目进度与项目真实开发进度的差异报告提出差异原因和改进方法。

在项目进度被延滞或质量保证人员认为某阶段开发质量有问题时，提请项目经理、项目负责人等必要的相关人员举行质量会议，解决当前存在的和潜在的问题。质量保证是建立在文档复审基础之上的，因而文档版本的控制，特别是软件配置管理，直接影响软件质量保证的影响力和力度。质量保证人员的检测范围包括：系统分析人员是否正确地反映了用户的需求；软件执行体是否正确地实现了分析人员的设计思想；测试人员是否进行了较为彻底和全面的测试；配置管理员是否对文档的规范化执行得比较彻底，版本控制是否有效等。

6.2.3　软件项目组织结构设计

项目组织结构是指具体承担某一项目的全体职工为实现项目目标在管理工作中进行分工协作，在职务范围、责任、权利方面所形成的结构体系，也就是工作任务如何进行分工、分组和协调合作。组织结构是表明组织各部分排列顺序、空间位置、聚散状态、联系方式以及各要素之间相互关系的一种模式，是整个管理系统的“框架”。

软件项目团队不是闭门造车，而要和企业多个部门有联系，要运用到很多部门的资源。软件项目组织结构决定了项目经理实施项目、获取项目所需资源的可能方法和相应的权力，不同的项目管理组织结构对项目实施会产生不同的影响。作为项目经理和小组成员需要了解各种组织结构的利弊，要知道面临的“路面状况如何”，才能够绕开障碍物，取得项目的成功。

理论上有很多项目组织结构，但是在实际的项目管理中，主要有三种基本的项目组织结构：职能式、项目式和矩阵式。

1. 职能式项目组织结构

职能式组织结构是很多企业目前运作的方式，如图 6－2 所示。企业按照各种职能来组织结构，如开发部、测试部、市场部、售后部。在这种组织结构中，项目开始后把任务分解到各个职能部门完成，职能主管把任务分派给部门员工，所以项目成员虽然来自各个职能部门，但是每个项目成员对自己的职能部门领导负责，各个职能部门的主管进行项目完成情况的沟通，共同进行项目协调。一般使用这种方式组织项目，肯定是某一个职能领域对项目的完成起着主要的作用，此职能部门的领导就起着项目协调负责人的作用。比如公司内部信息系统升级项目，IT 部门就负主要责任，其他部门则通过正规渠道来配合。

职能式项目组织结构具有以下优点。

(1)项目是在公司组织的基本职能型结构下完成的，公司组织的运行不需要太多改变。

(2)人员使用有很大的灵活性。项目进行中可以临时把职能部门的人员以专家身份抽调到项目团队中，项目完成后再回到原来的工作岗位，减少资源的重复配置。

(3)将同类专家归在一起可以产生专业化的优势，成员有一个在他们具体专业知识和技能上交流进步的工作环境，部门内比较容易沟通，工作效率高，重复工作少。

但是这种组织结构也具有一些缺点。

(1)部门间沟通不畅。各部门往往为追求本部门的目标而忽视全局目标，不以项目或客户为主，不注重与其他职能部门的团队协作，使整个组织具有一种狭隘性，致使责任不明确、部门间协作成本增大。当项目任务出现问题时，互相推诿与指责，解决问题速度缓慢。

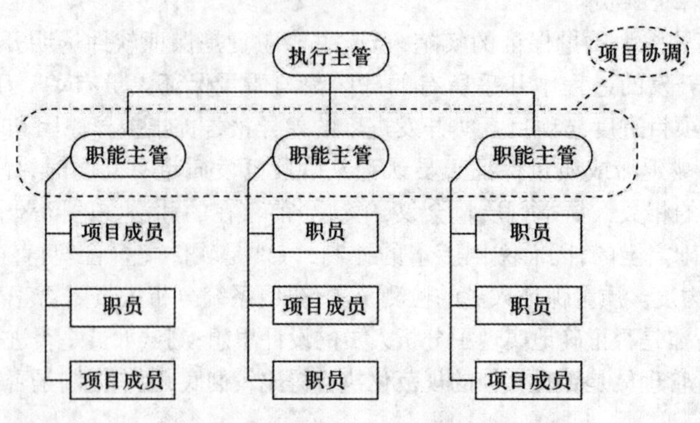

图6-2　职能式项目组织结构

(2)每个项目成员的项目团队意识不强,他们认为项目工作是他额外工作的一部分,与自己的职业发展和提升没有直接关系。没有参与感就对项目缺乏认同感,缺乏责任感。

因此这种组织结构适用于规模较小的以技术为重点的项目,不适用于时间限制性强或对变化快速响应的项目。如果在这种组织结构下担任项目经理,其位置就相当于某个职能部门的部门经理,此时项目经理要注意不要完全从自身职能部门的需要出发,而是考虑一下其他部门的利益,避免不必要的矛盾。

2.项目式组织结构

在很多公司项目是其业务的主导形式,比如咨询行业。这种公司的组织结构就是为了支持项目团队,它的各个业务是以项目团队为主完成,但是公司内也有传统的职能部门,然而这些职能部门主要是为了辅助和支持项目团队,比如人力资源部主要为了解决人员招聘、培训和各种人事关系的处理;营销部就是为了拓展新业务、引进新项目等。这种组织结构就是典型的项目式组织结构,如图6-3所示。公司除了必要的辅助职能部门外,都是以项目为基础构成部门。每个项目单独一个部门,项目团队中包括做项目所需要的所有成员,这些成员不受公司其他部门的管理和领导,这个小组只接受完成项目目标的重要指令。

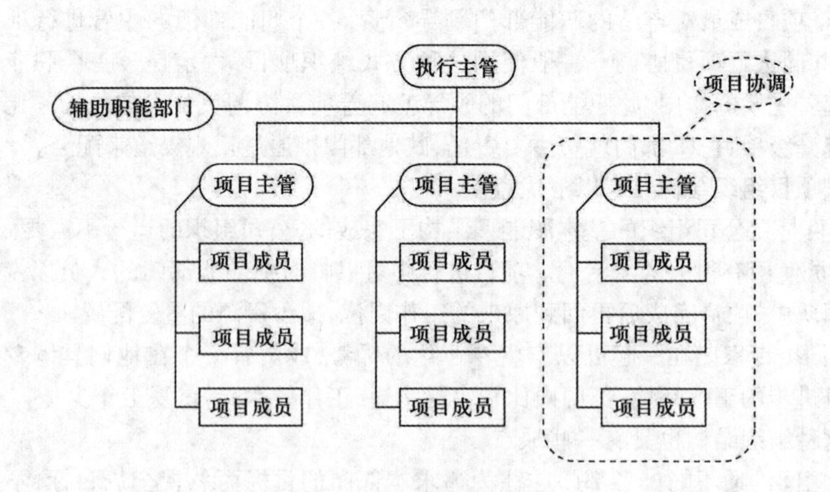

图6-3　项目式组织结构

如果是这种结构的项目经理,那么管理项目的权力非常大。因为在这种情况下,企业肯定会分配一定的资源给项目团队,然后授予项目经理执行项目的最大自由。苹果公司Macintosh(1984年)开发小组就被隔离在一栋独立的建筑内,远离噪声和干扰,在重要的指令引导下尽快开发出具有突破性的计算机。

这种项目式的组织结构优点如下。

(1)项目团队成员被选拔而来,每一项目均拥有具备不同技能的独立人员为之全职工作,项目团队成员凝聚力非常强,大家共享目标和责任。

(2)整个团队完成项目的效率高,因为所有的沟通都在内部完成,不存在等级制度的上传下达而造成的拖延。

(3)项目经理权力很大,可以完全控制所有资源,能快速决策及响应,对客户高度负责,注重用户需求,有利于项目的顺利实施。

但是这种组织结构也存在着以下一些问题。

(1)组建这种项目团队成本高,资源分配要满足全日制工作的需要。设备、人员等资源不能在多个项目间共享导致该组织结构的成本较大。

(2)由于项目各阶段工作重心不同,极易出现专职人员忙闲不均。一般对软件开发项目来说,项目初期阶段测试人员工作并不多,但是这种组织结构要求所有的项目成员期初都到位全职服务项目,所以测试人员在期初就存在劳力浪费现象,资源没有充分利用。

(3)不利于成员的自我发展。在这样的团队中,每个人都是一个领域的专家,个人如果想在自己这个领域再深入发展,团队内基本无人可以咨询,所以个人发展受限。

(4)由于内部依赖关系强,导致与外界沟通不利。

(5)项目结束后,项目成员难以融入其他业务团队,可能将面临被解雇,导致项目成员缺乏事业上的连续性和保障性。

(6)专业团队本身是一个独立的实体,各个专业团队之间肯定有竞争,如果处理不好各个专业团队的关系,就会出现“项目炎症”的疾病。

这种组织结构适用于包括多个相似项目的单位或组织以及长期的、大型的、重要的和复杂的项目。在这样的结构中担任项目经理,需要积极和外界沟通,处理好项目团队间的关系。

3. 矩阵式项目组织结构

鉴于以上两种组织结构都有一定缺点,现在很多企业采用矩阵形式来组织项目,它是在常规职能层次结构上“加载”了一种水平的项目管理结构。

在这种组织中,通常存在两条命令线:一条是顺着职能线下达的;另外一条是根据项目线下达的。项目参与者同时需要向职能部门和项目经理两方汇报工作。在这种结构下,每个人既可以从事各个项目的工作,也能够履行正常的职能部门的责任,所以从整个公司来看,这种组织结构能够使资源得到优化使用,同时通过设立项目经理的职位来使其权力合法化,力图实现更大程度的整合。在矩阵式组织结构中,项目经理对项目结果负责,负责协调职能部门的投入,监督项目的进程;职能经理则负责监督职能部门对项目的支持,职能部门提供完成项目所需资源,两者共同发挥作用完成项目任务,该结构力求综合职能式结构和项目式结构的优点,克服二者的不足之处。

在矩阵式组织结构中,项目经理最容易面临的一个问题是对项目成员的管理权力。因为这种结构中每个项目成员既受职能经理领导,又受项目经理领导,容易发生项目经理和职能经理的权力之争。所以根据项目经理被授予权力的大小又把矩阵式分成了三种:强矩阵式、平衡矩阵式和弱矩阵式组织结构。

(1)强矩阵式组织结构

强矩阵式组织结构如图6-4所示。在这种组织结构中,项目经理的权力大于职能经理的。他控制着项目的大多数方向,比如项目范围、人员安排(什么时候到位,做什么工作),并对项目决策有最终发言权。而且在这种组织结构中,针对项目成员的绩效评估和薪酬决策问题,项目经理的评估比职能经理的评估所占的分量大,必要时可以咨询职能经理。

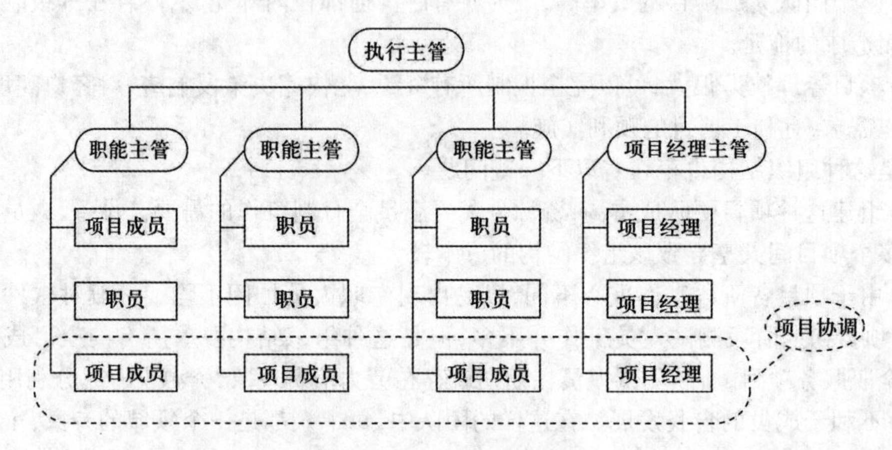

图6-4　强矩阵式组织结构

(2)平衡矩阵式组织结构

平衡矩阵式组织结构如图6-5所示。如果项目经理和职能经理权力差不多,这个时候就成为平衡矩阵式结构。在此种结构中,项目经理主要负责设定需要完成的工作和监督工作进程等,而职能经理则关心完成的方式,也就是负责按照项目经理安排的时间表来组织自己职能部门的人执行任务。对员工的评估是二者都参与,或者职能经理负责正式评估,项目经理提供建议。

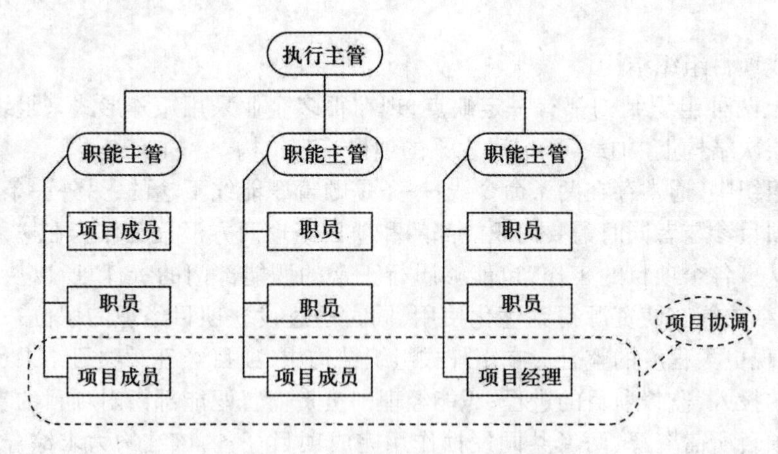

图6-5　平衡矩阵式组织结构

(3)弱矩阵式组织结构。

弱矩阵式组织结构如图6-6所示,此结构和职能式非常相似,区别在于这种组织结构中正式授予了一个项目协调人,其负责项目的协调,比如收集项目信息。职能部门经理负责项目部分的管理,决定哪些人做哪些工作,以及何时完成。此外,项目协调人不参与评估项目成员的工作绩效,主要是由职能经理完成评估。

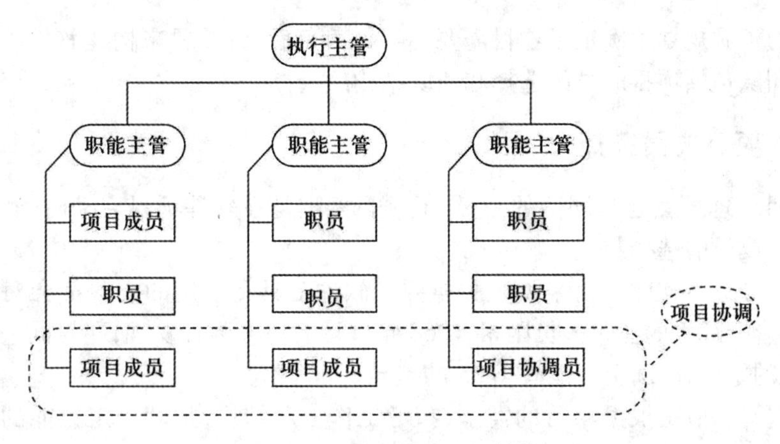

图 6－6　弱矩阵式组织结构

这三种矩阵式结构各有优缺点,但是也有一些共性。矩阵式组织结构的优点如下。

(1)组织成员及相应设备属于职能部门,他们能够为适应项目的变化需要而在各项目之间流动,从而能有效利用资源,减少重复和冗余。

(2)不同部门的专家可通过项目实施过程进行交流和合作,信息传递迅速,发现问题和应对及时。

(3)项目成员完成项目后可以及时回到公司找到自己的定位。

但是矩阵式组织结构也存在以下一些缺点。

(1)项目团队成员有两个汇报关系,容易引发职能经理和项目经理之间关系紧张的局面。项目经理和职能经理在涉及工作优先次序、项目中具体人员的分配、工作中的技术方案以及项目变化等方面时有可能产生矛盾冲突。如果两者权力分配模糊不清,会因权力争斗而导致项目运行困难,或者出现争抢功劳现象。

(2)容易产生企业内部项目间之争。因为在这种结构中,若分配某个成员同时在数个项目中工作,这个成员就会由多个项目经理领导,那么对人员的争夺也会引发不同项目经理之间的斗争,而且成员个人也会由于工作优先次序而产生不安和冲突。

所以这种组织结构适用于需要利用多个职能部门的资源,技术相对复杂,但又不需要技术人员全职为项目工作的项目,特别是某个项目需要同时共享某些技术人员时。一般这种组织结构中项目经理一定要能够处理好和职能经理的关系,对项目成员的工作也要分清项目内外的工作。

实际中,软件项目要根据自身的环境灵活选择组织结构。

6.3 构建软件项目团队

项目人力资源规划中确定了项目需要的各种角色后,就需要来构建软件项目团队。构建软件项目团队包括项目成员的选择和团队结构的选择。

6.3.1 项目成员选择

软件项目经理虽然也是团队的一员,但项目经理是在软件项目启动时确定的,因此本章侧重于项目成员的选择。

人员的选择对于软件项目来说至关重要。软件工具和采用的方法都会对编程效率产生影响,但是影响最大的还是人员因素,1968 年进行的一项调查发现,在对同一任务编写程序时,因为人的不同,时间上可能有 1∶25 的差异。

人员的选择一般是根据项目的需求,参考工作分解结构,招聘一定技能的人。人员在选择时会遇到两种人员,一种是合格的人员,另一种是合适的人员。选人时一般都会列出要满足的资格条件,例如 5 年 VC 开发经验,而且有金融行业背景等。所谓合格的人就是"简历显示该人完全符合招聘的资格要求条件,有可能比要求的条件还要好"。但是这样的一个人并不一定能够做好事,比如他性格不善于和人沟通,或刚愎自用,不服从领导,或者他视这个工作为短期跳板,三心二意等。项目团队管理中关键是要找到第二种人,即合适的人。所谓合适的人就是"真正能够干好事情的人"。也许他的资格还有一点欠缺,比如要求 5 年工作经验,但是他可能只有 4 年工作经验,但是他愿意并且能够干好他负责的工作。

构建软件项目团队时,根本原则就是选择"合适的人员",要避免选择了合格但不合适的人员。所以人员招聘时不能够仅考虑技能,也要考虑每个人的气质和性格。

关于人的性格特征的考察,多年来,很多心理学家和管理学专家都进行一系列的试验,开发了很多测试方法。目前比较受欢迎的是迈尔斯类型指标心理测试方法,它是通过一系列的心理测试来决定一个人的心理类型。

MBTI 是一种性格测试工具,用以衡量和描述人们在获取信息、做出决策、对待生活等方面的心理活动规律和性格类型。MBTI 源于 1920 年瑞士心理学家卡尔·荣格(Carl Jung)提出的人格理论。荣格强调人类具有思想、情感、感觉、直觉 4 个心理学功能,"性格"是一种个体内部的行为倾向,并利用 4 种功能与"内外向"的特点划分了人们不同的类型。19 世纪中叶,伊莎贝尔·迈尔斯和其母亲凯瑟琳·布里格思,悉心研究了荣格的"心理学类型",设计出一种用于鉴别不同类型人格的问卷调查表,命名为"迈尔斯－布里格个性分析指标",从原有的 4 大类型发展为包括人类所有行为的 16 种外在状态模式。MBTI 的第一张量表于 1942 年问世。

MBTI 能够让人们更好地认识和了解自己,可以帮助人力资源部门选择合适的员工。MBTI 从如下 4 个维度来考虑人的性格,每一类又有两个极端的情况。

1. 外向—内向

此维度用以表示个体心理能量的获得途径和与外界相互作用的程度,即个体的注意较多地指向于外部的客观环境还是内部的概念建构和思想观念。外向型态度表现为主体的注意力和精力指向于客体,即在外部世界中获得支持并依赖于外在环境中发生的信息,这是一种从主体到客体的兴趣向外的转移。外向型个体需要通过经历来了解世界,所以他们更喜欢大量的活动,并偏好于通过谈话的方式来思考,在语言的交流中对信息予以加工。而内向型态度表现为主体的注意力和精力指向于内部的精神世界,其心理能量通过内部的思想、情绪等而获得。内向型个体在内部世界中获得支持并看重发生的事件的概念、意义等,因此他们的许多活动是精神性的,他们倾向于在头脑内安静地思考以加工信息。外向型个体经常先行动后思考,而内向型个体经常耽于思考而缺乏行动。

2. 直觉—感觉

该维度又称为非理性维度或知觉维度,表示个体在收集信息时注意的指向。即倾向于通过各种感官去注意现实的、直接的、实际的、可观察的事件,还是对事件将来的各种可能性和事件背后隐含的意义及符号和理论感兴趣。感觉型的个体倾向于接受能够衡量或有证据的任何事物,关注真实而有形的事件。他们相信感官能告诉他们关于外界的准确信息,也相信自己的经验。而直觉型的个体自然地去辨认和寻找一切事物的含义,他们重视想象力,更注重将来,努力改变事物而不是维持它们的现状。直觉型的个体看到一个环境就想知道它的含义和结果可能如何。感觉型的个体被视为较具有实际意识,而直觉型个体被视为较有改革意识。直觉—感觉维度在问题解决过程中有重要作用。

3. 理性—感性

该维度用于表示个体在做决定时采用什么系统,即做决定和下结论的方法是客观的逻辑推理还是主观的情感和价值。感性型的个体期望自己的情感与他人保持一致,他们做决定的基石是何者对他们自己和他人是重要的,其理性判断的依据是个人的价值观。而理性型的个体通过对情境作的客观的、非个人的逻辑分析来作决定,他们注重因果关系并寻求事实的客观尺度,因此较少受个人感情的影响。

4. 决断—思考

该维度用以描述个体的生活方式。即倾向于以一种较固定的方式生活(或做决定)还是以一种更自然的方式生活(或收集信息)。这一维度是一种态度维度。虽然个体能够使用直觉和判断,但是这两极不能够同时被运用。多数个体会自然地发现采用某种生活方式总是比另一种更加轻松,因此总是在和外部世界打交道时采用这种生活态度。判断型个体倾向于以一种有序的、有计划的方式对其生活加以控制,他们期望看到问题被解决,习惯于并喜欢做决定。而知觉型个体偏好于知觉经验,他们不断地收集信息以使其生活保持弹性和自然。他们努力使事件保持开放性,让其自然地变化,以便出现更好的事件。

根据这 4 个维度,可以归纳出如图 6 – 7 所示的 16 种性格类型。

根据共性,16 种类型可以归纳为 4 种大类。图 6 – 7 中左上角的 4 种称为责任型,右上角的 4 种称为理想型,左下角的 4 种称为享乐型,右下角的 4 种称为能力型。

享乐型的人有一个基本的相同点:自由,不喜欢受限制。他们不会忍受任何让自己感觉受限的事情,但一旦选择了自己喜欢的工作,他们做任何事都不会认为自己在忍耐,所以有时做一件事情反而持续的比其他类型的人长久。享乐型的人通常给人的印象是“乐观的、愉快的、无忧无虑、充满情趣的”。因此他们也很容易从挫折中站起来,而保持乐观。许多艺术工作者都是属于享乐型的人,在软件项目团队中美工适合从这一类型中选择。

责任型的人最大的共同点就是在对责任的渴望。责任型的人觉得他的付出和劳动是责任及义务,不应要求别人的感激及赞赏。但是他们对别人的不知感恩、不欣赏很敏感,这时,他会觉得自己很无用并且没有成就感。责任型的人很难拒绝别人把责任加到他身上,

ISTJ 信托者型	ISTJ 保护者型	INFJ 作家型	INFP 追求者型
ESTJ 行政者型	ESFJ 推销者型	ENFJ 教育家型	ENFP 记者型
ISTP 工技者型	ISFP 艺术家型	INTJ 科学家型	INTP 建筑师型
ESTP 发起者型	ESFP 表演者型	ENTJ 元帅型	ENTP 发明家型

图 6－7　16 种性格类型

对于这些责任,他常会想:我不做的话,谁做?责任型的人看起来可能会比较严肃不易亲近,这种外表较少反映出他们的热心,其实他们是很关心别人的。责任型的人在别人的感觉中,是稳定、可信赖、不可或缺、重要的人物。软件项目团队中分析员和项目经理适合从这一类型中选择。

能力型的人极受能力的吸引,他们希望自己有能力、有技巧、能胜任。因此如果评价他不负责任,他可能还会接受;但是如果评价他水平差,那他就不能够忍受了。能力型的人在能力上自我要求几乎是个完美主义者。对别人的要求倾向于两个极端:一是对别人要求得少,因为觉得别人知道的少;一是对别人以自己同样的标准来要求。能力型的人对人际关系不够敏感,他们不善于夸赞他人,而自己受夸赞时他会觉得手足无措。软件项目团队中设计员和开发员适合从这一类型中选择。

理想型的人追求的通常是一个极不寻常的目标,甚至连他们自己都无法率直地谈论目标何时能够实现。如果是项目软件,完成客户要求的功能,那么建议软件开发团队中不要这种类型的人,因为他们可能会使项目时间耽搁,但是对于软件行业来说,不能够缺少这种人才,他们会坚持自己的想法实现一个目标,有利于振兴民族产业。

在中国目前软件行业中,很多项目经理是从技术人员提升上来的。如果是这样的项目经理,一定要避免继续用技术人员的思维来管理,要了解不同类型的人员性格特征是不同的,从而有效地构建和管理团队。

6.3.2　团队结构选择

当项目经理为项目的每个角色都物色到合适人选时,则需要考虑团队结构。一个不良的团队结构将延长开发时间,降低开发质量,破坏开发士气,增加人员流动,并最终导致项目失败。所以在组建项目团队时,需要选择合适的团队结构。

1. 确定团队的种类

组建团队时首先要对拟组建的团队进行定位,确定团队的目标。一般来说软件开发项目的目标可以归结为以下三类。

①解决问题。比如开发一个具体的项目。

②创新。比如研发一个新的产品，具有新颖的产品目标、提供了其他产品所不具备的功能、采用了新的方法和技术。

③战术执行。执行一个良好定义的计划，问题明确，如产品升级、维护。

一旦确定了目标，就需要选择一个与它匹配的团队结构。根据目标，可以把团队的种类划分为以下三种。

(1)问题解决团队

这种类型的团队很常见，它重点在于“解决一个复杂、没有明确定义的问题”。因此，这种类型的团队中需要成员之间相互信赖，聪明而活跃，要主动去找问题的原因，而不是被动地接受任务。

(2)创新团队

创新团队的宗旨是“探索可能性和选择性”。例如软件研发团队进行一种新产品的开发，目的是找到公司未来的发展方向，这个创新的项目可能成功，也可能失败。这种团队的成员要互相激励，而不是互相打击，因为开发新产品中肯定会遇到很多挫折，需要大家互相激励前进，勇于创新和百折不挠。

(3)战术执行团队

战术执行团队的重点在于“执行一个良好定义的计划、明确的问题”。比如软件公司常见的软件维护工作就属于这种类型的团队，或者执行一个明确的产品版本升级，这种任务成功的判断标准非常分明。因为任务非常明确，所以需要成员有紧迫感，对行动比对推理更感兴趣，听到指令立刻行动，并且忠诚于团队。

表6-3总结了不同的团队目标和支持这些团队目标的团队模式，每种模式将在后面阐述。

表6-3　团队目标和团队模式

	解决问题	创新	战士执行
主要特征	信任	自治	明确
典型软件工作举例	实况转播系统的校正和维护	新产品开发	产品升级
过程重点	着重于问题	探索可能性和选择性	高度关于有明确角色的任务
适合的生命期模型	螺旋模型	渐进原型	瀑布模型
团队选择标准	理解力强，聪明，感觉敏锐，高度忠诚	睿智的，独立的思考者，做事主动顽强	忠诚，信守承诺，侧重于行动，有紧迫感，积极响应
适合的团队模式	业务团队，搜索救援团队，SWAT团队	业务团队，首席程序员团队，臭鼬项目团队，戏剧团队	业务团队，首席程序员团队，特征团队，SWAT团队，专业运动员团队

2. 确定团队的模式

有了团队的类型，则要构建团队的模式，没有任何一种模式是能够适用于所有的项目，下面总结了一些常见的团队模式。

(1)业务团队

业务团队最常见的团队结构可能是由一个技术领导带领的团队。除了技术领导之外，团队成员都有相同的身份，不同领域的专业：数据库，制图，用户界面，并且团队成员熟悉不同的编程语言，如 Java、C++ 等。技术领导人负责技术的最终决策，他被认为是同类人中的佼佼者。这种团队是典型的等级层次结构，通过确定一个主要的技术负责人来负责和管理部门沟通，其他团队成员在自己的专业领域内工作，允许团队自己划分谁工作哪个部分。

这种团队模式在小软件公司常见，职能式和弱矩阵组织中常见，没有专门的职业经理人，技术最好的人被任命为项目经理，带领大家开发项目，一方面负责对困难技术问题做出决策，另一方面负责与管理部门进行沟通。这种团队模式适应性强，问题解决型、创新型和战术型都适用，但是效率不是太高。

(2)首席程序员团队

这种团队模式产生于20世纪60年代末期和20世纪70年代初期的IBM，当时采用这种模式的基本出发点是利用某些开发者的效率是其他人的10倍这一现象。在这种模式中，由首席程序员处理大多数的设计和代码，其他团队成员扮演对首席程序员的支持角色。比如，后备程序员作为后备力量支持首席程序员；管理员是负责处理管理性事务，如财务人员等，虽然这些方面的决策最终还是由首席程序员决定，但是他可以帮助首席程序员从这些日常管理事务中解脱出来；工具员负责制作首席程序员所需的工具。

在《人月神话》一书中这种团队模式被称为“外科手术团队”，这两个术语可以互换。在这种结构中的首席程序员，就像外科手术时主刀的外科大夫一样，是关键人物，手术的大部分工作都是由他来完成，其他人是他的助手，有缝线的、打麻药的、递剪子的等。

这种团队模式在最初使用时取得极大的成功，但是此后很多组织想尝试这种模式都没有成功地达到当年的辉煌，这说明真正的有能力充当首席程序员的超级程序员很少。目前一般的软件项目团队基本不用这种模式，除非项目组中有个程序员对项目经理承诺他对这个项目非常感兴趣，愿意每天工作 16 h，这种情况下可以采取这种模式。这种模式适合于创新型和战术型团队目标。

(3)臭鼬项目团队

一个臭鼬项目团队由一批有才华的、有创造性的产品开发者组成，将他们放在一个不受官僚组织限制的机构中，使他们能放手开发和创新。臭鼬项目团队是典型的黑箱管理方式，团队可以按照自己认为合适的方式进行自我管理，从而调动相关开发者的精力投入；管理者不知道工作进展的细节，只知道他们在工作。这种团队模式的不利方面是没有为团队的进展提供足够的可视度，这样可能会对一些高度创新的工作涉及的不可预见性有不可避免的影响。这种团队模式只适合创新团队，既不适合解决问题团队也不适合战术执行团队。

(4)特征团队

这种团队模式中，成员来自不同职能部门，但是开发、质量保证、文档管理、程序管理和市场人员都采用传统的等级报告结构，即市场人员向市场部经理汇报，开发人员向开发部经理汇报等。团队位于这个传统组织的最上方，它从每个部门抽取对产品的功能负有责任的一个或多个成员。特征团队有授权、责任和平衡的优势，团队能够被明确地授权，而且因为团队包括来自开发、质量保证、文档管理和程序管理的各个部门的代表，所以能够听到各个方面的声音，团队将会考虑做出所有必要观点的决策。这种团队模式适合于解决问题和创新类型。这种模式在强矩阵组织结构中运用很多。

(5)搜索救援团队

这种模式中软件团队就像一组紧急医疗技师在寻找迷失的登山队员,重点在于解决特定的问题。在软件方面的搜索和救援就是将特定的软件、硬件的专门知识和特殊业务环境的专业知识相结合。例如,电子商务网站上顾客原来能够从网上直接看到购买的货物现在在什么状态,发送到什么位置了,但是现在突然系统出现毛病,顾客无法看见货物状态了。因此现在任务就是要不迟于第二天中午前修好这个系统,那么负责维护系统的团队就是一个搜索救援型团队。这种团队需要熟悉被搜索的领域,有能力立即处理问题,有过硬的知识,它非常适合重点在于解决问题的项目。

(6)特殊武器和战术团队

战术团队是以军队或警察 SWAT 团队为基础的团队模式,“SWAT”代表“特种武器和战术”。在这类团队中,每一位成员都被严格训练成某一方面的专家,例如神枪手、爆破专家或高速驾驶员。在软件行业,SWAT 代表“掌握先进工具”,团队的每个成员是某个方面的专家,如人机界面、用户领域知识等。一个 SWAT 团队的重点是让掌握特定工具或实践的高技能的一组人去解决与这些特定工具或实践有关的问题。如去解决特殊的数据库管理系统,Oracle 或 Sybase,也可能是特殊编程环境等。

这种团队通常是持久的团队,他们不是全部时间都来完成 SWAT 任务,但是他们习惯一起工作,并有明确定义的角色,协同得非常好,天衣无缝。SWAT 模式适合战术执行团队。主要工作不是去创新,而是用他们熟知的特定的技术和实践来执行一个解决方案。

(7)专业运动员团队

专业运动员团队类似于一支球队,团队管理者类似于球队的教练,处于幕后决策的地位,他们很重要,并不是因为他们技术能力很强。管理者的角色是清理障碍,并使开发者可以更有效地工作。运动员团队有高度专业而细化的个人角色,分析员、开发者都是明确分配职责。当团队取得成功时,一般人没有看到管理者的成绩而是先注意到团队中某些明星成员的角色。这种团队模式中管理者有权选择和解雇队员,他对队员的选择非常认真,因为这对于项目的成功很关键,往往会挑选出明星型的开发人员来加入他的团队。这种团队适合战术执行项目。

(8)戏剧团队

这种团队是以强烈的方向性和很多关于项目角色的协商为特点的。项目中心角色是导演,他保持产品的愿景目标和指定人们在各自范围内的责任。团队成员可以塑造他们的角色,锻造项目中他们负责的部分,但是他们不能和导演的目标产生冲突。团队中的管理者类似于制片人的角色,负责资金获取、进度协调、确保每个人在适当的时间出现在适当的地方,但是在项目的艺术方面,制片人通常不会起很重要的作用。这种团队的优势是在创新项目中,在强烈的中心愿景目标范围内,提供了一种方式来整合巨大的团队个人的贡献。它适合被很强的个性控制的软件团队,一般适合多媒体项目,这种项目设计人员角色很多,美工容易情绪波动。

(9)大型团队

大型团队的人员较多,沟通和协调方面存在问题。因为随着项目团队人员的增加,沟通渠道也增加,而且不是按照人数累加增加,而是和人数的平方成正比。假设团队有 n 个人,那么沟通渠道有 $n\times(n-1)/2$ 条,所以随着团队人员增多沟通会发生膨胀,管理者协调工作变难。通常这种团队需要进行简化，分成不同的小组，比如建立业务团队、特征团队等。

一般来说软件项目的团队规模要适中，建议5～7人，最多不超过10人。如果超过10人就需要进行团队简化。但团队规模也不能够过小，过小规模的团队，则会造成信息传递的不充分，而且容易出现权力独断者。因此，理想的团队规模只能是各种对立因素折中以后的结果，当然也和研发项目的难度有直接关系。

不论采用什么团队种类和模式，项目经理都需要根据任务的目标选择不同的项目团队，并以此确定项目团队人员的要求，从而提高团队效率。

6.4　建设软件项目团队

项目经理有了队员，选择了团队的结构，接下来就需要进行团队建设，使其队伍成为一个高效的团队。项目经理进行项目团队建设首先要了解团队，只有了解才能够给他们分配合适的角色，安排合理的任务，使他们充分发挥特长。队员之间互相了解了才有利于彼此工作的配合；然后要建设团队的文化和规范、流程，使得大家按照一定的标准来进行工作；此外，促进团队学习，有效的团队激励和绩效评估也是团队建设的必要环节；团队沟通和项目经理自身学习如何领导团队也是团队建设的内容。

6.4.1　了解团队

了解团队包括两个方面，第一是团队成员互相了解，以利于工作的配合；第二是指领导了解团队成员，以利于有效领导和激励成员。

团队成员互相了解并理解才能够学会和团队成员做朋友。项目经理了解每一个成员的工作背景、工作经验、技能水平、性格喜好、职业愿望、工作意愿等，有利于组建核心团队和制订资源备份计划，减少项目开发中资源不足的风险；有利于结合现有人员的优势和劣势，建立起完备的内部培训机制；在之后的项目管理过程中做到人尽其才，充分发挥其优势，避免造成对成员士气的打击；有利于项目经理在能力允许的范围内帮助成员制定职业规划，建立人员挽留机制，减少项目开展后的人员流动造成的风险。了解团队成员也就是了解项目经理自己，通过团队成员对自己的反馈，也可以知道自己在项目管理过程中的得失情况，有助于更好地制定项目管理计划。

选择团队成员的时候要根据成员的性格来分配角色，建设团队时也需要考虑成员的性格差异。下面总结简化列出了实践中项目经理可能遇到的性格和解决办法。

第一种是想当领导的人。这些人想当领导但是能力不够，或者能力够但是没有机会。一个团队中领导就一个，所以在这种情况下，项目经理要创造机会让他们主持一些团队会议，或者组织一些活动等。

第二种是护卫型人，或称为老鼠型。没有指令就害怕或者不愿意进行任何活动，因为担心犯错误，时时刻刻需要指导，这种人要帮助他们树立自信心。

第三种是插科打诨型，也称为最受欢迎的大妈或大叔型。通常这种人总是满口笑话，虽然有趣，但是浪费时间。一般因为他们没有足够的事情做，所以要给这种人安排更多的工作，让他没有时间去浪费，如果这样也没有用，只有礼貌地告诉他问题的存在性了。

第四种是明星型的人物。爱创新,也就爱冒险,他们甚至可能半夜里把服务器重新装一遍,对这种人作为项目经理要鼓励他们的热情。但是不要让他们立即行动,等考虑清楚再干。

6.4.2　建设团队文化

团队建立了,还需要不断提升团队的能力,需要培养具有特色的团队精神,要确立团队的风格,建立"分享、责任、协作、团结、激情"的团队风格,并在日常工作中加以贯彻。

分享,主要是指技术上的分享,可以定期举办技术讲座,让每个人都参与进来,领导者可以确立技术方向,然后大家分享彼此的知识和经验,这种方式可以很快地提升团队整体技术能力,分享的过程中也增加了成员间的相互了解和信任。

积极的态度、责任心是软件开发必不可少的素质,不同的责任心开发出来的软件可用性、性能、稳定性、出错率可能相差很远。项目经理发现由责任心引起的问题一定要坚决处理,提出公开的批评,根据情况做出适当的处罚,确保以后避免类似的错误。

软件工程的过程和软件设计的模块化、分层结构导致了软件组织成员分工的不同,这就要求成员间要有很高的协作性、团结性。对各项工作多进行讨论,不要怕争论,不要独断专行,最后执行讨论后的结果,多讨论有助于增进协作和团结。

每个人都需要一个舞台,在团队管理中一定要了解每一个团队成员的特点和能力,把最适合的任务分配给他,要为每一个人营造一个舞台,使他能够充满激情地工作。软件是一个团队的工作,不是团队中一个明星的工作。就像篮球是 5 个人的运动,足球是 1 1 个人的运动一样。要让所有的团队成员都参与到工作中来,一同享受工作的乐趣和成功的喜悦。

除了上述方法可以培养团队的精神,促进团队能力的提升以外,另外一个重要的手段是确立团队不同阶段目标,并讨论采用什么样的手段达到目标。目标包括项目目标和能力目标,只有有了正确的目标,在团队精神的鼓舞下,团队才会产生激情。很多时候,激情的迸发可以产生意想不到的力量。

在培养团队精神的时候也要避免一些严重影响团队精神的事情发生。不要任人唯亲,要任人唯贤;不要独断专行,要群策群力;不要高压强制,要鼓励引导。

6.4.3　制定团队规范和流程

有了好的团队文化以后,针对软件工程的特殊性要在软件开发项目管理中制定一套合理的管理方法,其中就包括软件项目团队建设中需要制定的团队的规范和流程。

无论开发什么软件系统,都必须按照一定的规范进行。软件开发过程采用规范进行管理是普遍接受的。软件工程的规范主要有 CMMI 和 ISO 9000 两种,通常很多软件组织都采用 CMMI 规范,并根据软件组织的具体情况对规范进行相应的裁减。不管怎么裁减,在开发管理过程中,以下一些关键环节是不可缺少的:需求分析、设计编码、测试。通常,可以利用配置管理和版本管理的工具来进行开发过程的管理。在这些过程中,必须按照一定的规范产生相应的过程输出。采用的规范都要形成相应的书面材料或者模板以供员工阅读。

流程涵盖软件组织的内部流程以及软件组织和需求单位之间的外部流程。外部流程包括需求讨论流程、需求确认流程、系统初审流程、系统终审流程等。内部流程包括需求分析流程、设计流程、开发流程、测试流程等。每个组织要根据自身特点和项目特点制定流程，并对流程进行讲解，按照流程严格执行。

6.4.4 团队学习

团队学习是提高团队绩效，保持其先进性的重要举措，也是软件开发团队成员以及其所在组织的共同需要。

软件行业是一个知识更新很快，开发过程难以管理的行业，对员工进行培训，让他们学习到新的知识具有非常重要的意义。培训是企业挽留人才的一种机制，人们往往喜欢在最好的公司工作，但最好的公司并不一定是薪资最高的公司，而是因为这种公司有一种员工希望留在那里的普遍吸引力。比如，对于新加入的员工而言，可能有一个培训计划或深造机会。

培训又分为内部培训和外部培训。首先根据内部对团队成员的技能水平的评估，确定合适的培训人选进行内部培训，提高成员沟通和交流能力；内部培训可以有效地减少培训费用，可以在更加轻松的氛围内进行交流；内部培训包括技术培训和项目管理经验以及就任何值得分享的知识进行小型培训。通过内部培训，可以充分发挥团队成员的潜质，也有利于团队内部形成学习的氛围。针对项目组内部共同缺乏的技能，可以选择外部培训。这些方面包括诸如专业的技术培训和人员管理、沟通技巧、如何分配任务等项目管理经验；外部培训往往受企业内部经费和公司各方面的限制，不容易掌握。

6.4.5 团队激励

团队士气是团队成功的一个重要因素，而团队激励则是鼓舞士气、调动团队成员工作热情的一种重要手段，因此团队激励在团队建设中显得尤为重要。

项目经理如果想使激励措施发挥最大的作用，就必须知道他的队员的需求是什么，直接针对他的需求进行激励。不同的成员需求可能是不同的。

在激励理论中，最常见的是如图6－8所示的马斯洛需求层次理论。

马斯洛需求层次理论是美国心理学家马斯洛在1943年提出的，它是一种金字塔结构。该理论表示人们的行为受到一系列需求的引导和刺激，人要生存，所以人的需求能够影响人的行为。只有未满足的需求才能够影响行为，满足了的需求不能充当激励工具；而且人的需求按重要性和层次性排成一定的次序，从基本的（如食物和住房）需求到复杂的需求（如自我实现）；当人的某一级的需要得到最低限度满足后，才会追求高一级的需要，如此逐级上升，成为推动人继续努力的内在动力。马斯洛需求层次理论中，5个层次需要如下。

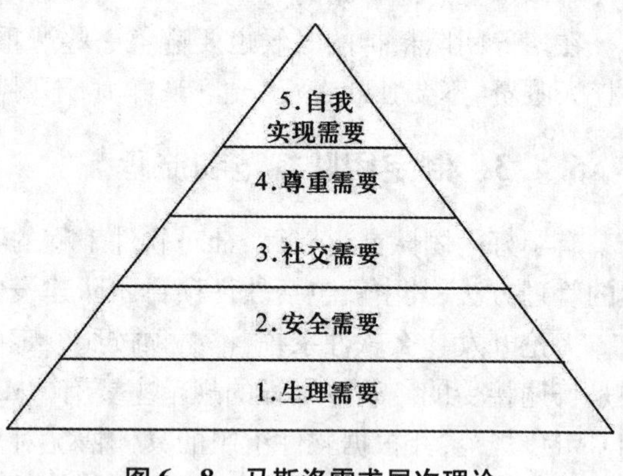

图6－8 马斯洛需求层次理论

（1）生理需要，也称为物质需要，是个人生存的基本需要，如吃、喝、住。

（2）安全需要，包括心理上与物质上的安全保障，如不被盗窃和威胁，预防危险事故，职业有保障，有社会保险和退休金等。

(3)社交需要,人是社会的一员,需要友谊和群体的归属感。

(4)尊重需要,包括要求受到别人的尊重和自己具有的内在的自尊心。

(5)自我实现需要,指通过自己的努力,实现自己对生活的期望,从而对生活和工作真正感到很有意义。

其中,生理、安全、社会和尊重被认为是基本的需要,自我实现的需要是最高层次的需要。这个理论说明不同的人在生活的不同阶段需要不同的激励方法。例如,加薪对新来的、工资较低的员工作用很大,如对刚招进来的大学生通过加薪能够刺激其工作热情。而对工资本来就很高的老员工加薪作用就未必那么明显。老员工可能更希望工作有自主性,或者希望有提升的机会。所以作为项目经理要了解团队成员的需求,不仅是满足他们的最基本的需求,而且要让他们体会到受尊敬的愉悦和自我实现的成就感。

软件团队成员的需要除了和其成长阶段有关,还和其在团队中的角色有关。软件工程领域专家 Boehm 在其《软件工程经济学》一书中把软件项目中开发人员、管理人员和一般普通人员各自看重的激励因素按照重要性进行了排序。对于普通人和管理人员来说,二者的激励因素基本差别不大,都受成就感、责任感、认可程度的影响,但是开发人员则不同,开发人员更容易受发展机遇、个人生活、成为技术主管的机会以及同事间人际关系等因素的影响;而不容易受地位、受尊敬、责任感及受认可程度的影响。所以如果一个管理者想用对自己有效的方式来激励开发人员,则很可能会遭到挫折。与管理人员相比,开发人员很少关心责任感和受认可程度,所以如果要激励开发人员,更应强调技术挑战性、自主性、学习并使用新技术的机会、职业发展以及对他们私人生活的尊重。

项目经理要有效发挥员工的工作积极性,就应该了解每个员工的需要,按照他们需要的方式进行激励,使每个员工都获得较高的工作满意度。常见的激励措施如下。

- 物质奖励。物质奖励要注意充分体现公平性,糟糕的奖励还不如不奖励。

- 机会激励。一方面是给予团队成员个人技能提升机会。在项目运作过程中,如果项目成员长期都是按部就班进行着重复的工作,那工作积极性和热情就很难持久。在项目进行过程中应该给每位成员承担挑战性工作的机会,应该充分信任项目成员的能力,让项目成员体会到完成这些挑战后的成就感和个人能力的提高。在一个项目中由于项目所使用的相关平台和技术都已经确定,对于优秀的项目成员应该更多地激发他们探索新知识和新技术的热情,为项目后期的技术规划,为公司的平台建设等方面做出贡献。另一方面要关注每个项目成员的职业发展和职业规划。关心项目成员自我的职业发展,为项目成员制定一些合乎实际的学习和成长路线。最好的情况是能够将项目成员的工作任务和自我的职业成长有机地结合起来,让每位项目成员都有一个很好地的实现自己目标的愿景。

- 环境激励。企业组织氛围带来的激励,比如公司管理层对技术人员的重视,这样会刺激软件技术人员的工作积极性。

- 情感激励。项目经理不时地通过各种方式表扬和鼓励项目成员,是对项目成员完成工作的最大肯定,也是对项目成员很好的激励。也可以通过团队成员集体活动的方式进行情感激励,提高团队的士气。

但是要注意所有激励的出发点都是为了提高团队的绩效,这也是团队开发的目的,而不是以个人为出发点。

6.4.6 团队绩效评估

提高团队的执行力,除了要有激励,还需要有考核。任何一项工作都要进行考核,考核可以是全方位的,除了工作业绩外,协作意识、学习意识、责任意识都在考核的范围内。绩效评估的目的是为了完善工作,使员工更好地工作。对团队成员的绩效评估往往和团队成员的奖金、晋升等密切相关,如果处理不好会极大地挫伤员工的积极性,甚至导致员工流失。

绩效评估应该遵循公开、客观、公正、及时反馈、区分性、多层次、多渠道、全方位评价和制度化等原则。

软件行业的特殊在于输出是个人脑力劳动的输出,独立完成同一个功能,不同的开发人员输出的产品的性能、稳定性很难完全一致,因此工作业绩的量化很难。建议对于工作业绩可以采用以下公式进行评估:

工作业绩 = 工作量(小时) × 复杂度 × 创新性 × 重要性 × 质量

不要用输出代码或者文档的长度来衡量工作量,因为有时一项重要的任务思考很长时间,但是输出却很短。复杂度、创新性、重要性、质量包含对能力的评估,使得能力强的人工作业绩能够得到体现。但是确定复杂度、创新性、重要性、质量这些评估因素的标准是很难的,不同的人有不同的见解,这套标准可以是公司自身的标准,也可以是团队自身认可的标准。

6.4.7 团队沟通

沟通是人与人之间传递信息的过程,对于项目取得成功是必不可少的,而且也是非常重要的。沟通的主旨在于互动双方建立彼此相互了解的关系,相互回应,并期待能经由沟通的行为与过程相互接纳及达成共识。沟通是保持项目顺利进行的润滑剂。沟通失败常常是项目,特别是软件项目成功的最大的威胁。

为了改善项目的沟通,项目经理及其团队应当发展良好的冲突管理技能和其他沟通技能。冲突解决是项目沟通管理的一个重要部分。项目进行过程中促使冲突产生的主要因素是进度、优先次序、人员安排、技术选择、程序、成本和个性。一些改善项目沟通的建议包括:学习如何召开更加富有成效的会议;使用项目沟通报告模板;建立沟通基础结构。

在软件项目中,项目干系人之间的沟通贯穿项目整个生命周期。项目启动时应该识别项目干系人,项目规划阶段应该制定沟通计划。项目沟通计划是项目整体计划中的一部分,它的作用非常重要,但常常容易被忽视。经常出现的问题是项目经理凭自己的经验进行口头安排与交代,项目成员按经理的指示被动地、应付式地完成信息沟通工作。这种问题的原因主要是计划阶段项目经理嫌麻烦或不重视,没有进行严格的沟通计划。一种高效的体系不应该仅靠口头传授,而应落实到规范的计划编制中。项目执行阶段应该进行信息发布和管理干系人的期望。项目监控阶段则进行团队绩效报告。

软件项目管理中的沟通应该及时、准确、完整和可理解。为了达到这 4 点要求,提高沟通的效率和效果,建议在项目沟通中把握以下原则。

(1)沟通内外有别。即要求团队作为一个整体对外意见要一致,一个团队要用一种声音说话。

(2)正式和非正式沟通方式配合存在。团队定期的评审会议是正式的沟通方式,是不可缺少的,但是非正式的沟通也会有助于关系的融洽。比如在需求获取阶段,采用非正式沟通的方式,可以与客户拉近距离,反而能获得更多的信息,因此沟通中要各种方式灵活并用。

(3)采用对方能接受的沟通风格。沟通一定是双方之间的行为,所以需要注意肢体语言、语态给对方的感觉。尤其软件项目开发中需要始终向客户传递一种合作和双赢的态度。不论在何种情况下,都要避免与客户产生言语上的冲突。

(4)沟通的升级原则。当沟通上出现困难时,可以采用沟通升级原则。第一步,和对方沟通;第二步,和对方的上级沟通;第三步,和自己的上级沟通;第四步,自己的上级和对方的上级沟通。

(5)扫除沟通的障碍。职责定义不清、目标不明确、文档制度不健全、过多使用专业术语等都是沟通的障碍。在项目进行过程中应尽量避免出现这些情况,逐步清除一些不良的沟通习惯。

(6)早沟通、主动沟通。项目实施中最怕沟通得晚导致问题暴露得迟。经常会由于在最后时刻才得知坏消息而感到愤怒和沮丧,因为这时已经来不及应对变化了的情况。比如对一些客户需求,项目组实现起来非常困难,或者目前阶段难以解决,但项目经理只是一味地承诺,将实情隐瞒下来,也未想出办法解决,这样到项目的后期客户发现有较多的承诺未能兑现时,客户将非常不满,导致项目的试运行或验收都会遇到较大的阻碍。尽早沟通、主动沟通说到底是对沟通的一种态度。由于角色不同,对同样问题各人理解不同,如不进行主动和进一步的沟通,问题很可能就摆在一边,如果等到事态严重了再提出这个问题,也许解决问题的最好时机已过去了。沟通中积极、主动的态度,实践证明是非常重要的。

(7)善于聆听。沟通不仅是说,更重要的是听。一个有效的听者不仅能听懂话语本身的意思,而且能领悟说话者的言外之意。只有集中精力地听,积极投入判断思考,才能领会讲话者的意图,只有领会了讲话者的意图,才能选择合适的语言说服他。从这个意义上讲,"听"的能力比"说"的能力更为重要。渴望理解是人的一种本能,当讲话者感到你对他的言论很感兴趣时,他会非常高兴与你进一步加深交流。所以,有经验的聆听者通常用自己的语言向讲话者复述他所听到的,以让讲话者确信,他已经听到并理解了讲话者所说的话。

(8)避免无休止的争论。沟通过程中不可避免地存在争论。软件项目中存在很多诸如技术、方法上的争论,这种争论往往喋喋不休,永无休止。无休止的争论当然形不成结论,而且是吞噬时间的黑洞。终结这种争论的最好办法是改变争论双方的关系。在争论过程中,双方都认为自己和对方在所争论问题上地位是对等的,关系是对称的。从系统论的角度讲,争论双方形成对称系统,而对称系统是最不稳定的,而解决问题的方法在于变这种对称关系为互补关系。比如,一个人放弃自己的观点或第三方介入。项目经理遇到这种争议时一定要发挥自己的权威性,充分利用自己对项目的决策权。

(9)使用高效的现代化工具。电子邮件、项目管理软件等现代化工具的确可以提高沟通效率,拉近沟通双方的距离,减少不必要的面谈和会议。软件项目经理,更要很好地运用之。

6.4.8　团队领导

按照项目经理对团队管理的授权以及和团队成员接触程度可以分为4种团队领导风格,如图6-9所示。

封闭型团队的领导以从上到下的方式进行管理,管理者给出指示,员工执行。这种团队中管理者最好要做到胸中有数,其他人则最好不闻不问,毫不犹豫地工作就行了,这样能提高效率c在软件开发的后期,为了使产品通过系统测试并顺利交付,往往需要采取一些紧急行动,这时封闭型的风格最为适用。因为时间紧迫,没有多余时间讨论、审核等,所以要求项目经理必须胸有成竹,确保每个成员都有明确的职责、任务和目标。

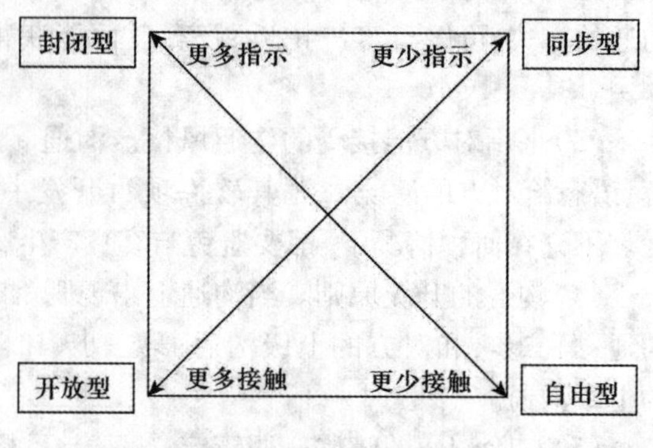

图6－9　团队领导风格

自由型团队的领导刚好相反,这种领导风格的关键在于独立思考和富于创造力,这种团队的目的是创造新成果。只有确保每一名成员的想法都能够得到思考,才能够产生更好的结果。“头脑风暴法”就是这种类型的反映。在软件开发的前期,确定用户需求,或者讨论产品的设计方案时可以采用这种风格,大家可以各抒己见进行自由讨论。

同步型团队由那些能够单独并有效工作的人组成,成员之间有明确的协作关系,但是不需要经常接触讨论自己工作的细节。比如,编码阶段,每个人都有一个模块要完成,但是这些模块之间存在协调和统一关系。

在开放型团队中,每个人从事的工作都是其他人有能力承担的,可以互相调换职位,相互支持和审核彼此的工作。比如测试阶段,所有的测试工程师各自测试不同模块,但是他们之间可以互相审核。

这4种管理风格用正方形的4个角来表示,每个角代表一种极端的管理风格。正方形内部表示综合性行为。这些极端风格分别适用于不同的环境,因此项目经理要根据实际情况在项目进展的不同阶段选择最为合适的团队管理风格。

除了选择团队管理的风格,项目经理进行团队领导时要注意自身建设。

首先,项目经理要勇于承担责任。一个项目没有不好的项目成员,只有不好的项目经理,项目经理要多从自身的角度出发去找原因,去分析问题。因为很多问题的根源确实是项目经理某方面工作没有做好,导致了项目成员不能够很好地完成工作。但要强调的是项目经理不能是盲目地承担责任而不作后续的分析和改进,当期出现的问题项目经理承担了责任后,应该对问题做全面细致的分析,或制定相关规范,或当面单独和项目成员沟通,以保证不再发生类似问题。

其次,项目经理要积极主动沟通。项目经理在项目中更多担任的是协调工作,因此更需要定期主动地和项目成员进行沟通,了解每个项目成员的真实想法,以对自己的工作进行改进。项目中的每个角色对项目同等重要,因此项目中各岗位包括项目经理都没有主次之分或领导关系,项目经理只有认识到这一点才可能做到与项目成员间将心比心地沟通,项目成员也会拿项目经理做朋友,说出他们的一些真实想法。

第三,项目经理要尊重个性。每个项目成员都有一些不同于他人的工作方式和工作技巧,在项目实际运行过程中只要这些个性不违背公司规定,项目经理就应该尽可能地尊重这种个性。在没有达到软件工厂目标时,软件开发就是一门艺术,是团队中每个项目成员都需思考的艺术,项目成员在满足规范情况下,可以尽情发挥自己的才智,使用对自己来说最高效的工作模式去完成项目相关任务。

第四,项目经理要进行项目授权。授权既有利于项目经理减轻自我工作压力和工作量,也可以使项目成员有更多的机会承担挑战性工作和管理工作。在软件项目管理中,例如同行评审,估算,项目进行中数据收集等各项工作都是可以授权给项目成员来完成的。但是项目授权不等同于完全的放权,项目经理应该不定时地对授权的任务进行检查和审查,对出现偏差的地方应该及时进行纠正。

最后,项目经理要为项目成员树立榜样。在一个项目团队中,项目经理的榜样作用对项目成员的影响是至关重要的。项目经理没有把头带好,会给项目成员更多的借口,也很难使项目成员形成积极主动的工作态度。项目经理的一举一动和各种习惯会在项目成员中留下很深印象,最终潜移默化影响到每个项目成员各自的行为。因此这就给项目经理提出了更高的要求,要时刻关注自己的言行,为项目成员树立良好的榜样。

【课后实训】

本项目实践要求学生完成 SPM 项目的团队人员计划、项目干系人计划以及项目沟通计划。

实践目的:了解团队人员计划、项目干系人计划、项目沟通计划的编制。

实距要求:

1. 复习团队人员计划、项目干系人计划、项目沟通计划的内容。

2. 参照建议的模式完成 SPM 项目的团队人员计划、项目干系人计划和项目沟通计划。

3. 选择一个团队课堂上讲述 SPM 项目的团队人员计划、项目干系人计划和项目沟通计划。

4. 其他团队进行评述,可以提出问题。

5. 老师评述和总结。

团队人员计划建议模式:组织结构图示、人员的角色分工。

项目干系人计划建议模式:如下表所示。

干系人	单位	角色	联系方式	需要参与程度	目前参与程度	实施方法

项目沟通计划建议模式:沟通需求、沟通形式、沟通渠道数量、沟通负责人。

思考练习题

1. 案例分析

小张最近被公司任命为项目经理,负责一个重要但不紧急的项目实施。公司项目管理部为其配备了7位项目成员。这些项目成员来自不同部门,大家都不太熟悉。小张召集大家开启动会时,说了很多谦虚的话,也请大家一起为做好项目出主意,一起来承担责任。会议开得比较沉闷。项目开始以后,项目成员一有问题就去找项目经理,请小张给出主意。小张为了树立自己的权威,表现自己的能力,总是身体力行。其实有些问题项目成员之间就可以相互帮助,但是他们怕自己的弱点被别人发现,作为以后攻击的借口。所以他们一有问题就找经理,其实小张的做法也不全对,成员发现了也不吭声,因为他们认为我是按你说的做的,有问题经理负责。团队成员之间一团和气,"找张经理去""我们听你的"成为该项目团队的口头禅。但随着时间的推移,这个貌似祥和的团队在进度上很快出现了问题。该项目由"重要但不紧急的项目"变成了"重要而且紧急的项目"。项目管理部意识到问题的严重性,派高级项目经理小王指导该项目的实施。

请问项目问题出在哪里?

2. 软件重用能够提高软件组织的效率,物质奖励是有效的激励方式,某软件开发部门打算通过鼓励重用现有软件组件的方法来提高生产效率,并且已经提议通过财务奖励来实现。你认为这种激励方式存在什么问题,以及如何使其顺利进行?

3. 现在很多公司的高管都有很高的收入,这是否意味着这些人处于马斯洛需求层次理论的最低层需要?他们真需要这么多钱来激励自己吗?你认为这些工资收入的真正意义是什么?

项目七　进 度 管 理

【知识要点】

1. 理解软件项目管理进度管理相关概念。
2. 理解项目活动的定义。
3. 了解软件项目的活动排序。
4. 了解软件项目的进度控制。

【难点分析】

1. 熟练掌握活动间的顺序关系与依赖关系。
2. 熟练软件项目的进度计划编制。

项目成功的一个定义是“系统能够按时和在预算内交付,并能满足要求的质量”。这就意味着要设定目标,而且项目负责人要努力在给定的限制条件下,用最短的时间、最小的成本、以最小的风险完成项目工作。因此,进度管理是软件项目管理中最重要的部分。

7.1　软件项目进度管理概述

项目进度管理又称时间管理,是为确保项目按期完成所需要的管理过程。在满足项目时间和质量要求的情况下,使资源配置和成本达到最佳状态6 时间是一种特殊的资源,以其单向性、不可重复性、不可替代性而有别于其他资源。如项目的资金不够,还可以贷款、集资;但如果项目的时间不够,就无处可借,而且时间也不像其他资源那样有可加合性。

按时保质地完成软件项目是进度管理的基本要求,但工期拖延的情况却时常发生。因此,进度问题是项目生命周期内造成项目冲突的主要原因。对于一个项目管理者,应该定义所有的项目任务,识别关键任务,跟踪关键任务的进展情况。同时,能够及时发现拖延进度的原因。为此,项目管理者必须制订一个足够详细的进度表,以便监督项目进度并控制这个项目。

软件项目的范围决定软件的规模,软件的规模决定项目的成本与开发周期,项目成本与开发周期构成项目进度计划的基础。编制项目进度计划的过程是根据工作分解结构(WBS)对项目所有活动进行分解,列出活动清单的基础上,通过确定活动的顺序关系,估算每个任务需要的资源、历时,并调整活动编排和平衡资源分配,最后编制项目的进度计划。项目进度管理包括以下几个主要过程,如图 7－1所示。

(1)活动定义:确定项目团队成员和项目干系人为完成项目可交付成果而必须完成的具体活动。一项活动或任务就是在 WBS 中得到的工作包。

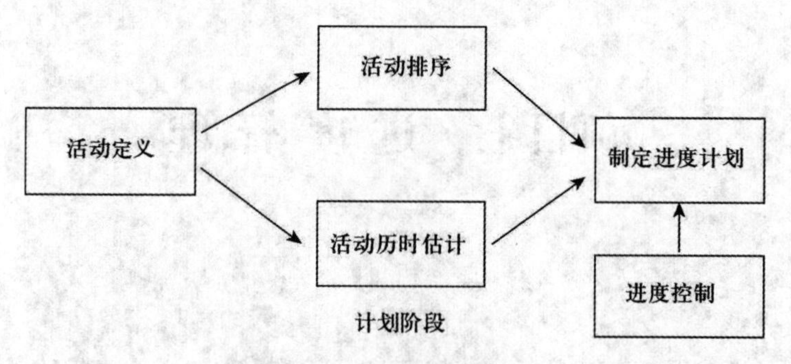

图7-1 项目进度管理过程

(2)活动排序:即确立活动之间的关联关系。

(3)活动历时估计:即估计完成每个活动所需的时间。

(4)制订进度计划:分析活动顺序、历时估计和资源要求,制订项目计划。

(5)进度控制:控制和管理项目进度计划的变更;

7.2 项目活动的定义

7.2.1 定义活动

项目活动定义是确认和描述项目的特定活动,它把项目的组成要素细分为可管理的更小部分,以便更好地管理和控制。活动定义过程识别处于 WBS 最下层,叫作工作包的可交付成果。项目工作包被有计划地分解为更小的组成部分,叫作计划活动,为估算、安排进度、执行,以及监控项目工作奠定基础。

在开始标识构成项目的活动之前,项目及其活动应该满足以下准则,若不满足这些准则的活动,应该被重新定义:

(1)项目是由许多相互关联的活动组成。

(2)至少有一个项目活动准备开始时,项目就开始了。

(3)当项目包含的所有活动都已经完成时,项目就完成了。

(4)一项活动应该有明确定义的开始点和结束点,通常以一个切实的可交付物的产生来标识。

(5)如果一项活动需要资源(多数情况下需要),那么资源需求应该是可预测的,而且假定在整个活动周期都是要求的。

(6)在有合理的可用资源的正常情况下,一个活动的周期应该是可预测的。

(7)有些活动可能在开始之前要求先完成其他活动(称为优先需求)。

软件项目活动的定义是通过审查 WBS 中的活动、详细的产品说明书、假设和约束条件,将项目工作分解为一个个易管理、可控制、责任明确的活动或任务,并列出活动清单的过程,目的是为项目团队制订更加详细的 WBS 和辅助解释,确保项目团队对项目范围中必须完成的所有工作有一个完整的解释。定义活动的成果主要有活动清单、活动属性、里程碑清单和请求的变更。

活动清单内容包括项目中将要进行的所有计划活动。活动清单应当有活动标志,并对每一计划活动工作范围给予详细的说明,以保证项目团队成员能够理解如何完成该项工作。

活动属性是活动清单中的活动属性的扩展,指出每一计划活动具有的多属性。每一计划活动的属性包括活动标志、活动编号、活动名称、先行活动、后继活动、逻辑关系、提前与滞后时间量、资源要求、强制性日期、制约因素和假设。活动属性还可以包括工作执行负责人、实施工作的地区或地点,以及计划活动的类型。

计划里程碑清单列出了所有的里程碑,并指明里程碑属于强制性(合同要求)还是选择性(根据项目要求或历史信息)。

请求的变更,活动定义过程可能提出影响项目范围说明与工作分解结构的变更请求。请求的变更通过整体变更控制过程审查与处置。

7.2.2 活动间的顺序关系

为了进一步制订切实可行的进度计划,必须对活动任务进行适当的顺序安排。项目各项活动之间存在相互联系与相互依赖的关系,根据这些关系安排各项活动的先后顺序。活动之间的关系主要有如下 4 种情况,如图 7-2 所示。

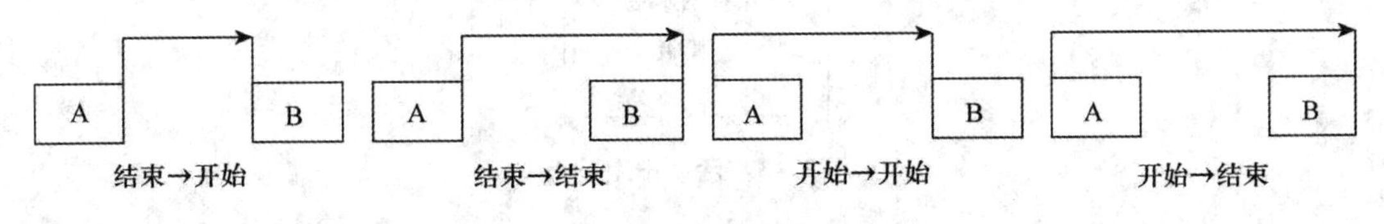

图 7-2 项目各活动之间的关系

其中:

(1)结束→开始:表示 A 活动结束的时候,B 活动开始,是最常见的逻辑关系。

(2)开始→结束:表示 A 活动开始的时候,B 活动结束。

(3)开始→开始:表示 A 活动开始的时候,B 活动也开始。

(4)结束→结束:表示 A 活动结束的时候,B 活动也结束。

7.2.3 活动间的依赖关系

在确定活动之间的依赖关系时需要必要的业务知识,因为有些强制性的依赖关系或称硬逻辑关系是来源于业务知识领域的基本规律。常见活动之间的关系如下:

(1)强制性依赖关系:项目工作中固有的依赖关系,是一种不可违背的逻辑关系,又称硬逻辑关系。它是因为客观规律和物质条件的限制造成的,有时也称为内在的相关性。例如,需求分析完成后才能进行系统设计,单元测试活动是在编码完成之后执行。

(2)软逻辑关系:由项目管理人员确定的项目活动之间的关系,是人为的、主观的,是一种根据主观意志去调整和确定的项目活动的关系,也可称为指定性相关或偏好相关。例如,安排计划时,哪个模块先开发,哪些任务同时做好一些,都可以由项目管理者根据资源、进度来确定。

(3)外部依赖关系:项目活动与非项目活动之间的依赖关系,例如,软件项目交付上线可能会依赖客户环境准备情况。

与活动定义一样,项目管理人员一起讨论项目中活动的依赖关系很重要。在实践中,可以通过组织级活动排序原则、专门技术人员的发散式讨论等方式定义活动关系和顺序,也可以使用活动排序工具和技术,例如网络图法和关键路径分析法。

7.3 项目活动排序

在整个项目期间需要有一个进度表,以清楚地说明每个项目的活动执行时间以及需要的资源。项目活动排序是指识别项目活动清单中各项活动的相互关联与依赖关系,并据此对项目各项活动的先后顺序进行安排和确定工作。活动排序过程如图 7 - 3 所示。

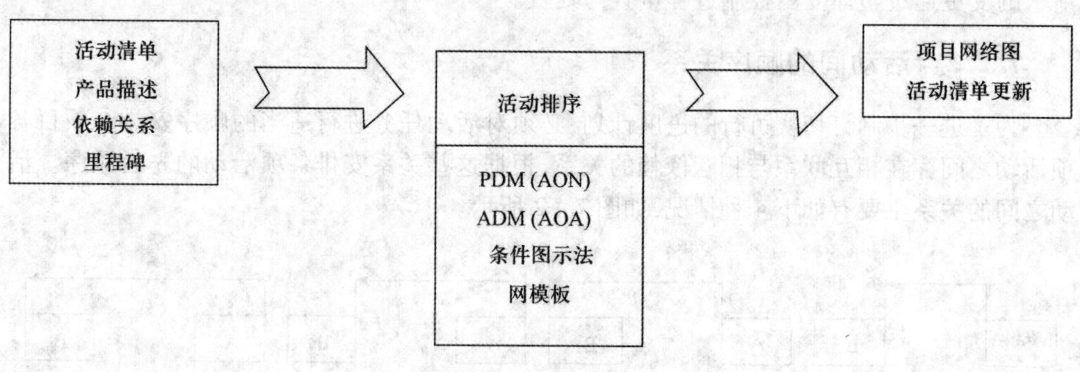

图 7 - 3 活动排序过程

编排和描述项目活动进度的方法和工具主要有:甘特图、网络图、里程碑图等,下面分别进行介绍。

7.3.1 甘特图

甘特图又叫横道图、条状图,是一种常用于项目管理的、按照时间进度标出工作活动的图表。即以图示的方式通过活动列表和时间刻度形象地表示出项目的活动顺序与持续时间。使用甘特图可以显示项目活动的基本信息、工期、开始和结束时间以及资源信息。甘特图有两种表现方法,这两种方法都是用横轴表示时间,纵轴表示项目活动。线条表示在整个期间计划和实际的活动完成情况(见图 7 - 4),白色表示计划完成任务的时间,灰色表示实际完成项目的时间。甘特图可以直观地表明任务计划在什么时候进行,及实际进展与计划要求的对比。便于管理者弄清一项任务(项目)还剩下哪些工作要做,并可评估工作进度。

图 7 - 4 中三角形表示项目评审,白色三角形表示计划项目评审时间,灰色三角形表示实际完成项目评审的时间。

甘特图考虑了在该软件项目开发过程中活动的顺序(某些任务必须在其他任务之前完成)、可获得的资源(例如详细设计模块 1 必须在详细设计模块 2 之前,因为 Andy 员工不能同时做两个任务),但不能表达各个任务之间复杂的逻辑关系,例如不清楚为什么集成测试要第九周才开始,可能因为除非模块 3 编码完成后才能开始,也可能因为员工 daVe 要第八周休假。同时,甘特图也不能明显表示关键路径和关键任务,进度计划中的关键部分不明

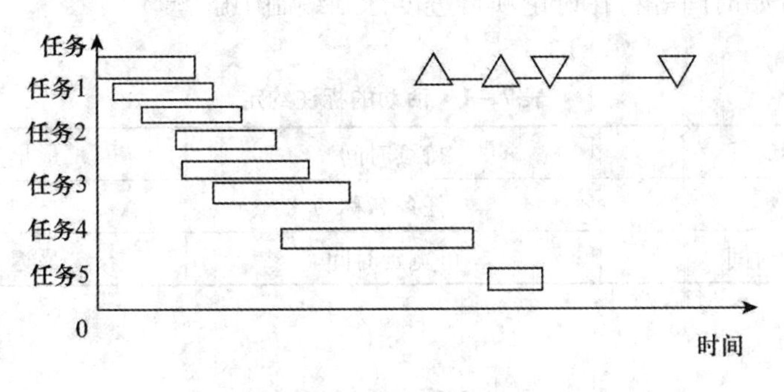

图7－4 甘特图

确导致项目管理人员的重点关注不清晰。要想实现逻辑和物理分离的进度表示方法，需要使用网络图对项目进度建模。

7.3.2 网络图

网络图是活动排序的一个输出，它是利用项目的进度安排技术将项目活动及其关系建立的网络模型。网络图是20世纪50年代末发展起来的一种编制大型项目进度的有效方法，其中最著名的项目计划管理技术是CPM和PERT都是采用网络图来表示项目的任务。

在网络图中，从左到右画出各个任务的时间关系图，将项目中的各个活动及各个活动之间的逻辑关系表示出来，直观地显示项目中各项活动和活动之间的逻辑关系和排序，标明项目活动将以什么顺序进行。在网络图中可以容易地标识出关键路径和关键任务，作为项目经理应该关注关键路径上的关键任务的完成时间，从而确保项目按计划完成。常用的网络图有PDM网络图、ADM网络图和CDM网络图。

1. 优先图法

优先图法网络图又称单代号网络图或单结点网络图，它的基本特点是用结点（方框）表示项目活动，用箭头线表示各项目活动之间的相互依赖关系。图7－5所示为一个软件项目的PMD网络图实例。活动“项目规划评审”是活动“总体设计”的前置任务，活动“系统测试”是活动“集成测试”的后置任务。

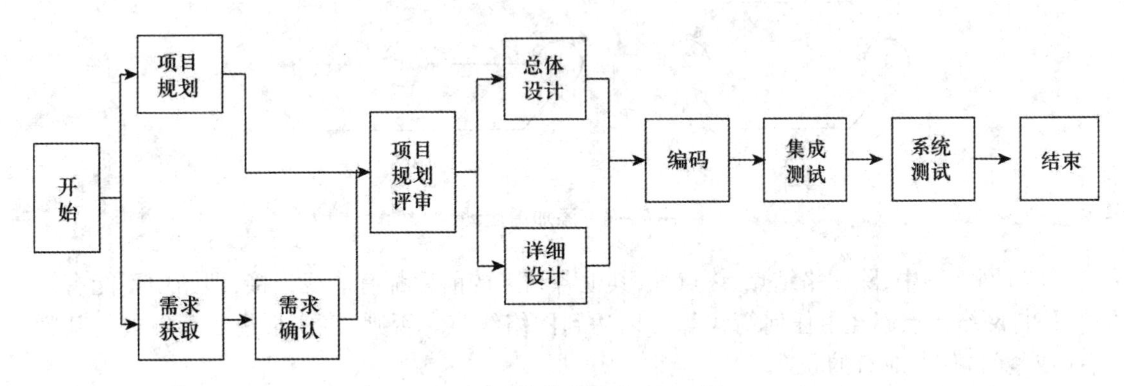

图7－5 软件项目的PDM图

为了在活动——结点网络上输入信息，可以为活动添加标注约定。有许多不同的约定，如表7－1所示，可采用其中的一种约定。任务名称是简单的活动名，活动结点中的最早开始时间、最迟开始时间等将在讨论项目进度计划编制中解释。

表 7-1　活动的标注约定

最早开始时间	持续时间	最早完成时间
任务名称		
最迟开始时间	可宽延时间	最迟完成时间

2. 箭线图法

箭线图法网络图又称双代号网络图。其特点是用箭头表示活动，对活动的描写在箭线上，箭线也表示活动之间的联系和相互依赖关系。结点表示前一活动的结束，同时也表示后一活动的开始。图 7-6 所示为一个软件项目的 ADM 网络图实例。

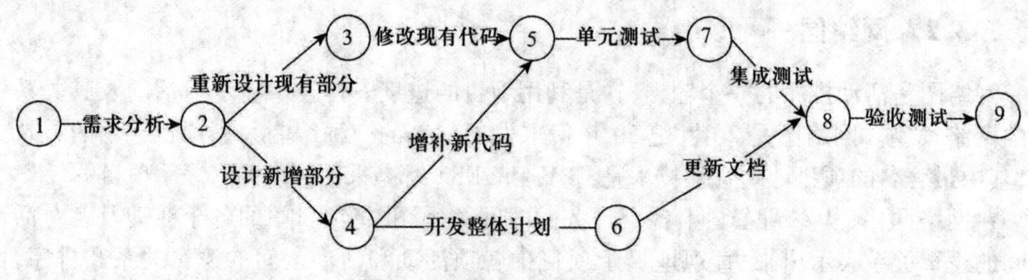

图 7-6　软件项目的 ADM 图

绘制网络图必须严格遵循下列基本规则：

(1)网络图中不能出现循环路线，否则将使组成回路的工序永远不能结束，工程永远不能完工。

(2)进入一个结点的箭线可以有多条，但相邻两个结点之间只能有一条箭线，如图 7-7 中的 A 是不允许的。当需要表示多个活动之间的关系时，需通过增加结点的虚拟活动来表示，例如。图 7-7 中的 B 添加了虚活动。虚活动不消耗时间，只是为了逻辑上正确。

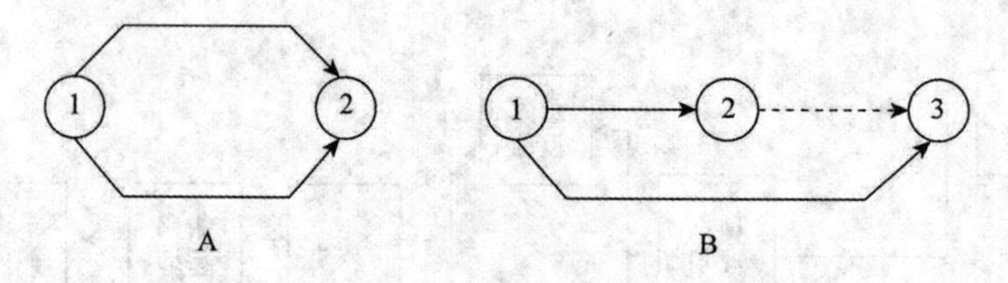

图 7-7　添加虚活动

(3)网络图中，除网络结点、终点外，其他各结点的前后都有箭线连接，即图中不能有缺口，使自网络始点起经由任何箭线都可以达到网络终点。否则，将使某些活动失去与其紧后(或紧前)作业应有的联系。

(4)箭线的首尾必须有活动，不允许从一条箭线的中间引出另一条箭线。

(5)为表示项目的开始和结束，在网络图中只能有一个始点和一个终点。

(6)网络图绘制力求简单明了，箭线最好画成水平线或具有一段水平线的折线；箭线尽量避免交叉;尽可能将关键路线布置在中心位置。

7.3.3 里程碑图

里程碑图是一个目标计划,它表明为了达到特定的里程碑,去完成一系列活动。里程碑计划通过建立里程碑和检验各个里程碑的到达情况,来控制项目工作的进展和保证实现总目标。

图 7-8 所示为一个软件项目的里程碑图。

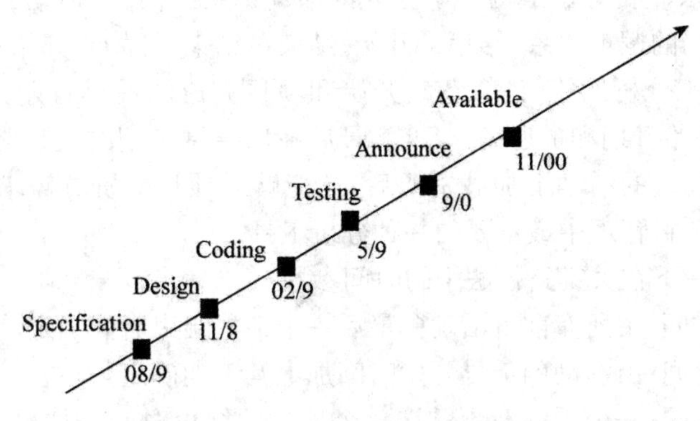

图 7-8 一个软件项目的里程碑图

项目里程碑并没有形成统一的定义,但是各个定义的核心基本上都是围绕事件、项目活动、检查点或决策点,以及可交付成果这些概念来展开的。

里程碑是项目中的重大事件,在项目过程中不占资源,是一个时间点,通常指一个可支付成果的完成。编制里程碑计划对项目的目标和范围的管理很重要,协助范围的审核,给项目执行提供指导,好的里程碑计划就像一张地图指导你该怎么走。里程碑的特点如下:

(1)里程碑显示项目进展中的重大工作完成情况。

(2)里程碑不同于活动。

(3)活动是需要消耗资源的。

(4)里程碑仅仅表示事件的标记。

7.4 进度计划编制

编制进度计划前要进行详细的项目结构分析,系统地剖析整个项目结构,包括实施过程和细节,通过项目 WBS 分解做到将项目分解到相对独立的、内容单一的、易于成本核算与检查的项目单元,做到明确单元之间的逻辑关系与工作关系,做到每个单元具体地落实到责任者。

进度计划编制的主要依据:项目目标范围;工期的要求;项目特点;项目的内外部条件;项目结构分解单元;项目对各项工作的时间估计;项目的资源供应状况等。进度计划编制要与费用、质量、安全等目标相协调,充分考虑客观条件和风险预计,确保项目目标的实现。

进度计划编制的主要工具是网络计划图和横道图,通过绘制网络计划图,确定关键路线和关键工作。在确定了活动之间的相互依赖关系和对每个活动进行估算后,可以使用关键路径法和 PERT 技术制订进度计划。

7.4.1 关键路径法

关键路径法是一种基于数学计算的项目计划管理方法,它是通过分析项目过程中哪个活动进度安排的总时差最少,来预测项目的工期。关键链路法关注的两个主要目的:一是以尽可能快的完成项目的方式来制订项目进度计划;二是标识那些执行过程中可能会影响整个项目结束日期或后置活动的开始日期的活动。

该方法首先要求项目分解成为多个独立的活动,并估计每个活动的周期,然后用网络图表示各项工作之间的逻辑关系(结束—开始、结束—结束、开始—开始和开始—结束),通过执行"正向遍历"来分析网络,计算活动开始和项目完成的最早日期,通过执行"反向遍历"计算活动最迟开始日期和最迟完成日期,最后找出控制工期的关键路线,获得最佳的计划安排。在关键路径法的活动上加载资源后,还能够对项目的资源需求和分配进行分析。关键路径法是现代项目管理中最重要的一种分析工具。

下面首先介绍一下在关键路径法中的时间参数:

(1)最早开始时间:由所有前置活动中最后一个最早结束时间确定。

(2)最早结束时间:由活动的最早开始时间加上其工期确定。

(3)最迟结束时间:一个活动在不耽误整个项目的结束时间的情况下能够最迟结束的时间。它等于所有紧后工作中最早的一个最晚开始时间。

(4)最迟开始时间:一个活动在不耽误整个项目结束时间的情况下能够最迟开始的时间。它等于活动的最迟结束时间减去活动的工期。

(5)滞后:表示两个活动的逻辑关系所允许的推迟后置活动的时间,网络图中的固定等待时间。

(6)总时差:指一项活动在不影响整体计划工期的情况下最大的浮动时间。Total Float = LF - EF 或 Total Float = LS - ES。

(7)自由时差:指活动在不影响其紧后工作的最早开始时间的情况下可以浮动的时间。Free Float = ES - EF - Lag, Successor 表示后置任务, Predecessor 表示前置任务, Lag 表示 Successor 与 Predecessor 之间的滞后时间。

(8)关键路径:指网络图终端元素的序列路径,该路径具有最长的总工期并决定了整个项目的最短完成时间。关键路径上的任何活动延迟,都会导致整个项目完成时间的延迟。

(9)对于箭线图法,用到的时间参数还常有:

- 最早结点时间:由其前置活动中最晚的最早结束时间确定。
- 最迟结点时间(Irate Event Occurrence Time):由其后置活动中最早的最迟开始时间确定。

在表 7-2 中,描述了一个小型 IT 项目的示例,该项目由 8 个活动构成,表中给出了每个活动的估算周期。根据表 7-1,项目使用 PDM 优先网络绘制活动网络图,如图 7-9 所示。

表7-2 一个具有估计的活动周期和优先需求的项目规格说明示例

活动	周数	前置活动
A	7	
B	3	
C	6	A
D	3	B
E	3	D,F
F	2	B
G	3	E,G
H	2	

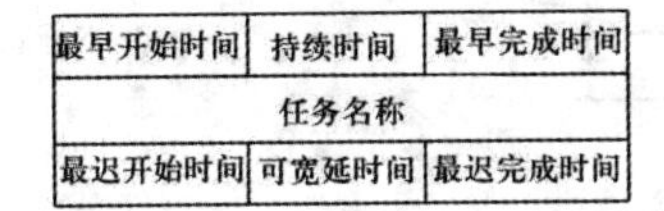

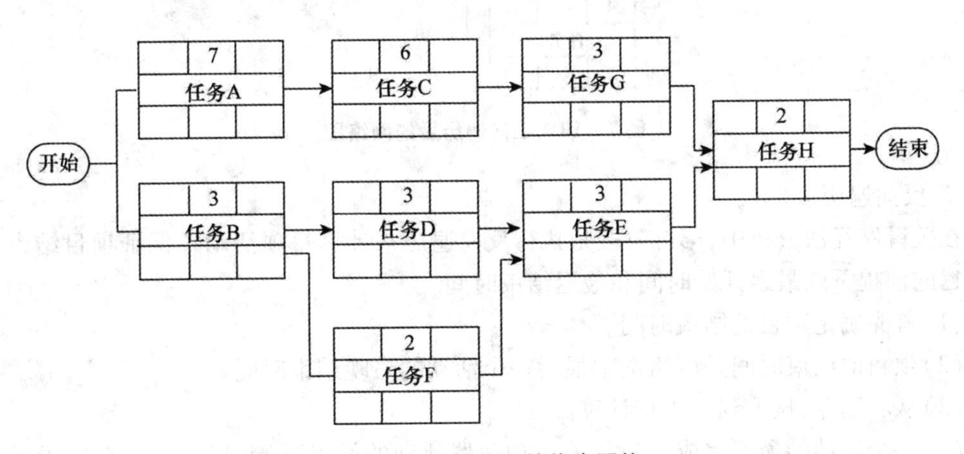

图7-9 示例项目的优先网络

1. 正向遍历

在网络图中按照时间顺序计算各个活动的最早开始时间和最早完成时间的方法称为正向遍历。此方法的执行过程如下：

(1)确定项目开始时间。

(2)项目的开始时间是网络中第一个活动的最早开始时间。

(3)从左到右,从上到下编排任务。

当一个活动有多个前置任务时,选择其中最大的最早完成日期作为后置活动的最早开始时间。在选择的活动最早开始时间上加上其工期,就是其最早结束时间。

按照此规则,假设项目的开始时间是1,活动A、B可以立即开始,因此活动A和活动B的最早开始时间是1,即ES(A)=1,ES(B)=1。任务A的历时是7周,因此任务A的最早完成时间EF(A)=1+7=8;同理EF(B)=1+3=4;只有活动A完成,活动C才能开始,因此活动C的最早开始时间ES(C)=EF(A)=8;同理活动D和活动F在活动B完成后才能开始,ES(D)=ES(F)=EF(B)=4。继续算出EF(C)=8+6=14,EF(D)=4+3=7,EF

(F) =4 +2 =6;除非活动 D 和活动 F 都完成,活动 E 才能开始,因此活动 E 最早开始时间应该是活动 D 和活动 F 最大的最早完成时间,ES(E) = EF(D) =7。类似的,EF(E) =10,EF(G) =17,ES(H) =17,EF(H) =19。正向遍历的结果如图 7 - 10 所示。

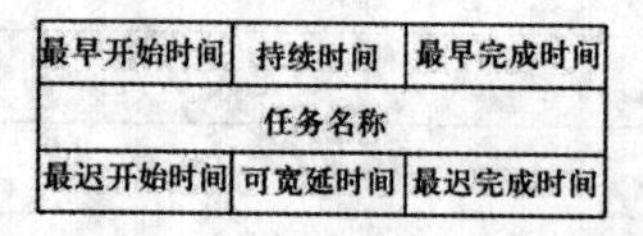

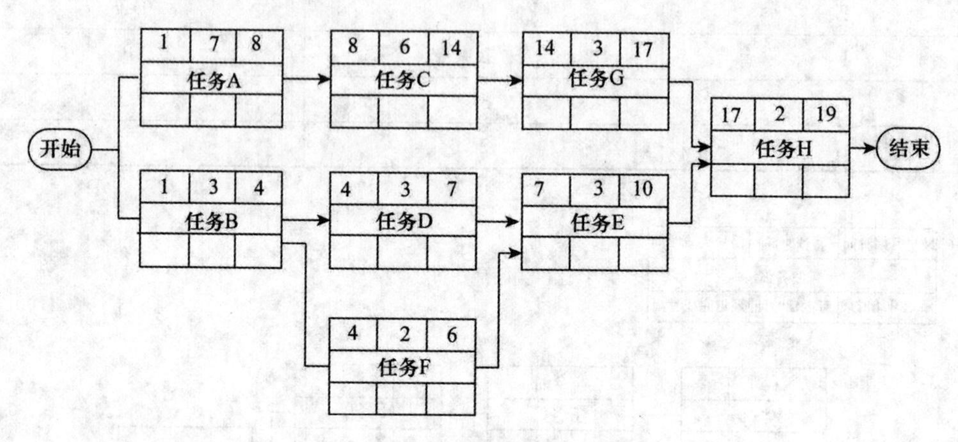

图 7 - 10　正向遍历后的网络图

2. 反向遍历

在关键路径法分析中,第二阶段是执行反向遍历来计算每项活动在保证项目结束日期不延迟的前提下的最迟开始时间和最迟结束时间。

(1)首先确定项目的结束时间。

(2)项目的结束时间是网络图中最后一个活动的最晚结束时间。

(3)从右到左,从上到下进行计算。

(4)一个活动的最迟完成时间是该活动后置活动的最迟开始时间,当一个前置活动有多个后置活动时,选择其最小最晚开始时间(如果有滞后,应减去 Lag)为其前置任务的最晚完成时间。

(5)一个活动的最晚开始时间等于该活动最晚结束时间减去该活动的历时,即 LS = LF - Duratiorl。

按照此规则,假定项目的结束时间是 19 周,则最后一个活动 H 的最迟完成时间是 19 周,LF = 19,活动 H 的最早结束时间 LS(H) = LF(H) - DuratiOil(H) = 19 - 2 = 17。任务 G 和任务 E 的最迟完成时间是其后置活动 H 的最迟开始时间,LF(G) = LF(E) = LS(H) = 17,依此类推,可以计算出 LF(C) = 14,LS(C) = 8,LF(D) = 14,LS(D) = 11,LF(F) = 14,LS(F) = l2;活动 B 有两个后置活动活动 D 和活动 F,因此活动 B 的最迟完成时间应该是两个后置活动中最小的最迟开始时间,即 LF(B) = LS(D) = 11。反向遍历的结果如图 7 - 11 所示。

经过正向遍历和反向遍历的过程,可以通过网络图得到每个活动的最早开始时间、最晚开始时间、最早结束时间和最晚结束时间,可以计算出每个项目的缓冲期(总浮动时间)。从图 7 - 12 可以看出,项目的最迟开始时间是活动 A 的最迟开始时间(即第 1 周),这就告

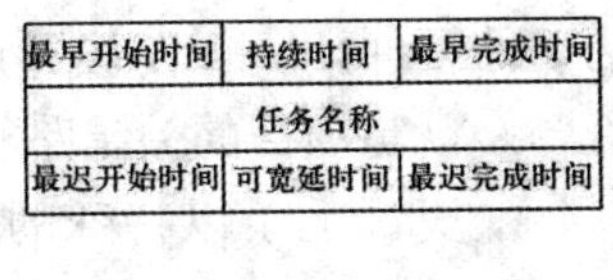

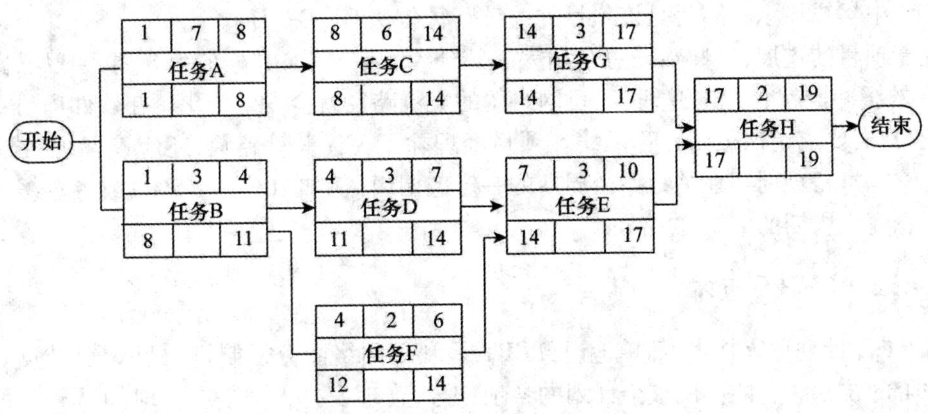

图 7－11　反向遍历后的网络图

诉我们，如果项目不在第一周开始，则项目将不能按时结束。活动 B 的最晚开始时间是第 8 周，最早开始时间是第 1 周，说明活动 B 有 7 周的缓冲期。同样活动 D 也有 7 周的缓冲期，但如果 D 活动的前置活动 B 用完了它的缓冲期（即活动 B 直到第 8 周才开始），则活动 D 的缓冲期就变为 0，它将成为至关重要的活动。在这种情况下，项目管理者宣扬总缓冲期对项目取得成功有误导。

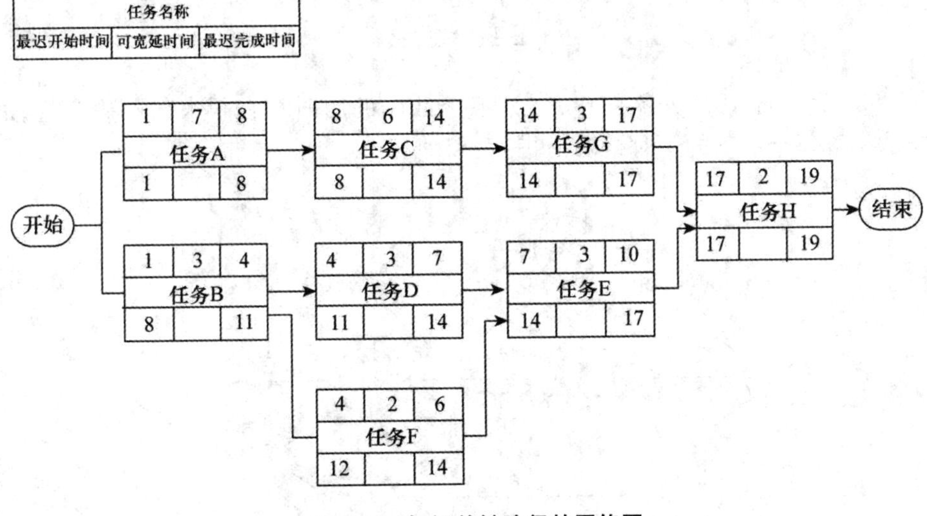

图 7－12　标识关键路径的网络图

3. 标识关键路径

关键路径通常是决定项目工期的进度活动序列，它是项目中最长的路径，关键路径的工期决定了整个项目的工期。项目经理必须把注意力集中在那些优先等级较高的活动，确保它们准时完成,关键路径上任何活动的推迟都将导致整个项目推迟。

活动的最早开始时间和最迟开始时间之间的差,称为活动的缓冲期。任何缓冲期为0的活动都是至关重要的,因此由缓冲期为0的活动所组成的线路,就是项目的关键路径。在工期控制中对该线路上的活动必须予以特别的重视,在时间上、资源上予以特殊的保证。图7-14中粗线显示的路径是该项目的关键路径(A—C—G—H)。

随着项目的进展,有些活动总会用完一部分缓冲期,例如B任务第8周才开始,则后置任务D的缓冲期就变为0,这时,项目网络图的关键路径就会发生变化。在软件项目管理实践中,通常会要求定期重新计算网络。项目经理除了关注关键路径,还应该标识"准关键"路径。它是指路径周期在关键路径周期的一定范围内(例如10% ~1 5%)或者总缓冲期少于项目总完成周期的10%的路径。

7.4.2 PERT 技术

PERT即计划评审技术,简单地说,PERT是利用网络图分析制订项目计划以及对计划予以评价的技术。它能协调整个计划的各项任务,合理安排人力、物力、时间、资金,加速计划的完成。PERT网络多采用箭线图描绘项目中各种活动的依赖关系,标明每项活动的时间或相关的成本。在现代计划的编制和分析手段上,PERT是被广泛使用的现代项目管理的重要手段和方法。

PERT方法和CPM技术非常类似,很多专业人士也经常混淆。PERT首先是建立在网络计划,其次是软件项目中各个活动的周期不肯定,过去通常对活动只估计一个周期,到底完成任务的把握有多大,项目经理心中无数,处于被动状态。PERT技术要求对每个活动的周期做三次估算,而不是一次估算,即乐观时间(用字母a表示)、悲观的时间(用字母b表示)和最可能持续时间(用字母m表示),再加权平均算出一个期望值作为活动的周期。PERT用于估算期望周期(用字母t表示)的公式为:

$$t=\frac{a+4m+b}{6}$$

图7-13所示的ADM网络图中,估计各个活动的历时存在很大的不确定性,故采用PERT方法估算每个活动的历时结果,如表7-3所示。

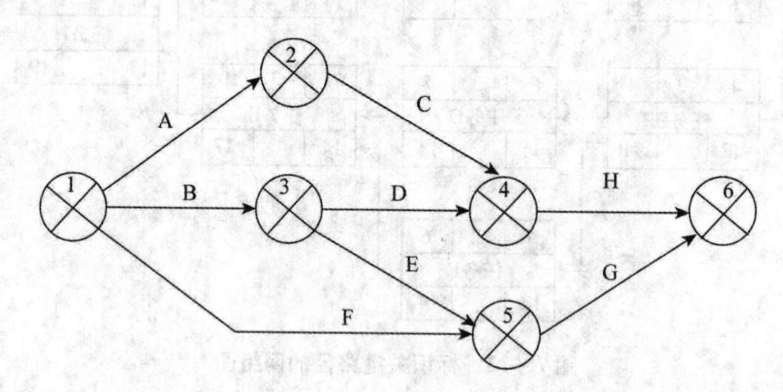

图7-13　ADM 网络图

表 7-3 PERT 估算历时

活动周期活动	乐观时间(a)	最可能时间(m)	悲观时间(b)	PERT 估算值(t)
A	5	6	8	6.17
B	3	4	5	4.00
C	2	3	3	2.83
D	3.5	4	5	4.08
E	1	3	4	2.83
F	8	10	15	10.5
G	2	3	4	3.00
H	2	2	2.5	2.08

期望周期使用与 CPM 技术相同的正向遍历方法,可以得到活动期望的日期。如图 7-14 所示,表示期望项目花 13.5 周完成,与 CPM 方法不同。PERT 方法并不表示项目的最早完成时间,而是期望完成(或最可能)日期,优点是考虑了现实世界的不确定性,最好说"期望在……之前完成项目"而不是说"项目完成的日期是……"。

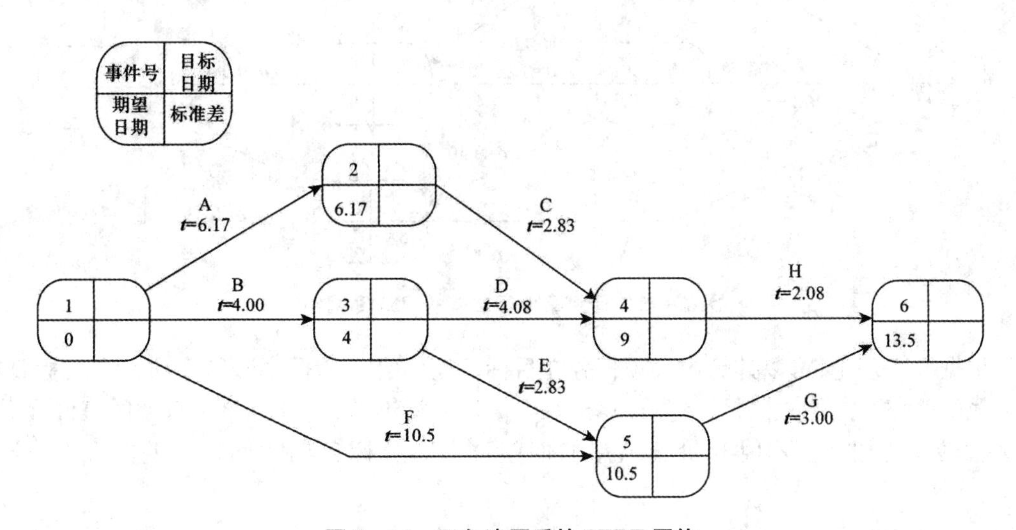

图 7-14 正向遍历后的 PERT 网络

在编制 PERT 网络计划时,把风险因素引入到 PERT 中,需要考虑按 PERT 网络计划在指定的工期下,完成项目有多大可能性(项目成功概率,也称计划的可靠度)。因此,引入标准差(δ)和方差(δ^2)的概念。标准差是对活动周期的不确定性程度的量化度量,公式如下:

(1)标准差 $\delta=(b-a)/6$,其中 a 为悲观时间,b 为乐观时间。

(2)方差 $\delta^2=[(b-a)/6]^2$。

如果需要估计网络图中一条路径的历时情况,这个路径的历时(t),标准差(δ)和方差(δ^2)的公式为:

$$T=t_l+t_2\cdots+t_n$$

$$\delta^2=(\delta_1)^2+(\delta_2)^2+\cdots+(\delta_n)^2$$

$$\delta=((\delta_1)^2+(\delta_2)^2+\cdots+(\delta_n)^2)^{\{1/2\}}$$

按公式可计算出图 7 - 13 所示。ADM 网络图中各活动的方差,如表 7 - 4 所示。

表 7 - 4　ADM 网络图中各活动的方差

活动	A	B	C	D	E	F	G	H
标准差	0. 50	0. 33	0. 17	0. 25	0. 50	1. 17	0. 33	0. 08

根据已计算的每个活动的标准差绘制的 PERT 网络,如图 7 - 15 所示。对于事件 5,有两条路径 B + E 或 F,事件路径 B、E 的总偏差 $\delta = 0.6$,而路径 F 的标准偏差 $\delta = 1.17$,因此事件 5 的标准差是两者中最大的一个,即 1. 17。同样,可以方法计算图中事件 4 和事件 6 的偏差分别为 0. 53 和 1. 22。

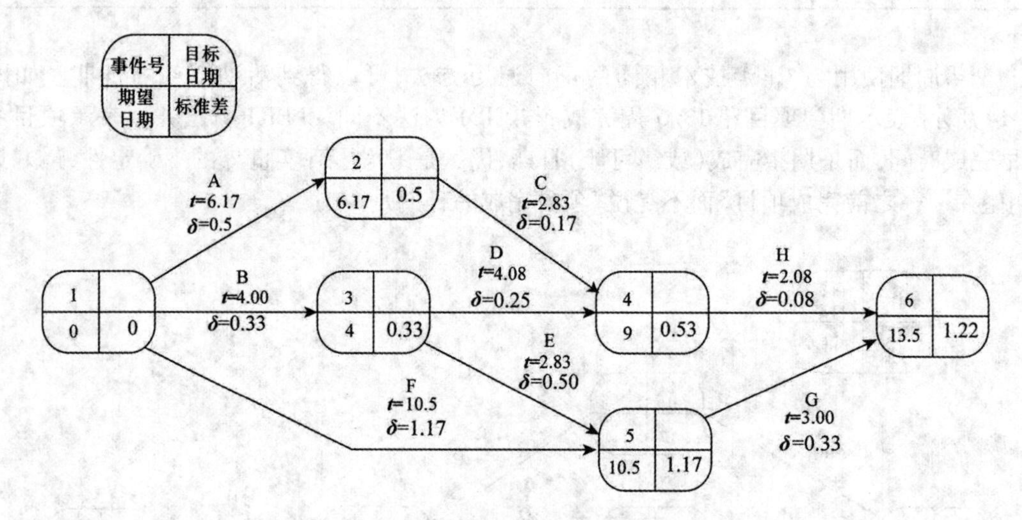

图 7 - 15　计算事件标准差的 PERT 网络

根据概率理论,可以计算出每项任务在目标日期内完成的概率和整个项目在目标日期内完成的概率。具体方法是:首先计算出每个事件的标准差,再计算目标日期的事件 Z 值。将 Z 值转换为概率。Z 值等价于结点的期望日期和目标日期时间标准差的数量,公式如下:

$$Z = \frac{t - T}{\delta} \quad (t\text{ 是期望日期},T\text{ 是目标日期},\delta\text{ 是标准差})$$

假定项目必须在 15 周内完成,预计花费的是 13. 5 周,另外假定 C 必须在 l0 周内完成。PERT 网络图如图 7 - 16 所示。

按照公式和图中数据,整个项目的 $Z = (15 - 13.5)/1.22 = 1.23$,活动 C 的 $Z = (10 - 9)/0.53 = 1.887$。根据正态分布图 7 - 16 所示,整个项目 $Z = 1.23$ 等价的概率大约是 11%,即不能在 15 周内完成整个项目的风险概率为 11%。活动 C 的 $Z = 1.887$ 等价的概率大约是 3%,即不能在 10 周内完成活动 C 的风险概率为 3%。

PERT 是一种有效的事前控制方法,通过计算每个任务的标准差,并用此标准差计算每个任务的偏差概率(即风险度),关注不确定性高的任务。PERT 网络图使管理者把重点放在关键路径上,以缩短项目完成时间,节省成本。在资源分配发生矛盾时,可适当调动非关键路径上活动的资源去支持关键路径上的活动,以最有效地保证项目的完成进度;采用

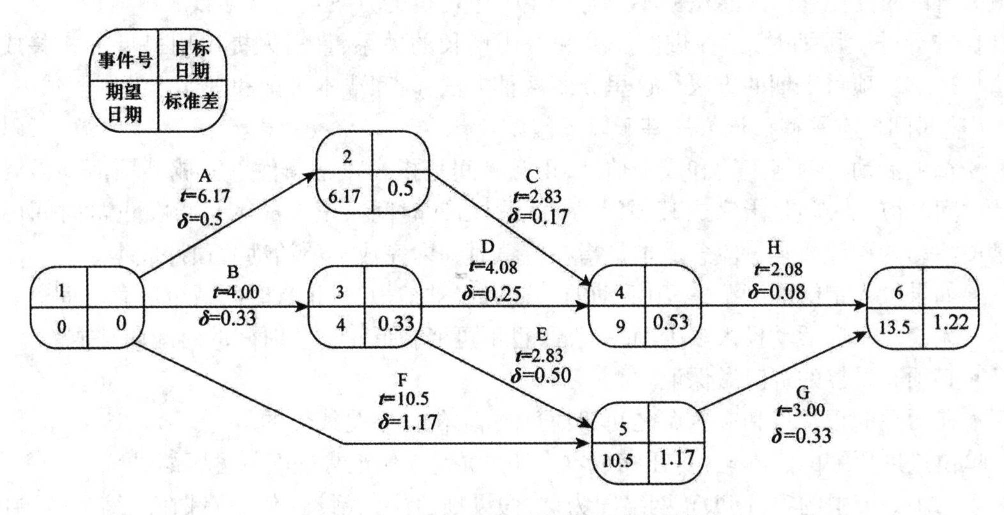

图 7-16 添加目标日期的 PERT 网络

PERT 网络分析法所获结果的质量很大程度上取决于事先对活动事件的预测,若能对各项活动的先后次序和完成时间都能有较为准确的预测,则通过 PERT 网络的分析法可大大缩短项目完成的时间。

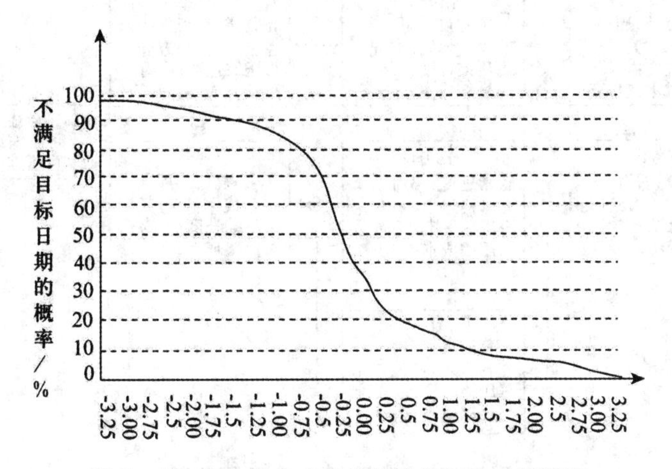

图 7-17 正态分布在平均标准差值为 Z 的概率

7.4.3 进度压缩

如果希望缩短整个项目的周期,一般会考虑减少关键路径上活动的周期。例如,如果将任务 H 的周期缩短 1 周,整个项目可以在 18 周完成。减少活动周期通常的方法是应用更多的资源来实现,例如增加员工人数或者加班时间。

通常,采用时间压缩法来进行进度压缩。时间压缩法是一种数学分析的方法,在不改变项目范围前提下(例如,满足规定的日期或满足其他计划目标),寻找缩短项目计划的途径。时间压缩法包括应急法和平行作业法。

1. 应急法

应急法又称赶工,是权衡成本和进度间的得失关系,以决定如何用最小增量成本以达到最大量的时间压缩。应急法并不总是产生一个可行的方案且常常导致成本增加。

在进行进度压缩时,存在进度压缩和费用增长的关系,许多人提出用最低的相关成本的增加来缩短项目工期的方法。这里介绍两种方法:时间成本平衡和进度压缩因子法。

(1)时间成本平衡。该方法基于以下假设:

- 每项活动有两组工期和成本估计,正常时间是指在正常条件下完成某项活动需要的估计时间。应急时间是指完成某项活动的最短估计时间。正常成本是指在正常时间内完成某项活动的预计成本。应急成本是指在应急时间内完成某项活动的预计成本。
- 如果投入足够的资源,一项活动的工期可以被缩短,从正常时间减至应急时间。
- 无论对一项活动投入多少额外资源,也不可能在低于应急时间的时间内完成。
- 必须有足够的资源做保证。
- 在活动的正常点和应急点之间,时间和成本的关系是线性的。

单位进度压缩的成本 =(可压缩成本 - 正常成本)/(正常进度 - 可压缩进度)。

以7.4.2节中的项目PDM网络图为例,假设项目中的活动(任务)都在压缩的范围内,首先给出所有活动的正常进度、可压缩进度、正常的成本和可压缩成本,如图7-18所示。从PDM图可知项目的总工期为18周,如果要将项目压缩到15周、10周并且保证每个任务都在可压缩的范围内,应该压缩哪些任务?压缩后的总成本是多少?

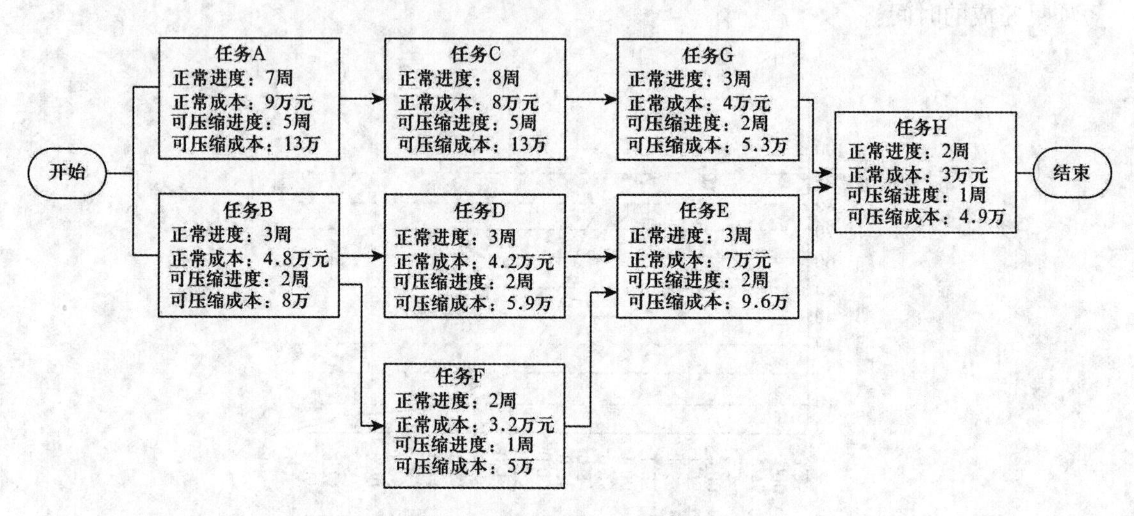

图7-18 时间压缩PMD网络图

从PDM网络可以看出,项目有“开始—A—C—G—H—结束”“开始—B—D—E—H—结束”和“开始—B—F—E—H”三条路径,路径的周期分别是18周、11周和10周。所以,关键路径是“开始—A—C—G—H—结束”,项目完成的最短时间是18周。

如果要将项目压缩到15周、10周并且保证每个任务都在可压缩的范围内,必须满足:一是项目的所有活动都必须在可压缩的范围内;二是保证压缩的成本最小。根据图7-18中的数据计算出每个活动的压缩成本如表7-5所示。

压缩成本 =(可压缩成本 - 正常成本)/(正常进度 - 可压缩进度)

表7-5 每个任务的正常进度、正常成本、可压缩进度、可压缩成本和压缩成本

任务名	正常进度	正常成本	可压缩进度	可压缩成本	压缩成本/(万/周)
A	7周	9万	5周	13万	2
B	3周	4.8万	2周	8万	3.2
C26周	8万	5周	10万	2	
D	3周	4.2万	2周	5.9万	1.7
E	3周	7万	2周	9.6万	2.6
F	2周	3.2万	1周	5万	1.8
G	3周	4万	2周	5.3万	1.3
H	2周	3万	1周	4.9万	1.9

如果将项目压缩到15周，需要压缩关键路径“开始—A—C—G—H—结束”，可压缩的活动A(2周)和活动C(1周)，也可以压缩活动A(2周)和活动G(1周)，也可以压缩活动A(2周)和活动H(1周)；也可以压缩C(1周)、G(1周)和活动H(1周)。根据公式计算出各压缩路径的成本如表7-5所示。压缩任务C、G、H的成本最小为29.2万。

表7-6 缩后的项目成本

压缩任务和成本完成周期	可以压缩的任务	压缩的任务	项目成本计算/万	项目成本/万
15周	A、C、G、H	A,C	24+2×2+2	30
15周	A、C、G、H	A,G	24+2×2+1.9	29.9
15周	A、C、G、H	A,H	24+2×2+1.3	29.3
15周	A、C、G、H	C、G、H	24+2+1.3+1.9	29.2

如果将项目压缩到10周，除了压缩关键路径“开始—A—C—G—H—结束”(该路径总周期为18周)中的8周，还应该压缩路径“开始—B—D—E—H—结束”(该路径总周期为11)路径上的1周。但关键路径“开始—A—C—G—H—结束”在可压缩的范围内的时间最多为2+1+1+1+1=5周。因此，将该项目压缩到10周是不可行的。

(2)进度压缩因子法。软件项目管理实践过程中，进度压缩与费用的上涨不总是呈正比关系的，但进度被压缩到一定范围内，需要的资源会急剧增长。因此，软件项目存在一个可能的最短进度，这个最短的进度是不可能突破的，如图7-19所示。例如，一个程序员5天(40/小时)可以写1000行代码，如果1000行代码要50个程序员4小时没完成，是不可能的。

进度压缩因子方法是有著名的Charles Symons提出的，被认为是精确度比较高的一种方法，公式为：

进度压缩因子=期望进度/估算进度(研究表明，进度压缩因子不应该小于0.75)

压缩进度的工作量=估算工作量/进度压缩因子

例如，上述项目总的工作进度为1 8周，假设估算的工作量是80人月。期望将项目压

缩到15周,则进度压缩因子 = 15/1 8 = 0. 8 3,压缩进度后的工作量 = 80/0. 8 3 = 96. 4 人月。即压缩进度3周增加的工作量是16. 4,也就说进度缩短了% 17,工作量增加了20. 5%。

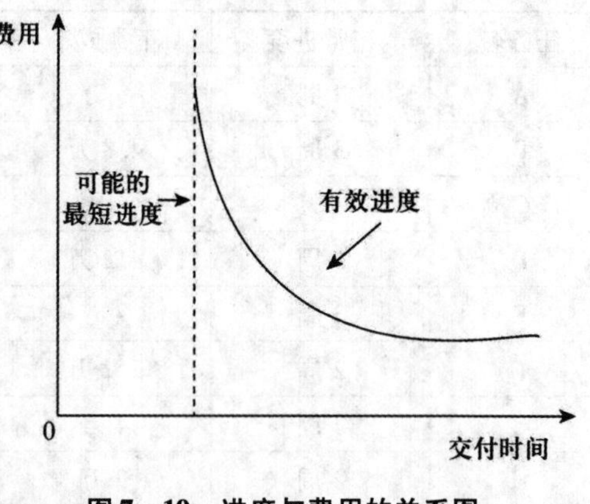

图7－19 进度与费用的关系图

2. 平衡作业法

平衡作业法也称快速跟进,是在相互配合、相互制约的条件下,. 尽可能地同时进行多个活动的方式。例如,将示例项目的周期压缩为1 5 周,可以采用时间成本平衡法,压缩活动A两周和活动C两周,项目时间压缩至1 5 周,这不会改变活动之间的逻辑关系。也可以采用平衡作业法,改变任务之间的逻辑关系,在活动A开始后的第6周即开始活动C,在活动C结束的前1周,就开始活动G,这样使活动A和活动C,并行工作了2周,活动C和活动G并行工作了1周,从而项目的总进度压缩到15周。图7－20所示为两种进度压缩方法的对比。

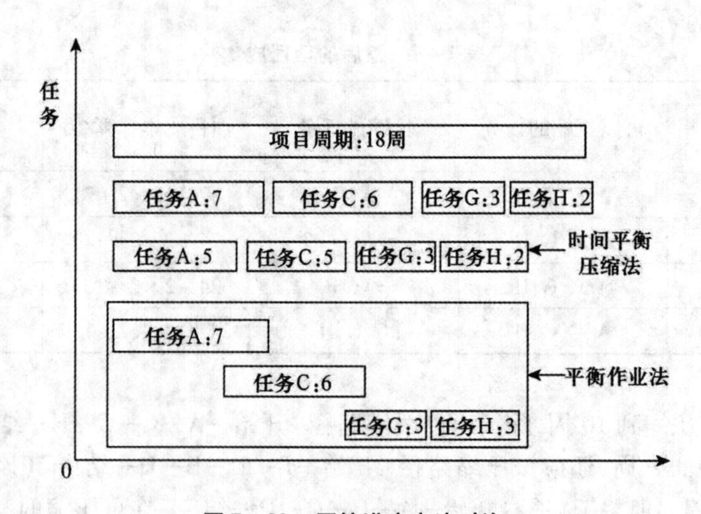

图7－20 压缩进度方法对比

7. 4. 4 资源平衡

前面已经介绍如何使用活动网络分析技术来计划活动应该何时发生,确定了任务的最早开始日期和最迟完成日期。使用PERT技术来预测完成活动期望日期的范围。这两种情况都没有考虑资源的可用性,下面介绍如何使项目计划与可用资源相符,资源的分配会导致理想化的项目计划的评审和修改。下面以图7－21为例说明考虑到资源平衡的项目进度计划调整。

图7－21是为考虑资源问题的,其对应的甘特图和设计分析人员资源直方图如图7－22所示。如果由4四名员工完成该项目,则员工C和员工D休息18天,员工B休息13天,员工A休息5天,造成资源浪费。

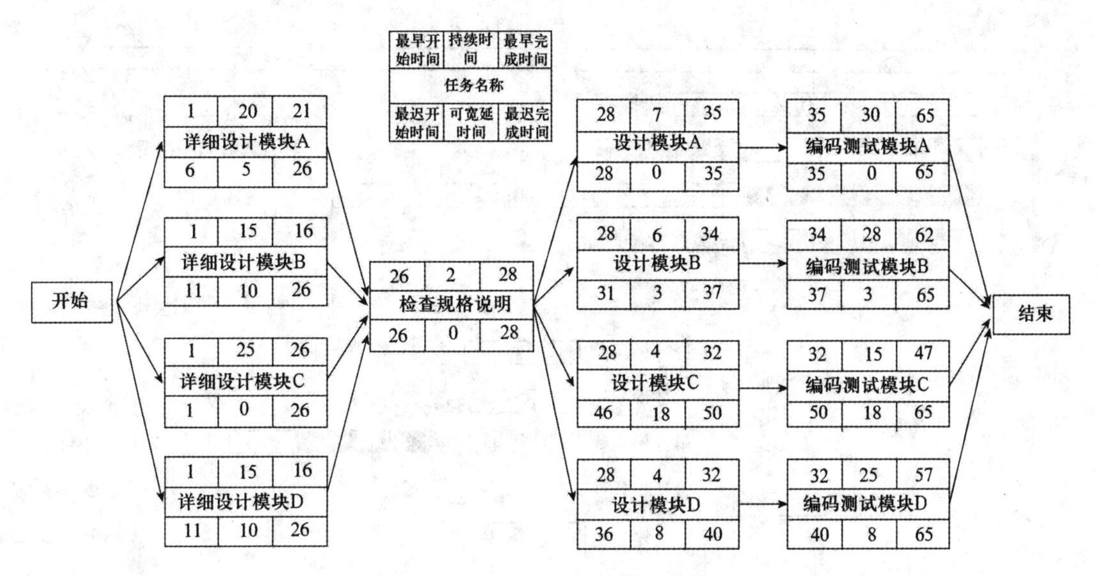

图7－21 考虑到资源平衡的软件项目网络图

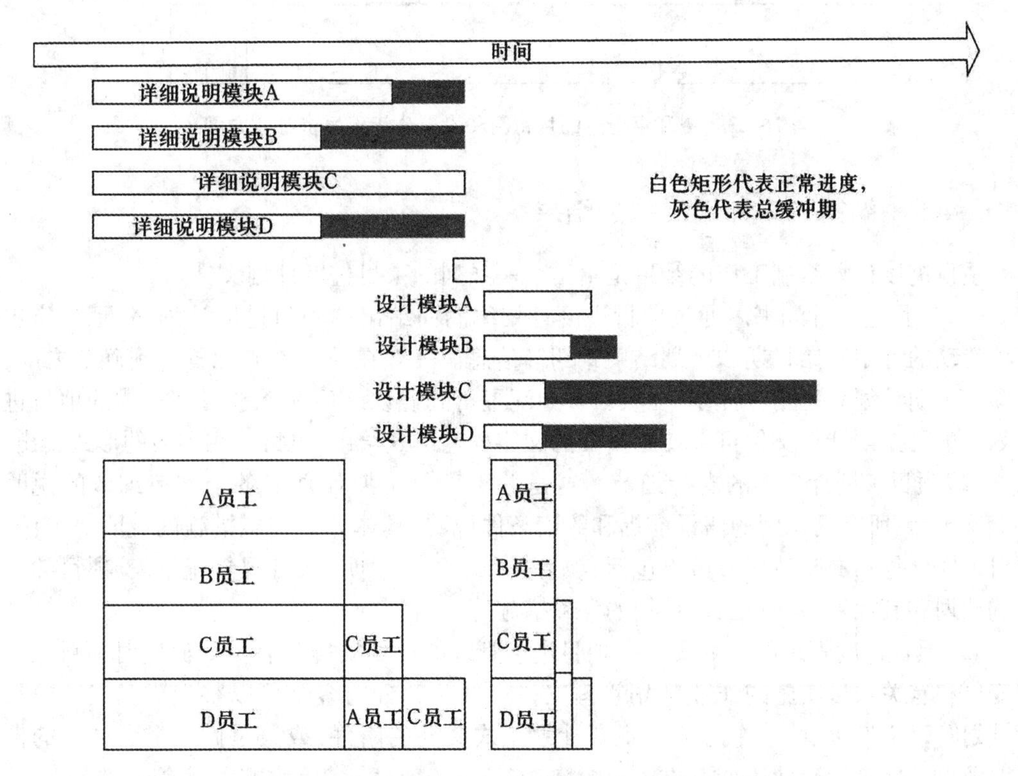

图7－22 考虑资源的甘特图和设计分析人员资源直方图

如果将“详细说明模块C”任务向后推迟10天，并将“设计模块C”任务单提出来，放在30天后（即“详细说明模块C”任务完成以后），并将设计模块D推迟4天，甘特图如图7－23所示。在并不影响任务逻辑关系和总体完成时间的前提下，资源由原来的4名减少到3名。当然，该软件项目的网络图也发生了改变，关键路径也可能发生改变。

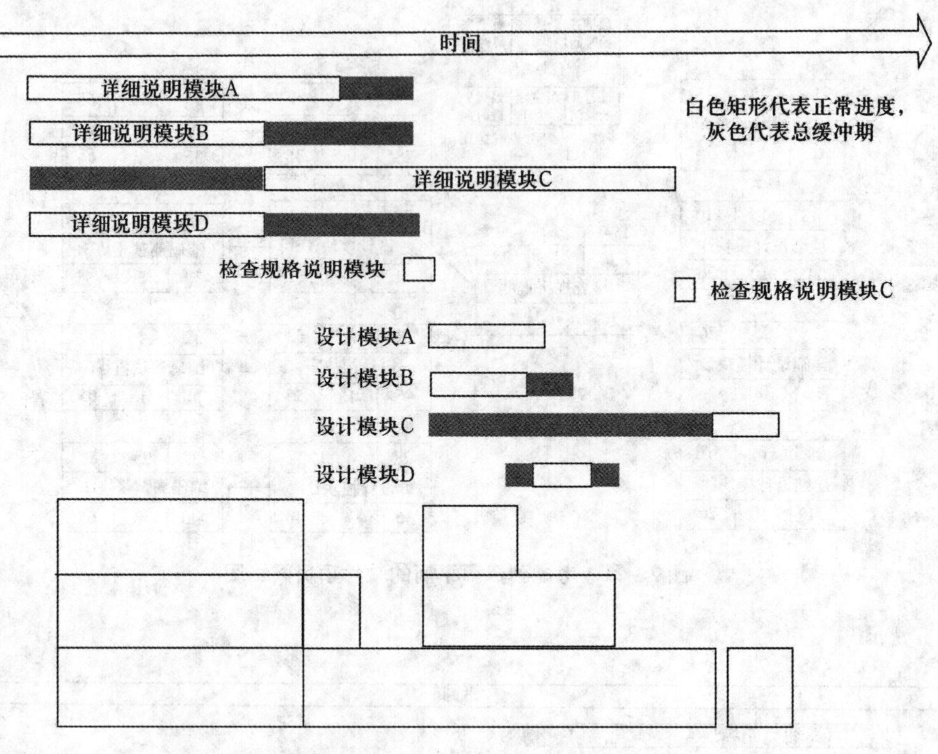

图 7－23　资源平衡过的甘特图和设计分析人员资源直方图

7.4.5　编制进度计划工作的结果

项目进度计划编制工作的结果是给出了一系列的项目进度计划文件。

(1)项目进度计划书。通过项目进度计划编制而给出的项目进度计划书,至少应包括每项活动的计划开始日期和计划结束日期等信息。一般在项目资源配置得到确认之前,这种项目工期计划只是初步计划,在项目资源配置得到确认之后才能够得到正式的项目进度计划。项目工期计划文件可以使用摘要的文字描述形式给出,也可使用图表的形式给出。

(2)项目工期计划书的支持细节。这是关于项目工期计划书各个支持细节的说明文件。这包括:所有已识别的假设前提和约束条件说明、具体计划实施措施的说明等。例如,项目工期计划书的支持细节可以包括:项目资源配置的说明、项目现金流量表、项目的设备采购计划和其他一些项目工期计划的保障措施等。

(3)项目进度管理的计划安排。项目进度管理的计划安排是有关如何应对项目工期计划变更和有关项目实施的作业计划管理安排。这一部分内容既可以整理成正式的项目进度计划管理文件,也可以作为项目工期计划正式文件的附件,或只是做一个大体上的框架说明即可。但是无论使用什么方式,它都应该是整个项目工期计划的一个组成部分。

(4)更新后的项目资源需求。在项目工期计划编制中会出现对于项目资源需求的各种改动,因此,在项目工期计划制订过程中需要对所有的项目资源需求改动进行必要的整理,并编制成一份更新后的项目资源需求文件。这一文件将替代旧的项目资源需求文件并在项目工期计划管理和资源管理中使用。

7.5 项目进度控制

在项目进度管理中,制订出一个科学、合理的项目进度计划,只是为项目进度的科学管理提供了可靠的前提和依据,但并不等于项目进度的管理就不再存在问题。在项目实施过程中,由于资源有限,外部环境和条件的变化,往往会造成实际进度与计划进度发生偏差,如不能及时发现这些偏差并加以纠正,项目进度管理目标的实现就一定会受到影响。所以,必须实行项目进度计划控制。

项目进度计划控制是动态的、全过程的,方法是以项目进度计划为依据,在实施过程中对实施情况不断进行跟踪检查,收集有关实际进度的信息,比较和分析实际进度与计划进度的偏差,找出偏差产生的原因和解决办法,确定调整措施,对原进度计划进行修改后再予以实施。随后继续检查、分析、修正;再检查、分析、修正,直至项目最终完成。

1. 项目进度控制的前提

项目进度控制的前提是有效地制订项目计划和充分掌握第一手实际信息,在此前提下,通过实际值与计划值进行比较,检查、分析、评价项目进度。通过沟通、肯定、批评、奖励、惩罚、经济等不同手段,对项目进度进行监督、督促、影响、制约。及时发现偏差,及时予以纠正;提前预测偏差,提前予以预防。

在进行项目进度控制时,必须落实项目团队之内或之外进度控制人员的组成,明确具体的控制任务和管理职责。要制订进度控制的方法,要选择适用的进度预测分析和进度统计技术或工具。要明确项目进度信息的报告、沟通、反馈以及信息管理制度。

项目进度控制应该由部门经理和项目监控人员共同进行,之所以需要部门经理参与,是因为部门经理负责项目同时一般还要负责一定人事行政的责任,如成员的考核、升迁、发展等。只有通过软件开发项目才能更好地了解项目成员,只有通过对他们有切身利益的管理者参与管理才会更加有效。

2. 项目进度控制主要手段

项目计划书:作为项目进度控制的基准和依据,项目负责人负责制做项目计划书。项目进度监控人员根据项目计划书对项目的阶段成果完成情况进行监控,如果由于某些原因阶段成果提前或延后完成,项目负责人应提前申请并做好开发计划的变更。对于项目进度延后的,应当分析产生进度延后的原因、确定纠正偏差的对策、采取纠正偏差的措施,在确定的期限内消除项目进度与项目计划之间的偏差。项目计划书应当根据项目的进展情况进行调整,以保证基准和依据的新鲜性、有效性。

项目阶段情况汇报与计划:项目负责人按照预定的每个阶段点(根据项目的实际情况可以是每周、每双周、每月、每双月、每季、每旬等)定期在与项目成员和其他相关人员充分沟通后,向相关管理人员和管理部门提交一份书面项目阶段工作汇报与计划。内容包括:

(1)对上一阶段计划执行情况的描述。

(2)下一阶段的工作计划安排。

(3)已经解决的问题和遗留的问题。

(4)资源申请、需要协调的事情及其人员。

(5)其他需要处理的问题。

这些汇报将存档,作为对项目进行考核的重要材料。

在计划制订时就要确定项目总进度目标与分进度目标;在项目进展的全过程中,进行计划进度与实际进度的比较,及时发现偏离,及时采取措施纠正或者预防;协调项目参与人员之间的进度关系。

在项目计划执行中,做好以下几方面的工作:

(1)检查并掌握项目实际进度信息。对反映实际进度的各种数据进行记载并作为检查和调整项目计划的依据,积累资料,总结分析,不断提高计划编制、项目管理、进度控制水平。

(2)做好项目计划执行中的检查与分析。通过检查,分析计划提前或拖后的主要原因。项目计划的定期检查是监督计划执行的最有效的方法。

(3)及时制订实施调整与补救措施。调整的目的是根据实际进度情况,对项目计划做必要的修正,使之符合变化的实际情况,以保证项目目标的顺利实现。由于初期编制项目计划时考虑不周,或因其他原因需要增加某些工作时就需要重新调整项目计划中的网络逻辑,计算调整后的各时间参数、关键线路和工期。

3. 进度控制内容

从内容上看,软件开发项目进度控制主要表现在组织管理、技术管理和信息管理等这几方面。组织管理包括以下几方面内容:

(1)项目经理监督并控制项目进展情况。

(2)进行项目分解,如按项目结构分,按项目进展阶段分,按合同结构分,并建立编码体系。

(3)制订进度协调制度,确定协调会议时间,参加人员等。

对影响进度的干扰因素和潜在风险进行分析。技术管理与人员管理有非常密切的关系。软件开发项目的技术难度需要引起重视,有些技术问题可能需要特殊的人员,可能需要花时间攻克一些技术问题,技术措施就是预测技术问题并制订相应的应对措施。控制得好坏直接影响项目实施进度。

在软件开发项目中,合同措施通常不由项目团队负责,企业有专门的合同管理部门负责项目的转包、合同期与进度计划的协调等。项目经理应该及时掌握这些工作转包的情况,按计划通过计划进度与实际进度进行动态比较,定期向客户提供比较可靠的报告等。

软件开发项目进度控制的信息管理主要体现在编制、调整项目进度控制计划时对项目信息的掌握上。这些信息主要是:预测信息,即对分项和分阶段工作的技术难度、风险、工作量、逻辑关系等进行预测;决策信息,即对实施中出现的计划之外的新情况进行应对并做出决策。参与软件开发项目决策的有项目经理、企业项目主管及客户的相关负责人;统计信息,软件开发项目中统计工作主要由参与项目实施的人员自己做,再由项目经理或指定人员检查核实。通过收集、整理和分析,写出项目进展分析报告。根据实际情况,可以按日、周、月等时间要求对进度进行统计和审核,这是进度控制所必需的。

4. 不同阶段的项目进度控制

从项目进度控制的阶段上看,软件开发项目进度控制主要有:项目准备阶段进度控制,需求分析和设计阶段进度控制,实施阶段进度控制等几部分。

(1)准备阶段进度控制任务:向业主提供有关项目信息,协助业主确定工期总目标;编制阶段计划和项目总进度计划;控制该计划的执行。

(2)需求分析和设计阶段控制的任务:编制与用户的沟通计划、需求分析工作进度计划、设计工作进度计划,控制相关计划的执行等。

(3)实施阶段进度控制的任务:编制实施总进度计划并控制其执行;编制实施计划并控制其执行等。由甲乙双方协调进度计划的编制、调整并采取措施确保进度目标的实施。

为了及时地发现和处理计划执行中发生的各种问题,必须加强项目的协同工作。协同工作是组织项目计划实现的重要环节,它要为项目计划顺利执行创造各种必要的条件,以适应项目实施情况的变化。

【课后实训】

实训1 网络图和历时估算

实践目的:掌握软件项目的网络图以及历时估算。

实践要求:

1. 复习任务网络图示。
2. 完成SPM项目的网络图。
3. 复习任务历时估算算法。
4. 完成SPM项目(或者第一迭代)的每个任务的历时估算,确定任务完成时间。
5. 完成SPM项目(或者第一迭代)的PDM网络图。
6. 选择一个团队课堂上讲述SPM项目的网络图和任务时间估算。
7. 其他团队进行评述,可以提出问题。
8. 老师评述和总结。

实训2 项目进度编排

实践目的:掌握软件项目进度编排方法。

实践要求:

1. 复习任务估算和项目编排方法。
2. 学习进度管理工具(例如MS projece)。
3. 采用进度管理工具编制SPM项目(或者第一迭代)的进度。
4. 完成SPM项目里程碑图(或者迭代计划)。
5. 完成SPM项目(或者第一迭代)预算曲线。
6. 选择一个团队课堂上讲述SPM项目的进度编排和预算曲线。
7. 其他团队进行评述,可以提出问题。
8. 老师评述和总结。

思考练习题

1. 项目活动间的依赖关系有哪几种?
2. 项目活动的历时估算方法有哪几种?
3. 什么是关键路径法?怎样查找关键路径?

4. 作为项目经理,需要给一个软件项目做进度计划,经过任务分解后得到任务 A、B、C、D、E、F、G,假设各个任务之间没有滞后和超前,图 7-24 所示为这个项目的 PDM 网络图。通过历时估计已经估算出每个任务的工期,现已标识在 PDM 网络图上。假设项目的最早开工日期是第 0 天,请计算每个任务的最早开始时间、最晚开始时间、最早完成时间、最晚完成时间,同时确定关键路径,并计算关键路径的长度,计算任务 F 的自由浮动和总浮动。

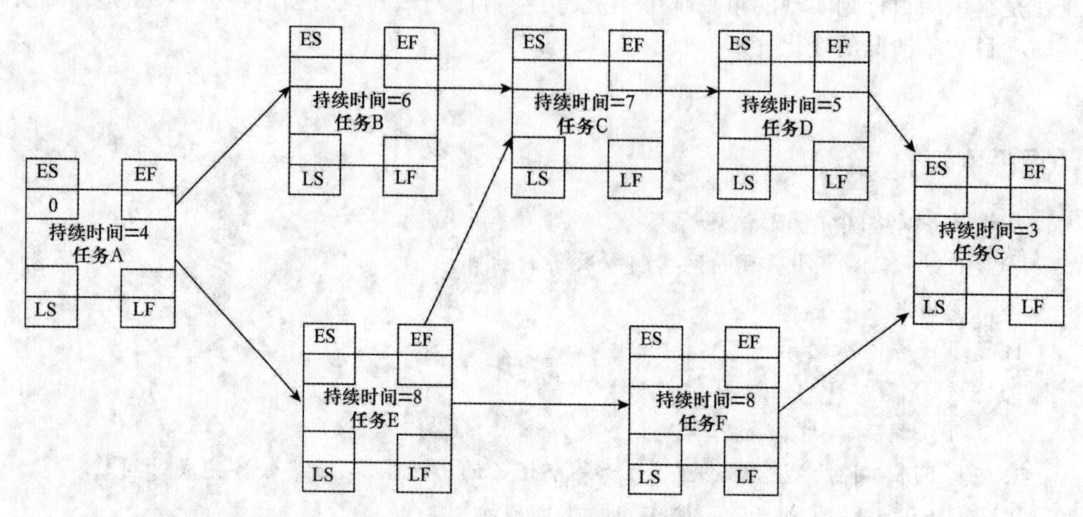

图 7-24　第 4 题的 PDM 网络图

项目八　风险管理

【知识要点】

1. 理解风险的定义及经典模型。
2. 掌握风险识别的重要性。
3. 了解软件项目风险分析。
4. 了解软件项目风险应对。
5. 了解软件项目风险控制。

【难点分析】

1. 熟练掌握相关模型的具体过程。
2. 熟练掌握风险的方法和工具。
3. 熟练掌握风险控制的步骤和内容。

由于软件项目开发和管理中的种种不确定性,使软件业成为高风险的产业。如果在项目刚开始时就关注于识别或解决项目中的高风险因素,就会很大程度地减少甚至避免这种失败。项目管理中最重要的任务之一就是对项目不确定性和风险性的管理。

8.1　风险管理概述

项目风险管理实际上就是贯穿在项目开发过程中的一系列管理步骤,其中包括风险识别、风险估计、风险管理策略、风险解决和风险监控。它是让风险管理者主动“攻击”风险,进行有效的风险管理。

8.1.1　风险的定义

IEEE 给出了风险的定义:一种事件、状态发生的可能性,这种可能性会带来严重的后果或者潜在的问题。所谓“风险”,归纳起来主要有两种说法:主观学认为,风险是损失的不确定性;客观学认为,风险是给定情况下一定时期可能发生的各种结果间的差异。它的两个基本特征是不确定性和损失。风险是客观存在的,与效益同存,只有正视风险才能有效地规避风险。要学会在风险带来的负面影响和潜在的收益中找到平衡点。

从风险可预测的程度来看,可将风险分为以下 3 种类型:

(1)已知风险:通过评估项目计划、项目的商业和技术环境以及其他可靠的信息来源之后可以发现的那些风险。

(2)可预测风险:能够从过去的项目经验中推测出的风险。

(3)不可预测风险:事先很难识别出来的风险。

软件开发中的风险是指软件开发过程中及软件产品本身可能造成的伤害或损失。风险关注未来的事情,这意味着,风险涉及选择及选择本身包含的不确定性,软件开发过程及软件产品都要面临各种决策的选择。风险是介于确定性和不确定性之间的状态,是处于无知和完整知识之间的状态。另一方面,风险将涉及思想、观念、行为、地点等因素的改变。

从风险的范围角度上看,软件项目常见的风险有如下几类:

1. 需求风险

需求风险包括:①需求已经成为项目基准,但需求还在继续变化;②需求定义欠佳,而进一步的定义会扩展项目范畴;③添加额外的需求;④产品定义含混的部分比预期需要更多的时间;⑤在做需求中客户参与不够;⑥缺少有效的需求变化管理过程。

2. 计划编制风险

计划编制风险包括:④计划、资源和产品定义全凭客户或上层领导口头指令,并且不完全一致;②计划是优化的,是“最佳状态”,但计划不现实,只能算是“期望状态”;③计划基于使用特定的小组成员,而那个特定的小组成员其实指望不上;④产品规模(代码行数、功能点、与前一产品规模的百分比)比估计的要大;⑤完成目标日期提前,但没有相应地调整产品范围或可用资源;⑥涉足不熟悉的产品领域,花费在设计和实现上的时间比预期的要多。

3. 组织和管理风险

组织和管理风险包括:①仅由管理层或市场人员进行技术决策,导致计划进度缓慢,计划时间延长;②低效的项目组结构降低生产率;③管理层审查决策的周期比预期的时间长;④预算削减,打乱项目计划;⑤管理层做出了打击项目组织积极性的决定;⑥缺乏必要的规范,导致工作失误与重复工作;⑦非技术的第三方的工作(预算批准、设备采购批准、法律方面的审查、安全保证等)时间比预期的延长。

4. 人员风险

人员风险包括:①作为先决条件的任务(如培训及其他项目)不能按时完成;②开发人员和管理层之间关系不佳,导致决策缓慢,影响全局;③缺乏激励措施,士气低下,降低了生产能力;④某些人员需要更多的时间适应还不熟悉的软件工具和环境;⑤项目后期加入新的开发人员,需进行培训并逐渐与现有成员沟通,从而使现有成员的工作效率降低;⑥由于项目组成员之间发生冲突,导致沟通不畅、设计欠佳、接口出现错误和额外的重复工作;⑦不适应工作的成员没有调离项目组,影响了项目组其他成员的积极性;⑧没有找到项目急需的具有特定技能的人。

5. 开发环境风险

开发环境风险包括:①设施未及时到位;②设施虽到位,但不配套,如没有电话、网线、办公用品等;③设施拥挤、杂乱或者破损;④开发工具未及时到位;⑤开发工具不如期望的那样有效,开发人员需要时间创建工作环境或者切换新的工具;⑥新的开发工具的学习期比预期的长,内容繁多。

6. 客户风险

客户风险包括:①客户对于最后交付的产品不满意,要求重新设计和重做;②客户的意见未被采纳,造成产品最终无法满足用户要求,因而必须重做;③客户对规划、原型和规格的审核决策周期比预期的要长;④客户没有或不能参与规划、原型和规格阶段的审核,导致需求不稳定和产品生产周期的变更;⑤客户答复的时间(如回答或澄清与需求相关问题的时间)比预期长;⑥客户提供的组件质量欠佳,导致额外的测试、设计和集成工作,以及额外的客户关系管理工作。

7. 产品风险

产品风险包括:①矫正质量低下的不可接受的产品,需要比预期做更多的测试、设计和实现工作;②开发额外的不需要的功能延长了计划进度;③严格要求与现有系统兼容,需要进行比预期更多的测试、设计和实现工作;④要求与其他系统或不受本项目组控制的系统相连,导致无法预料的设计、实现和测试工作;⑤在不熟悉或未经检验的软件和硬件环境中运行所产生的未预料到的问题;⑥开发一种全新的模块将比预期花费更长的时间;⑦依赖正在开发中的技术将延长计划进度。

8. 设计和实现风险

设计和实现风险包括:①设计质量低下,导致重复设计;②一些必要的功能无法使用现有的代码和库实现,开发人员必须使用新的库或者自行开发新的功能;③代码和库质量低下,导致需要进行额外的测试,修正错误,或重新制作;④过高估计了增强型工具对计划进度的节省量;⑤分别开发的模块无法有效集成,需要重新设计或制作。

9. 过程风险

过程风险包括:①大量的纸面工作导致进程比预期的慢;②前期的质量保证行为不真实,导致后期的重复工作;③太不正规(缺乏对软件开发策略和标准的遵循),导致沟通不足,质量欠佳,甚至需重新开发;④过于正规(教条地坚持软件开发策略和标准),导致过多耗时于无用的工作;⑤向管理层撰写进程报告占用开发人员的时间比预期的多;⑥风险管理粗心,导致未能发现重大的项目风险。

8.1.2 风险管理

风险管理是指在项目进行过程中不断对风险进行识别、评估和监控的过程,其目的是减小风险对项目的不利影响。

风险管理在项目管理中占有非常重要的地位。首先,有效的风险管理可以提高项目的成功率;其次,风险管理可以增加团队的健壮性。与团队成员一起进行风险分析可以让大家对困难有充分的估计,对各种意外有心理准备,大大提高组员的信心,从而稳定队伍。第三,有效的风险管理可以帮助项目经理抓住工作重点,将主要精力集中于重大风险,将工作方式从被动救火转变为主动防范。

风险管理有两种策略:被动风险策略和主动风险策略。被动风险策略是针对可能发生的风险来监督项目,直到它们变成真正的问题时,才会拨出资源来处理它们。更有甚者,软件项目组对风险不闻不问,直到发生了错误才赶紧采取行动,试图迅速地纠正错误。这种管理模式常常被称为“救火模式”。当补救的努力失败后,项目就处在真正的危机之中。对于风险管理的一个更聪明的策略是主动式的。主动风险策略早在技术工作开始之前就已经启动了。标识出潜在的风险,评估它们出现的概率及产生的影响,对风险按重要性进行排序,然后,软件项目组建立一个计划来管理风险。主动策略中的风险管理,其主要目标是预防风险。但是,因为不是所有的风险都能够预防,所以,项目组必须建立一个应付意外事件的计划,使其在必要时能够以可控的及有效的方式做出反应。任何一个系统开发项目都应将风险管理作为软件项目管理的重要内容。

风险管理目标的实现包含3个要素：首先，必须在项目计划书中写下如何进行风险管理；第二，项目预算必须包含解决风险所需的经费，如果没有经费，就无法达到风险管理的目标；第三，评估风险时，风险的影响也必须纳入项目规划中。

风险管理涉及的主要过程包括：风险识别，风险分析，风险应对和风险控制。

(1)风险识别：包括确定风险的来源、风险产生的条件，描述其风险特征和确定哪些风险事件有可能影响本项目。风险识别不是一次就可以完成的，应当在项目的自始至终定期进行。

(2)风险分析：涉及对风险及风险的相互作用的评估，是衡量风险概率和风险对项目目标影响程度的过程。风险分析的基本内容是确定哪些事件需要制定应对措施。

(3)风险应对：针对风险量化的结果，为降低项目风险的负面效应制定风险应对策略和技术手段的过程。风险应对依据风险管理计划、风险排序、风险认知等依据，得出风险应对计划、剩余风险、次要风险并为其他过程提供依据。

(4)风险控制：涉及对整个项目管理过程中的风险进行应对。该过程的输出包括应对风险的纠正措施以及风险管理计划的更新。

8.1.3 风险管理经典模型

1. Barry Boehm 理论

20世纪80年代，软件风险管理之父Boehm将风险管理的概念引入软件界。Boehm认为：软件风险管理这门学科的出现就是试图将影响项目成功的风险形式化为一组易用的原则和实践的集合，目标是在风险成为软件项目返工的主要因素并由此威胁到项目的成功运作前，识别、描述并消除这些风险项。他将风险管理过程归纳成两个基本步骤：风险评估和风险控制。其中，风险评估包括风险识别、风险分析、风险排序；风险控制包括制订风险管理计划、解决风险、监控风险。

Boehm用公式：$RE = P(UO) * L(UO)$对风险进行度量，其中RE表示风险的影响，$P(UO)$表示令人不满意结果发生的概率；$L(UO)$表示令人不满的结果带来的损失。

Boehm风险管理理论的核心是维护和更新十大风险列表。他通过对一些大型项目进行调查总结出了软件项目十大风险列表，其中包括不现实的时间和费用预算、功能和属性错误、人员匮乏等。在软件项目开始时归纳出现在项目的十大风险列表，在项目. 的生命周期中定期召开会议去对列表进行更新、评比。十大风险列表是让高层经理的注意力集中在项目关键成功因素上的有效途径，可以有效地管理风险并由此减少高层的时间和精力。

2. SEl 的 CRM 模型

SEI是软件工程研究与应用的权威机构，旨在领导、改进软件工程实践，以提高以软件为主导的系统的质量。SEI的软件风险管理原则：

(1)全局观点；(2)积极的策略；(3)开放的沟通环境；(4)综合管理；(5)持续的过程；(6)共同的目标；(7)协调工作。

SEI提出的CRM模型要求在项目生命周期的所有阶段都关注风险识别和管理，它将风险管理划分为5个步骤，如图8-1所示。

3. Riskit 方法

Riskit方法提供系统化的风险管理过程和技术，让组织在项目早期采用系统化的风险管理过程和技术避免风险。Riskit方法是由MarryLand大学提出的，旨在对风险的起因、触发事件及其影响等进行完整的体现和管理，并使用合理的步骤评估风险。对于风险管理中的每个活动,Riskit 都提供了详细的活动执行模板,包括活动描述、进入标准、输入、输出、采用的方法和、工具、责任、资源、退出标准。

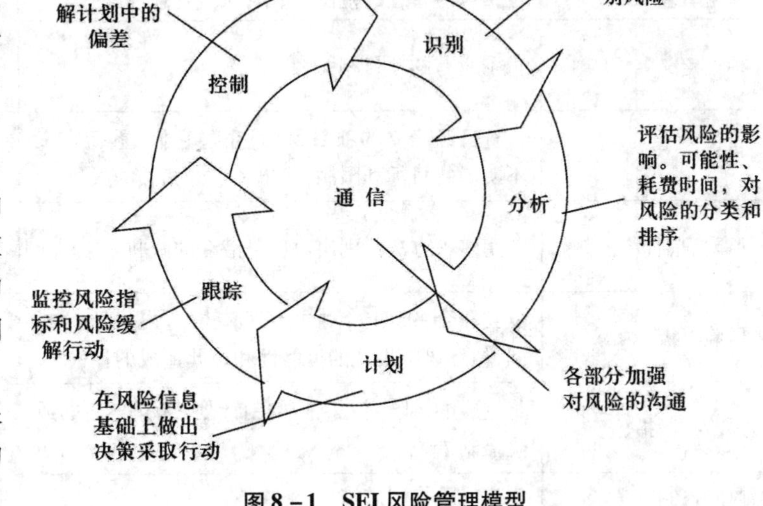

图 8-1 SEI 风险管理模型

Riskit 方法的特点:

(1)提供风险的明确定义:损失的定义建立在期望的基础上,即项目的实际结果没有达到项目相关者对项目的期望程度。

(2)明确定义目标、限制和其他影响项目成功的因素。

(3)采用图形化的工具 Riskit 分析图对风险建模,定性地记录风险。

(4)使用应用性损失的概念排列风险的损失。

(5)不同相关者的观点被明确建模。

Riskit 风险管理过程如图 8-2 所示,在项目生命期内,这些活动可以重复多次。

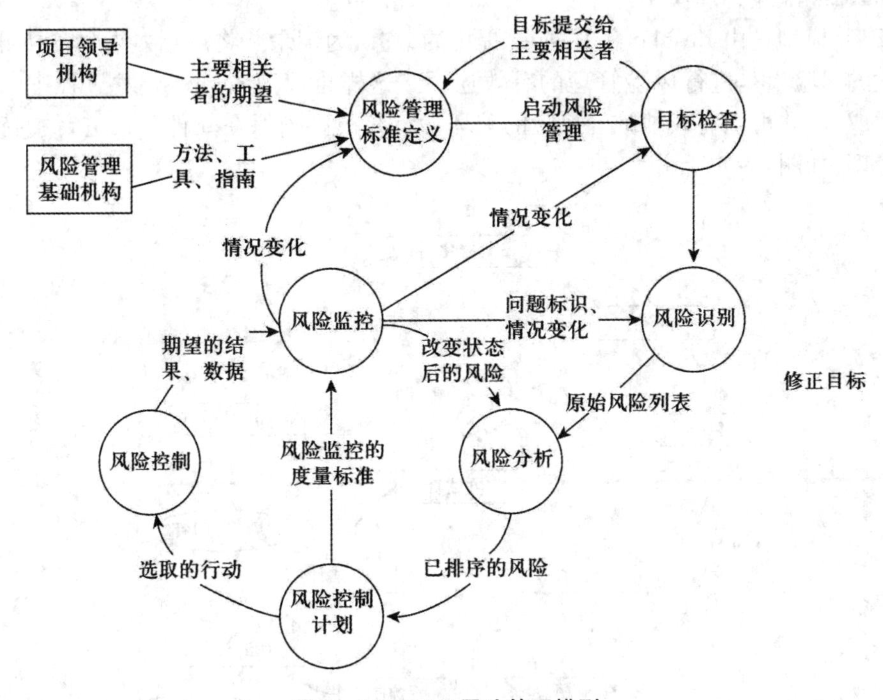

图 8-2 Riskit 风险管理模型

表 8-1 列出了 Riskit 方法的各活动功能概述以及各活动的主要产出物。

表 8-1 Riskit 方法活动描述及产出物

活动名称	活动功能描述	活动产出物
风险管理	定义风险管理的范围、频率,风险管理标准;	
标准定义	识别所有的项目相关者	为什么、何时、谁、如何、用什么进行风险管理
目标检查	审查已经确立的项目目标,完善它们,重新定义不明确的目标和限制;找出和目标相关的人员	明确的目标定义
风险识别	使用多种方法识别出对项目潜在的威胁	原始风险列表
风险分析	分类和合并风险;对主要风险构造出风险分析图,估计风险出现的可能性和由此造成的损失	风险分析图和风险排序
风险控制措施	将重要的风险列入风险控制计划,选择合适的风险控制措施	选定的风险控制措施
风险控制	实施风险控制措施	控制的风险
风险监控	监控风险状态	风险的状态信息

Riskit 方法将近乎完美的理论溶入可靠的过程和技术。根据在一些组织中的研究调查显示,Riskit 方法在实践中被认为是可行的,它可导致更详细的风险分析和描述,也可以改善风险管理过程的结果。

4. SoftRisk 风险管理模型

SoltRisk 模型是由 Keshlaf 和 Hashim 提出的,它认为记录并将注意力集中在高可能性和高破坏性的风险上是进行风险管理的有效途径。这样可以节省软件开发过程中的时间成本和人力成本,并可以有效地减轻风险的破坏性。此模型确保在软件项目进行中持续地进行风险管理,如图 8-3 所示。

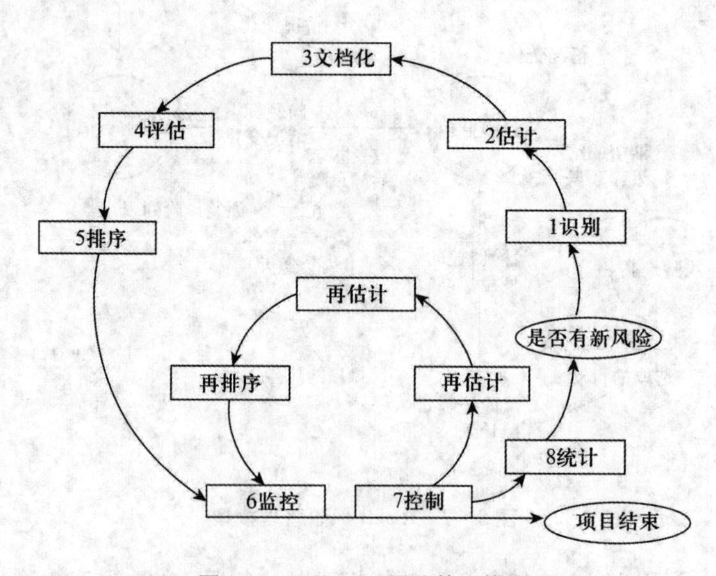

图 8-3 SoftRisk 风险管理模型

风险管理步骤如下：

(1)风险识别：SoltRisk 模型识别不仅针对可能发生在任何类型项目的一般风险，也针对仅发生在特定项目的特定风险。

(2)损失估计：对第一步中识别出的每一种风险都要确定它发生的概率及其影响。

(3)文档化识别的风险，Softrisk 将所有一般的和特别的风险数据文档化。

(4)风险评估：Ayad Ali Keshlaf，Khairuddin Hashim 定义了风险暴露(RE)公式：

$$RE = 风险发生的概率 \times 风险造成的影响$$

(5)风险排序：按照上述公式对风险排序，找出十大风险。

(6)风险监控：把一图形分成红、黄、蓝 3 个区域来表示 RE 值，利用图形表示风险的级别、状态。

(7)控制阶段：根据风险严重程度来选择一个合适的风险减少技术。这项技术可以是缓解偶然性或危机计划。在应用了这种技术后，再估计、再评估、再排序是必须的。

(8)统计操作，如果有新的风险，则再转到步骤(1)。

该模型在项目开始时采用 8 个步骤来完成一次风险管理流程，一旦发现新的风险则再次启动这 8 个步骤进行循环。在采取相应措施缓解风险后，启动内部的循环：再估计、再评估、再排序，然后再监控、控制，直到风险缓解或消除。由此可见，该模型的核心是持续地发现和控制风险，并通过更新、维护基于 Boehm 理论的十大风险列表来管理风险。

5. IEEE 风险管理标准

IEEE 风险管理标准定义了软件开发生命周期中的风险管理过程。这个过程适合于软件企业的软件开发项目。也可应用于个人软件开发。虽然这个标准是用来管理软件项目的风险，但也同样适用于管理各种系统级和组织级的风险。

这个风险管理过程是一个持续的过程，它系统地描述和管理在产品或服务的生命周期中出现的风险。包括以下活动：计划并实施风险管理、管理项目风险列表、分析风险、监控风险、处理风险、评估风险管理过程。风险管理过程如图 8－4 所示。

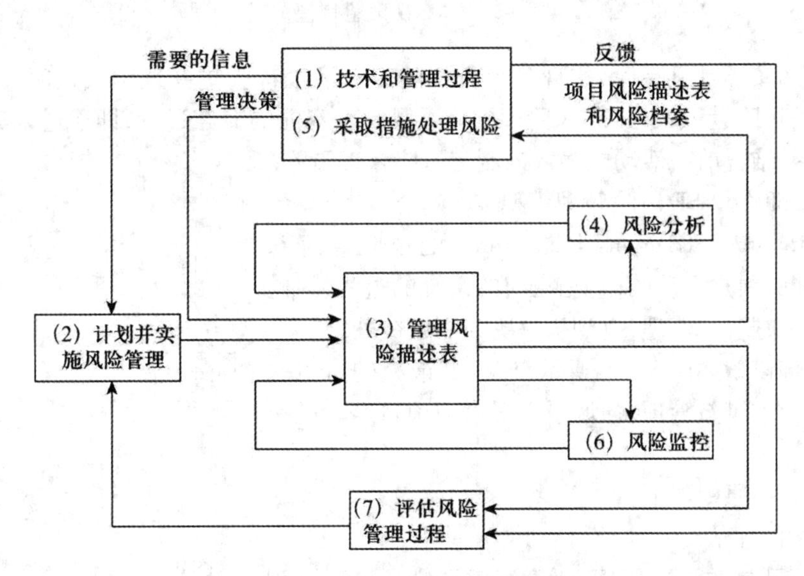

图 8－4　IEEE 风险管理过程模型

6. CMMI 的风险管理过程域

CMMI(软件能力成熟度模型集成)是由 SEI 在 CMM 基础上发展而来,并在全世界推广实施的一种软件能力成熟度评估标准,主要用于指导软件开发过程的改进和进行软件开发能力的评估。风险管理过程域是在 CMMI 第三级——已定义级中的一个关键过程域。CMMI 认为风险管理是一种连续的前瞻性的过程。它要识别潜在的可能危及关键目标的因素,以便策划应对风险的活动和在必要时实施这些活动,缓解不利的影响最终实现组织的目标。

CMMI 的风险管理被清晰地描述为实现 3 个目标,每个目标的实现又通过一系列的活动来完成,如图 8-5 所示。

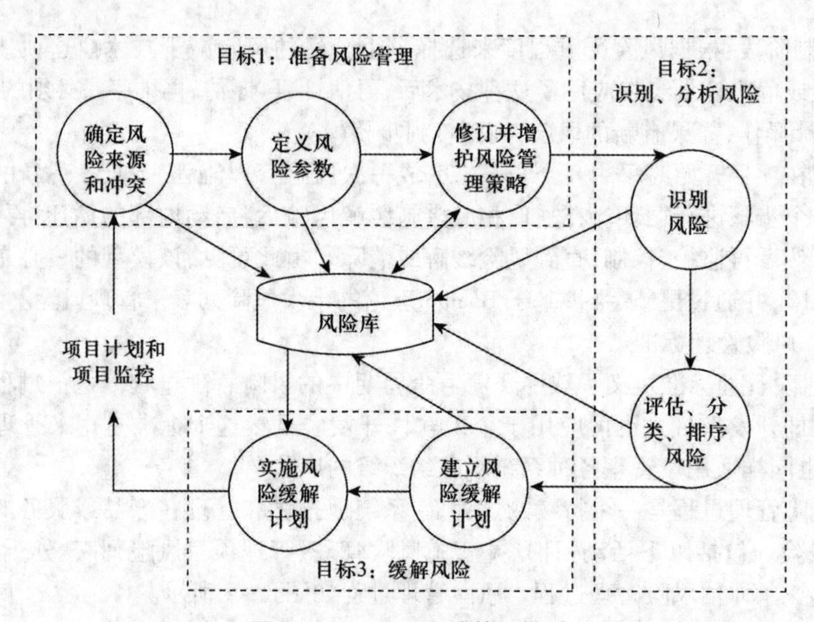

图 8-5　CMMI 风险管理模型

该模型的核心是风险库,实现各个目标的每个活动都会更新这个风险库。其中,活动"制订并维护风险管理策略"与风险库的联系是一个双向的交互过程,即通过采集风险库中相应的数据并结合前一活动的输入来制定风险管理策略。

7. Micmsoft 的 MSF 风险管理模型

MSF(Microsoft SO1utions Framework)的风险管理认为:风险管理必须是主动的,它是正式的系统的过程,风险应被持续评估、监控、管理,直到被解决或问题被处理。

风险管理模型如图 8-6 所示,该模型最大的特点是将学习活动溶入风险管理,强调了学习以前项目经验的重要性。

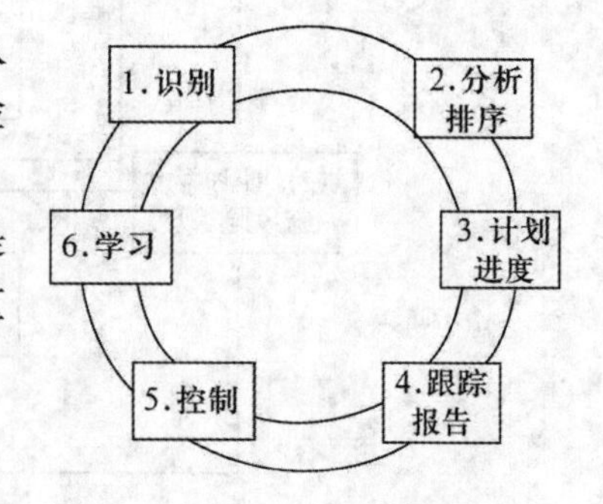

图 8-6　MSF 风险管理模型

其风险管理原则如下:

(1)持续的评估。

(2)培养开放的沟通环境:所有组成员应参与风险识别与分析;领导者应鼓励建立没有责备的文化。

(3)从经验中学习:学习可以大大降低不确定性;强调组织级或企业级地从项目结果中学习的重要性。

(4)责任分担:组中任何成员都有义务进行风险管理。

以上介绍的是自风险管理概念引入软件业以来国际上一些经典的软件项目风险管理模型。不论风险管理理论多么成熟,过程多么完美,工具多么先进,如果不能与实际的项目相结合并加以有效地利用,一切都是枉然。风险管理对于软件企业来说关系到企业的生存发展,应该上升到组织的高度。

8.2 风险识别

风险识别是风险管理的第一步活动,也是项目风险管理中一项经常性的工作。风险识别的主要工作是确定可能对项目造成影响的风险,系统地识别风险是这个过程的关键,识别风险不仅要确定风险来源,还要确定何时发生、风险产生的条件,并描述其风险特征和确定哪些风险事件有可能影响本项目。风险识别不是一次性的活动,应当在项目执行过程中自始至终定期进行。

8.2.1 风险识别的重要性

在软件项目的开发过程中,必须要面对这样一个现实问题,就是风险无处不在。如果不能正确地识别和控制风险,那么点滴的疏漏就有可能把项目推向崩溃的边缘。

首先,软件项目中的风险具有繁殖能力。如果不能识别项目中的初级风险,那么这个风险很可能在项目推进过程中衍生出其他风险。例如,用户需求定义过程,没有充分理解用户的意图或用户的操作习惯,而是想当然地定义用户的需求,那么就会给系统框架结构的设计或用户接口(U I 接口)设计埋下风险的种子。日后只要条件成熟,它们就会遍地开花。

其次,软件项目中的风险具有变异能力。虽然同类项目可以参照类比,但是,不能生搬硬套。不同的环境下,同样的风险会有不同的表现形式。例如,用户需求的定义,不同设计人员,定义的结果就会发生差异。如果不能及时发现和纠正这些差异,日后就有可能把项目推向一个进退两难的境地。

第三,软件项目中的风险具有依赖性。项目中任何风险都不是独立的,它们本质上是互相依赖,互为因果的。它们就像一张无形的网,如果能找到正确的结点,那么很多风险都会被破解在无形之中;如果找不到正确的结点,那么它们会越搅越乱,最后让你难以自拔。

8.2.2 风险识别的方法和工具

从项目管理角度讲,风险识别的依据有:合同、项目计划、工作任务分解(WBS)、各种历史参考资料(类似项目的资料)、项目的各种假设前提条件和约束条件。

从软件开发的生命周期看,每个阶段的输出(各种文档)都是下一阶段进行风险识别的依据,许多技术风险都可据此来分析。

风险识别的方法很多,不同的方法适用于不同的场合。软件项目风险识别通常采用的方法有以下几种:

1. 风险核对清单

将可能出现的问题列出清单,然后对照检查潜在的风险。风险核对清单列出了项目中常见的风险。项目相关人员通过核对风险核对清单,判断哪些风险会出现在项目中。可根据项目经验对风险核对清单进行修订和补充。该方法可以使管理者集中识别常见类型的风险。

风险核对清单中的风险条目通常与以下几方面相关:项目规模、商业影响、项目范围、客户特性、过程定义、技术要求、开发环境、人员数目及其经验。其中,每一项都包含很多风险条目。

使用风险核对清单法进行风险识别的优点是快速而简单,可以用来对照项目的实际情况,逐项排查,从而帮助识别风险。但由于每个项目都有其特殊性,检查表法很难做到全面周到。表 8-2 所示为一个风险核对清单的样例。

表 8-2　风险核对清单样例

编号	等级	描述	类型	根本原因	触发器	可能的应对	风险责任人	概率	影响	状态

(1)编号:给每个风险的唯一的标识符号。

(2)等级:往往是一个数字,1 表示最高级的风险。

(3)描述:对风险的详细描述。

(4)类型:风险事件所属的类型,例如服务器故障可以归入技术或硬件技术类。

(5)根本原因:风险产生的根本原因,比如服务器故障的根本原因可能是电源供电不足。

(6)触发器:风险事件实际发生的迹象或征兆。比如,早期活动的成本溢出可能是成本估计不善的征兆。

(7)可能的应对:一个可能的应对这个风险的办法。

(8)风险责任人:对风险及其相关风险应对战略和任务负责的人。

(9)概率:风险发生的概率。

(10)影响:如果风险发生了,对项目的影响程度(大、中、小)。

(11)状态:这个风险发没发生以及当前的处理情况。

2. 头脑风暴法

头脑风暴法简单来说就是团队的全体成员自由地提出自己的主张和想法,它是解决问题时常用的一种方法。利用头脑风暴法识别项目风险时,要将项目主要参与人员代表召集到一起,然后他们利用自己对项目不同部分的认识,识别项目可能出现的问题。一个有益的做法是询问不同人员所担心的内容。头脑风暴法的优点是可对项目风险进行全面的识别。

3. 专家访谈

向该领域的专家或有经验的人员了解项目中会遇到哪些困难。专家访谈法又称德尔菲方法,本质上是一种匿名反馈的函询法。它起源于20世纪40年代末,最初由美国兰德公司应用于技术预测。

把需要做风险识别的软件项目的情况分别匿名征求若干专家的意见,然后把这些意见进行综合、归纳和统计,再反馈给各位专家,再次征求意见。这样反复经过四至五轮,逐步使专家意见趋向一致,作为最后预测和识别风险的依据。

4. 情景分析法

情景分析法是根据项目发展趋势的多样性,通过对系统内外相关问题的系统分析,设计出多种可能的未来前景,然后用类似于撰写电影剧本的手法,对系统发展态势做出自始至终的情景和画面的描述。

情景分析法是一种适用于对可变因素较多的项目进行风险预测和识别的技术,它在假定关键影响因素有可能发生的基础上,构造多重情景,提出多种未来的可能结果,以便采取适当措施防患于未然。

5. 风险数据库

一个已知风险和相关的信息的仓库,它将风险输入计算机,并分配一个连续的号码给这个风险,同时维持所有已经识别的风险历史记录,它在整个风险管理过程中都起着很重要的作用。

在实际应用中,风险核对清单是一种最常用的工具,它是建立在以前的项目中曾遇到风险的基础上。该工具的优点是简单快捷,缺点是容易限制使用者的思路。

识别风险,从思想意识方面,要注重以下方面:

(1)三思而后行,做一件事情之前,一定要想清楚前因后果,不但要有工作热情,更要有谨慎而科学的思考习惯。

(2)要有团队意识,任何个人的思维都是有局限性的,软件作为一种知识密集型产品,需要能力强、素质高的个人,他们是团队的核心,但绝不排斥任何人对项目有益的思考和建议。

(3)要有良好的沟通交流意识,这种沟通交流不仅是项目组内部的,同时也要涵盖到项目的客户。作为开发人员,大多是专业技术人员,对项目的应用领域的知识知之甚少,因此与客户的沟通交流尤为重要。

人员管理方面,要注意以下问题:

(1)人员构成是否与项目的复杂度匹配,项目组不一定都是强人,对于简单项目使用强人是浪费;对与复杂项目,没有强人是灾难。

(2)项目组成员是否稳定,稳定的团队、人员之间容易形成默契,有助于形成开发合力,提高开发效率和项目品质;

(3)项目组成员的角色分工是否合理,每个人是否能够各尽所长,避已之短。

风险是不可回避的,必须时刻关注项目进展过程中的缺陷和不足,时刻保持警惕。

8.3 风险分析

软件项目开发是一项可能有损失的活动,不管开发过程如何进行都有可能超出预算或时间延迟。项目开发的方式很少能保证开发工作一定成功,都要冒一定的风险,所以需要进行项目风险分析。

风险分析是在风险识别的基础上估计风险的可能性和后果,并在所有已识别的风险中评估这些风险的价值。这个过程的目的就是将风险按优先级别进行等级划分,以便制订风险管理计划,因为不同级别的风险要区别对待,以使风险管理的效益最大化。

在进行项目风险分析时,重要的是要量化不确定的程度和每个风险相当的损失程度,为实现这一点就必须要考虑以下问题:要考虑未来,什么样的风险会导致软件项目失败?要考虑变化,在用户需求、开发技术、目标、机制及其他与项目有关的因素的改变将会对按时交付和系统成功产生什么影响?必须解决选择问题,应采用什么方法和工具,应配备多少人力,在质量上强调到什么程度才满足要求?要考虑风险类型,是属于项目风险、技术风险、商业风险、管理风险还是预算风险等。这些潜在的问题可能会对软件项目的计划、成本、技术、产品的质量及团队的士气都有负面的影响。风险管理就是在这些潜在的问题对项目造成破坏之前识别、处理和排除。

8.3.1 风险分析流程

根据风险分析的内容,可将风险分析过程细分为2个活动:风险估计和风险评价。通常项目计划人员与管理人员、技术人员一起,进行风险分析,该过程是一个不断重复的过程,在整个生命周期都要有计划、有规律地进行风险分析,分析流程如图8-7所示。

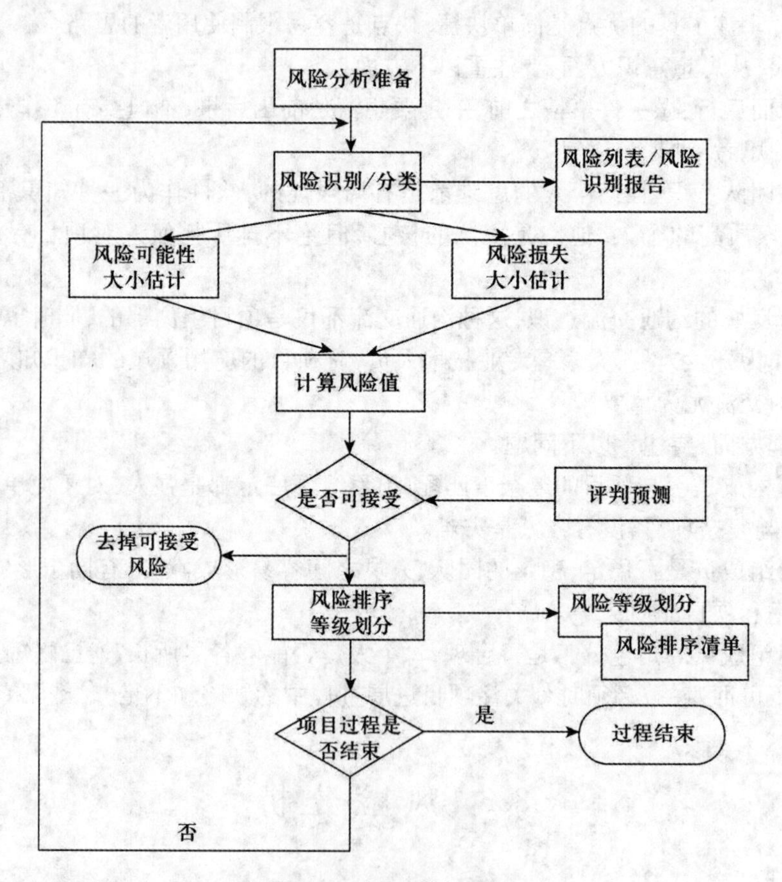

图8-7 风险分析流程

8.3.2 风险估计

风险估计是估计已识别的风险发生的可能性和风险出现后将会产生的后果,并描述风险对项目的潜在影响和整个项目的综合风险。

风险估计有以下 4 个环节:

1. 定义风险评估准则

评估准则是事先确定的一个基准,作为风险估计的参照依据。准则有定性和定量两种,定性估计将风险分成等级,如很大、大、中、小、级小 5 个等级,一般以不超过 9 级为宜。定量估计则是给出一个具体的数值,如 0.7 表示风险发生的可能性为 70%。当然,定量估计还有其他方法,用模糊数表示风险的可能性就是一种常用的方法。表 8-3 所示为一个评估准则的例子。

表 8-3 风险可能性评估准则

可能性	说明	等级
大于 80%	非常有可能性,几乎肯定	很大
60% ~80%	很有可能性,比较确信	大
40% ~60%	有时发生	中
20% ~40%	不易发生,但有理由可预期能发生	小
1% ~20%	几乎不可能,但有可能发生	很小

2. 估计风险事件发生的可能性

根据评估准则对每个风险发生的可能性进行预测,预测的值应该是多人预测的综合结果。

3. 估计风险事件发生的损失

风险对项目的影响是多方面的,因此损失的估计也应从多方面分别进行估计,通常对三方面进行估计:进度、成本、性能。

(1)进度:项目进度能够被维持且产品能按时交付的不确定程度。

(2)成本:项目预算能够被维持的不确定的程度。

(3)性能:产品能够满足需求且符合其使用目的的不确定的程度。

表 8-4 所示为一个风险损失的评估准则例子。

表 8-4 风险损失的评估准则

损失	说明			等级
	成本	进度	性能	
>0.8	成本增加 >20%	项目延迟 >20%	性能不能满足用户要求	很大
0.4 ~0.8	成本增加 10% ~20%	项目延迟 10% ~20%	性能有较严重的缺陷	大
0.2 ~0.4	成本增加 5% ~10%	项目延迟 5% ~10%	主要方面的性能不足	中
0.1 ~0.2	成本增加 1% ~5%	项目延迟 1% ~5%	性能有缺陷,但基本满足用户的要求	小
<0.1	成本增加 <1%	项目延迟 <1%	性能有不明显的缺陷	很小

4. 计算风险值根据估计出来的风险的可能性和损失,计算风险值(R)

$$R=f(p,c)$$

式中 p——风险事件发生的可能性;

c——风险事件发生的损失。

评估者可根据自身的情况选择相应的风险计算方法计算风险值。

表 8-5 所示为一个风险评估的例子。

表 8-5 风险评估例子

风险	可能性	对进度的影响	对成本的影响	对性能的影响	影响值
需求不明确	0.5	0.3	0.3	0.4	0.5
需求变动	0.9	0.5	0.4	0.2	0.99
关键人员的离职	0.2	0.4	0.2	0.3	0.1 8
公司资源对项目产生了限制	0.6	0.4	0.2	0.3	0.54
缺少严格的变更控制和版本的控制	0.2	0.5	0.3	0.3	0.22

影响值二可能性×(对进度的影响+对成本的影响+对性能的影响)

对项目风险进行分析是处置风险的前提,是制订和实施风险计划的科学根据,因此,一定要对风险发生的可能性及其后果做出尽量准确的估计。但在软件项目中,要准确地估计却不是件易事,主要有以下几个原因:

(1)依赖主观估计。由于软件项目的历史资料通常不完整,因此,都是根据经验进行估计,而且主观估计常常存在相互矛盾的问题。例如,某专家对一个特定风险发生的概率估计为0.6,然而,当问及不发生的概率时,回答可能性是0.5。因此,许多学者将模糊数学理论引入到风险预测中,以解决预测的可能性和准确性问题。

(2)人们认知的局限。由于人类自身认知客观事物的能力有限,所以不能准确地预知未来事物的发展变化,这也是导致风险估计主观性的主要原因。

(3)项目环境多变。项目的一次性特征使其不确定性比其他经济活动大,因此,其预测的难度也较其他经济活动大。也正是这个原因,风险管理应该贯穿整个项目周期。

8.3.3 风险评价

风险评价是根据给定的风险评判标准(也称风险评价基准),判断项目是继续执行还是终止。对于继续执行的项目,要进一步给出各个风险的优先排序,确定哪些是必须控制的风险。

那么,要判断风险的高低,就需要一个标准,只有统一标准,才具有可比性,所以在做风险评价时,评价标准的设定应依据前面所确定的风险的可能性和损失的评估准则,不能自成一体。表 8-6 所示为依据上面几个表格得到的风险评价标准。

表 8－6　风险评价标准

风险值	等级	对应策略
>=0.9	很高	重点控制
[0.5,0.9]	高	应对
[0.2,0.5]	中	应对
[0.1,0.2]	低	视成本,损失严重程度等因素,决定是否应对
<0.1	很低	接受

表 8－7 所示为对常见的风险进行的风险评价结果。

表 8－7　常见风险评价结果

风险	类别	概率	影响	排序
用户变更需求	产品规模	80%	5	1
规模估算过低	产品规模	60%	5	2
人员流动	人员数目及经验	60%	4	3
最终用户抵制该计划	商业影响	50%	4	4
交付期限被紧缩	商业影响	50%	3	5
技术达不到预期效果	技术情况	30%	2	7
缺少对工具的培训	开发环境	40%	1	8

从表 8－7 中可以看出,用户需求变动的风险很高,用户需求变动和规模估算过低 2 个风险属于高风险,人员流动属于中等风险,前 3 个风险必须采取措施应对,最后 1 个可以根据项目具体情况而定。

有时候也直接根据损失的大小来进行评价,但因为软件项目的评价具有多目标性,成本、进度、性能、可靠性和维护性都是典型的评判目标,所以风险评判标准就是这些单一目标的组合,不同的组合就构成了一个参照区域,而某个组合就是其中的一个参照点。

风险评判标准与风险承受能力有关,例如有人认为成本超出 1 0% 属于中等风险,可以承受,而有的人认为是高风险,不能承受。个人的风险偏好是风险承受能力的主要影响因素。

8.4　风险应对

在识别和分析风险之后,就必须对风险做出适当的应对,包括形成选择方案和确定战略。风险应对策略包括风险回避、风险接受、风险转移和风险缓解等。

8.4.1　风险回避

回避风险是对可能发生的风险尽可能地规避,采取主动放弃或者拒绝使用导致风险的方案。例如,放弃采用新技术。

回避风险消除了风险的起因,将风险发生概率降为零,具有简单和彻底的优点。回避风险要求对风险有足够的认识,当其他风险策略不理想的时候,可以考虑采用。但回避一种风险可能产生另外的风险,而且不是所有的情况都适用,有些风险无法回避,如用户需求变更等。

对于一个风险回避的例子,假如频繁的人员流动被标注为一个项目风险,基于以往的历史和管理经验,人员流动的概率为70%,被预测为对于项目成本及进度有严重的影响。为了缓解这个风险,项目管理者必须建立一个策略来降低人员流动。可能采取的策略如下:

(1)与现有人员一起探讨一下人员流动的原因(如恶劣的工作条件、低报酬、竞争激烈)。

(2)在项目开始之前,采取行动以缓解那些在管理控制之下的原因。

(3)一旦项目启动,假设会发生人员流动并采取一些技术措施以保证当人员离开时的工作连续性。

(4)对项目进行良好组织,使得每一个开发活动的信息能被广泛传播和交流。

(5)定义文档的标准,并建立相应的机制,以确保文档能被及时建立。

(6)对所有工作进行详细复审,使得不止一个人熟悉该项工作。

(7)对于每一个关键的技术人员都指定一个后备人员。

8.4.2 风险接受

风险接受是一旦风险发生,承担其产生的后果或者项目团队有意识地选择由自己来承担风险后果。

当风险很难避免,或采取其他风险应对方案的成本超过风险发生后所造成的损失时,可采取接受风险的策略。

风险接受分为主动接受和被动接受两种。

(1)主动接受:在风险识别、分析阶段已对风险有了充分准备,通过做出各种资金安排以确保损失出现后能及时获得资金以补偿损失。当风险发生时马上执行应急计划,一般来说主动接受风险主要通过建立风险预留基金的方式来实现。

(2)被动接受:风险发生时再去应对。一般采用的方法是风险损失发生后从收入中支付,即不是在损失前做出资金安排。当经济主体没有意识到风险并认为损失不会发生时,或将意识到的与风险有关的最大可能损失显著低估时,就会采用无计划保留方式承担风险。一般来说,无资金保留应当谨慎使用,因为如果实际总损失远远大于预计损失,将引起资金周转困难。例如,由于各方面原因,项目延期了,必须向用户支付违约金,或不得不接受用户对需求的变更等,这些都会造成项目成本增加,利润下降甚至亏本,但为了市场的需要,不得不接受这个现实。

8.4.3 风险转移

转移风险是为了避免承担风险损失,有意识地将损失或与损失有关的财务后果转嫁出去的方法。风险转移常用来应对金融风暴的爆发。

风险转移的方式可分为非保险转移和保险转移两种。

(1)非保险转移:指通过订立经济合同,将风险及风险有关的财务结果转移给别人。常见的非保险转移有租赁、采购、分包、免责合同等。

(2)保险转移:指通过订立保险合同,将风险转移给保险公司。可以在面临风险的时候向保险公司缴纳一定的保险费,将风险转移。例如,项目团队可以为一个项目所需的硬件购买特定的保险或担保。如果硬件出故障,保险公司必须在约定的时间内更换,这就是一种风险转移。

值得注意的是,有些风险是无法转移的,如组织的信誉度、政治方面的影响等。

8.4.4　风险缓解

风险缓解是指把不利的风险事件的概率或后果降低到一个可以接受的水平,即通过降低风险事件发生的概率,从而降低风险事件的影响。在风险发生之前采取一些措施降低风险发生的可能性或减少风险可能造成的损失。

提前采取行动减少风险的发生概率或者减轻其对项目造成的影响,比在风险发生后亡羊补牢有效得多。例如,实施更多的测试,或者选择比较可靠的卖方等,都可缓解风险。

风险缓解方案包括风险前缓解和风险后缓解两种方式。风险前缓解风险是在风险发生之前采取相应的措施,通过减少风险发生的概率或减少风险发生造成的影响程度而缓解风险。例如,为了防止人员流失,提高人员待遇,改善工作环境;为防止程序或数据丢失而进行备份等。风险后缓解风险是在风险发生之前并不采取措施,而是事先做好计划,让团队知道一旦风险发生应该如何去做,从而缓解风险发生造成的影响。

一般来说,采取预防措施阻止或缓和风险比发生风险后再弥补其造成的损失费用要低,效果要好。

8.4.5　风险应对措施

制订项目风险应对措施的另一个依据是一种具体项目风险所存在的选择应对措施的可能性。对于一个具体项目风险而言,只有一种选择和有很多个选择情况是不同的,总之要通过选择最有效的措施制定出项目风险的应对措施。

制订项目风险应对措施的主要依据:

1. 项目风险的特性

通常项目风险应对措施主要是根据风险的特性制定的。例如,对于有预警信息的项目风险和没有预警信息的项目风险就必须采用不同的风险应对措施,对于项目工期风险、项目成本风险和项目质量风险也必须采用完全不同的风险应对措施。

2. 项目组织抗风险的能力

项目组织抗风险能力决定了一个项目组织能够承受多大的项目风险,也决定了项目组织对于项目风险应对措施的选择。项目组织抗风险能力包括许多要素,既包括项目经理承受风险的心理能力,也包括项目组织具有的资源和资金能力。

一般的项目风险应对措施主要有如下几种:

1. 风险规避措施

这是从根本上放弃使用有风险的项目资源、项目技术、项目设计方案等,从而避开项目风险的一类风险应对措施。例如,对于存在不成熟的技术坚决不在项目实施中采用就是一种项目风险规避的措施。

2. 风险遏制措施

这是从遏制项目风险事件引发原因的角度出发,控制和应对项目风险的一种措施。例如,对可能出现的因项目财务状况恶化而造成的项目风险,通过采取注入新资金的措施就是一种典型的项目风险遏制措施。

3. 风险转移措施

这类项目风险应对措施多数是用来对付那些概率小,但是损失大,或者项目组织很难控制的项目风险。例如,通过合同或购买保险等方法将项目风险转移给分包商或保险商的办法就属于风险转移措施。

4. 风险化解措施

这类措施从化解项目风险产生的原因出发,去控制和应对项目的具体风险。例如,对于可能出现的项目团队内部冲突风险,可以通过采取双向沟通、消除矛盾的方法去解决问题,这就是一种风险化解措施。

5. 风险消减措施

这类措施是对付无预警信息项目风险的主要应对措施之一。例如,当出现雨天而无法进行室外施工时,采用尽可能安排各种项目团队成员与设备从事室内作业就是一种项目风险消减的措施。

6. 风险应急措施

这类项目风险应对措施也是对付无预警信息风险事件的一种主要的措施。例如,准备各种灭火器材以对付可能出现的火灾,购买救护车以应对人身事故的救治等就都属于风险应急措施。

7. 风险容忍措施

风险容忍措施多数是对那些发生概率小,而且项目风险所能造成的后果较轻的风险事件所采取的一种风险应对措施。这是一种经常使用的项目风险应对措施。

8. 风险分担措施

这是指根据项目风险的大小和项目团队成员以及项目相关利益者不同的承担风险能力,由他们合理分担项目风险的一种应对措施。这也是一种经常使用的项目风险应对措施。

另外,还有许多项目风险的应对措施,但是在项目风险管理中上述项目风险应对措施是最常使用的几种项目风险应对措施。

8.5 风险控制

风险控制就是使风险降低到企业可以接受的程度,当风险发生时,不至于影响企业的正常业务运作。

8.5.1 项目风险控制的概念

项目风险控制是指在整个项目过程中根据项目风险管理计划和项目实际发生的风险与变化所开展的各种项目风险控制活动。项目风险控制是建立在项目风险的阶段性、渐进性和可控性基础之上的一种项目风险管理工作。

对于一切事物来说,当人们认识了事物的存在、发生和发展的根本原因,以及风险发展的全部进程以后,这一事物就基本上是可控的;而当人们认识了事物的主要原因及其发展进程的主要特性以后,那么它就是相对可控的;只有当人们对事物一无所知时,人们对事物才会是无能为力的。对于项目的风险而言,通过项目风险的识别与分析,人们已识别出项目的绝大多数风险,这些风险多数是相对可控的。这些项目风险的可控程度取决于人们在项目风险识别和分析阶段给出的有关项目风险信息的多少。所以,只要人们能够通过项目风险识别和度量得到足够有关项目风险的信息就可以采取正确的项目风险应对措施,从而实现对于项目风险的有效控制。

项目的风险是发展和变化的,在人们对其进行控制的过程中,这种发展与变化会随着人们的控制活动而改变。因为对于项目风险的控制过程实际是一种人们发挥其主观能动性去改造客观世界(事物)的过程,而与此同时在这一过程中所产生的信息也会进一步改变人们对于项目风险的认识和把握程度,使人们对项目风险的认识更为深入,对项目风险的控制更加符合客观规律。实际上人们对项目风险的控制过程也是一个不断认识项目风险的特性,不断修订项目风险控制决策与行为的过程。这一过程是一个通过人们的活动使项目风险逐步从相对可控向绝对可控转化的过程。

项目风险控制的内容主要包括:持续开展项目风险的识别与度量、监控项目潜在风险的发展、追踪项目风险发生的征兆、采取各种风险防范措施、应对和处理发生的风险事件、消除和缩小项目风险事件的后果、管理和使用项目不可预见费用、实施项目风险管理计划等。

8.5.2 项目风险控制的目标和依据

1. 项目风险控制的目标

项目风险控制的目标主要有如下几种:

(1)努力及早识别项目的风险。项目风险控制的首要目标是通过开展持续的项目风险识别和度量工作及早地发现项目所存在的各种风险以及项目风险的各方面的特性,这是开展项目风险控制的前提。

(2)努力避免项目风险事件的发生。项目风险控制的第二个目标是在识别出项目风险后,通过采取各种风险应对措施,积极避免项目风险的实际发生,从而确保不给项目造成不必要的损失。

(3)积极消除项目风险事件的消极后果。项目的风险并不是都可以避免的,有许多项目风险会由于各种原因而最终发生,对于这种情况,项目风险控制的目标是要积极采取行动,努力消减这些风险事件的消极后果。

(4)充分吸取项目风险管理中的经验与教训。项目风险控制的第四个目标是对于各种已经发生并形成最终结果的项目风险,一定要从中吸取经验和教训,从而避免同样风险事件的发生。

2. 项目风险控制的依据

项目风险控制的依据主要有如下几方面:

(1)项目风险管理计划。这是项目风险控制最根本的依据,通常项目风险控制活动都是依据这一计划开展的,只有新发现或识别的项目风险控制例外。但是,在识别出新的项目风险以后就需要立即更新项目风险管理计划,因此可以说所有的项目风险控制工作都是依据项目风险管理计划开展的。项目风险管理计划根据项目的大小和需求,可以是正式计划,也可以是非正式的计划,可以是有具体细节的详细计划与安排,也可以是粗略的大体框架式的计划与安排。项目风险管理计划是整个项目计划的一个组成部分。项目风险应急计划是在事先假定项目风险事件发生的前提下,所确定出的在项目风险事件发生时所应实施的行动计划。项目风险应急计划通常是项目风险管理计划的一部分,但是它也可以是融入项目的其他计划。例如,它可以是项目范围管理计划或者项目质量管理计划的一个组成部分。

(2)实际项目风险发展变化情况。一些项目风险最终是要发生的,而其他一些项目风险最终不会发生。这些发生或不发生的项目风险的发展变化情况也是项目风险控制工作的依据之一。

(3)项目预备金。项目预备金是一笔事先准备好的资金,这笔资金也被称为项目不可预见费,它是用于补偿差错、疏漏及其他不确定性事件的发生对项目费用估算精确性的影响而准备的,它在项目实施中可以用来消减项目成本、进度、范围、质量和资源等方面的风险。项目预备金在预算中要单独列出,不能分散到项目具体费用中。否则,项目管理者就会失去这种资金的支出控制,失去了运用这笔资金抵御项目风险的能力。当然,盲目地预留项目不可预见费也是不可取的,因为这样会增加项目成本和分流项目资金。

为了使这项资金能够提供更加明确的消减风险的作用,通常它备分成几部分。例如,可以分为项目管理预备金、项目风险应急预备金、项目进度、成本预备金等。另外,项目预备金还可以分为项目实施预备金和项目经济性预备金,前者用于补偿项目实施中的风险和不确定性费用,后者用于对付通货膨胀和价格波动所需的费用。

3. 项目的技术后备措施

项目的技术后备措施是专门用于应付项目技术风险的,它是一系列预先准备好的项目技术措施方案,这些技术措施方案是针对不同项目风险而预想的技术应急方案,只有当项目风险情况出现,并需要采取补救行动时才需要使用这些技术后备措施。

8.5.3 项目风险控制的步骤和内容

项目风险控制方法的步骤和内容如图 8 - 8 所示。

项目风险事件控制中各具体步骤的内容与做法分别说明如下:

1. 建立项目风险事件控制体制

这是指在项目开始之前要根据项目风险识别和度量报告所给出的项目风险信息,制订出整个项目风险控制的大政方针、项目风险控制的程序以及项目风险控制的管理体制。这包括项目风险责任制、项目风险信息报告制、项目风险控制决策制、项目风险控制的沟通程序等。

2. 确定要控制的具体项目风险

这一步是根据项目风险识别与度量报告所列出的各种具体项目风险确定出对哪些项目风险进行控制,而对哪些风险进行容忍并放弃对它们的控制。通常这要按照项目具体风险后果的严重程度、风险发生的概率以及项目组织的风险控制资源等情况确定。

3. 确定项目风险的控制责任

这是分配和落实项目具体风险控制责任的工作。所有需要控制的项目风险都必须落实具体负责控制的人员,同时要规定他们所负的具体责任。对于项目风险控制工作必须要

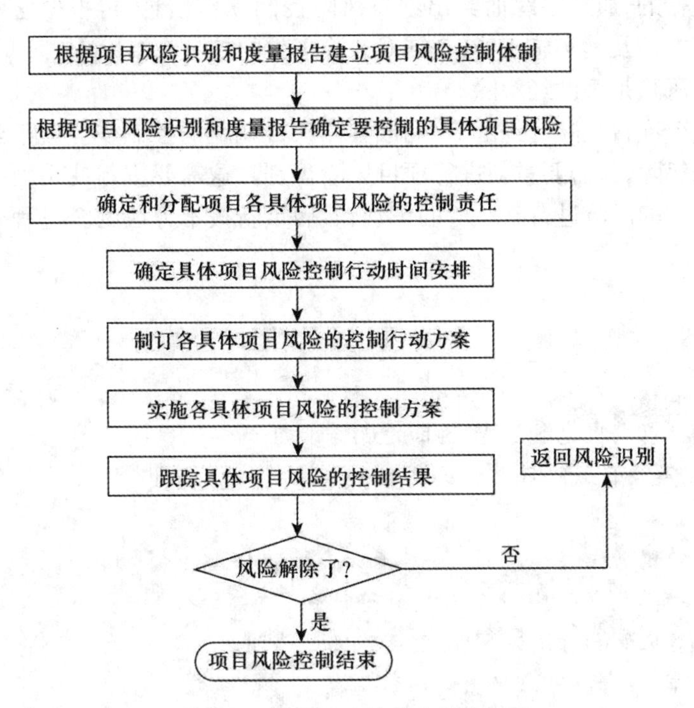

图8-8 项目风险控制方法流程图

由专人去负责,不能分担,也不能由不合适的人去担负风险事件控制的责任,因为这些都会造成大量的时间与资金的浪费。

4. 确定项目风险控制的行动时间

这是指对项目风险的控制要制订相应的时间计划和安排,计划和规定出解决项目风险问题的时间表与时间限制。因为没有时间安排与限制,多数项目风险问题是不能有效地加以控制的。许多由于项目风险失控所造成的损失都是因为错过了风险控制的时机造成的,所以必须制订严格的项目风险控制时间计划。

5. 制订各具体项目风险的控制方案

这一步由负责具体项目风险控制的人员,根据项目风险的特性和时间计划去制订出各具体项目风险的控制方案。在这一步中要找出能够控制项目风险的各种备选方案,然后对方案做必要的可行性分析,以验证各项目风险控制备选方案的效果,最终选定要采用的风险控制方案或备用方案。另外,还要针对风险的不同阶段制订不同的风险控制方案。

6. 实施具体项目风险控制方案

这一步要按照确定出的具体项目风险控制方案开展项目风险控制活动,必须根据项目风险的发展与变化不断地修订项目风险控制方案与办法。对于某些项目风险而言,风险控制方案的制订与实施几乎是同时的。例如,设计制订一条新的关键路径并计划安排各种资源去防止和解决项目拖期问题的方案就是如此。

7. 跟踪具体项目风险的控制结果

这一步的目的是要收集风险事件控制工作的信息并给出反馈,即利用跟踪去确认所采取的项目风险控制活动是否有效,项目风险的发展是否有新的变化等。这样,就可以不断地提供反馈信息,从而指导项目风险控制方案的具体实施。这一步是与实施具体项目风险控制方案同步进行的,通过跟踪而给出项目风险控制工作信息,再根据这些信息去改进具体项目风险控制方案及其实施工作,直到对风险事件的控制完结为止。

8. 判断项目风险是否已经解除

如果认定某个项目风险已经解除,则该具体项目风险的控制作业就已经完成。若判断该项目风险仍未解除,就需要重新进行项目风险识别。这需要重新使用项目风险识别的方法对项目具体活动的风险进行新一轮的识别,然后重新按本方法的全过程开展下一步的项目风险控制作业。

【课后实训】

本项目实践要求学生完成 SPM 项目的风险计划。

实践目的:了解项目风险计划的编制。

实践要求:

1. 复习风险管理过程。
2. 参照建议的模式完成 SPM 项目的风险计划。
3. 选择一个团队课堂上讲述 SPM 项目的风险计划。
4. 其他团队进行评述,可以提出问题。
5. 老师评述和总结。

风险计划建议模式:风险事件、风险排序、风险应对策略。

思考练习题

1. 软件项目常见的风险有哪些?
2. 列举几种风险管理经典模型。
3. 风险识别的方法有哪些?
4. 描述风险估计的 4 个环节。
5. 怎样应对风险?

项目九　软件配置管理

【知识要点】

1. 理解软件配置及其管理的概念。
2. 了解软件配置管理的基本活动。
3. 了解软件的测试管理。

【难点分析】

1. 熟练掌握软件项目配置项和基线。
2. 熟练制定软件配置计划。

随着软件团队人员的增加,软件版本不断变化,开发时间的紧迫及多平台开发环境的采用,使得软件开发面临越来越多的问题,其中包括对当前多种产品的开发和维护、保证产品版本的精确、重建先前发布的产品、加强开发政策的统一和对特殊版本需求的处理等,解决这些问题的途径是加强软件的配置管理。配置管理是在项目开发中,标识、控制和管理软件变更的一种管理活动。本章将详细介绍软件配置管理的基本概念、配置管理的基本活动和软件的测试管理等内容。

9.1　软件配置及其管理的概念

配置管理的使用取决于项目的规模、复杂性及风险水平。软件的规模越大,配置管理就显得越重要。配置管理贯穿于整个软件开发过程中,利用配置管理可以标识变化、控制变化、保证变化被适当地实现,以及向其他可能有兴趣的人员报告变化。

9.1.1　软件配置管理概述

软件配置管理是一组针对软件产品的追踪和控制活动,它贯穿于项目生命周期的始终,并代表着软件产品接受各项评审。IEEE 对 SCM 的论述如下:“软件配置管理由适用于所有软件开发项目的最佳工程实践组成,无论是采用分阶段开发,还是采用快速原型进行开发,甚至包括对现有软件产品进行维护。”

软件配置管理的一系列活动被设计成为:标识变化、控制变化和保证变化被适当地实现,以及向其他可能的人报告变化的一个有力控制工具。软件配置使得整个软件产品的演进过程处于一种可视的状态。开发人员、测试人员、项目管理人员、质量保证小组及客户等都可以方便地从软件配置管理中得到有用的信息。这些信息主要包括:软件产品由什么组成;处于什么状态;对软件产品做了什么变更;谁做的变更;什么时间做的变更;为什么要做此变更等。SCM 通过以下手段来提高软件的可靠性和质量:

- 在整个软件的生命周期中提供标识和控制文档、源代码、接口定义和数据库等工件的机制;
- 提供满足需求、符合标准、适合项目管理及其他组织策略的软件开发和维护的方法学;
- 为管理和产品发布提供支持信息,如基线的状态,变更控制、测试、发布、审计等。

实施有效的软件配置管理可以解决以下软件开发中的常见问题:

- 开发人员未经授权修改代码或文档;
- 人员流动造成企业的软件核心技术泄露;
- 找不到某个文件的历史版本;
- 无法重现历史版本;
- 无法重新编译某个历史版本,使维护工作十分困难;
- “合版本”时,开发冻结,造成进度延误;
- 软件系统复杂、编译速度慢从而造成进度延误;
- 因一些特性无法按期完成而影响整个项目的进度或导致整个项目失败;
- 已修复的 Bug 在新版本中出现;
- 配置管理制度难于实施;
- 分处异地的开发团队难于协同,可能会造成重复工作,并导致系统集成困难。

软件配置管理不同于软件维护,当对软件进行维护时,软件产品发生了变化,这一系列的改变,必须在软件配置中体现出来,以防止因为维护所产生的变更给软件带来混乱。软件配置管理的目标是建立和维护整个生命周期中软件项目产品的完整性和可追溯性,使变化更正确且更容易被适应,在必须变化时减少所需花费的工作量。具体来讲,实施软件配置管理应该达到以下几个目标:

- 软件配置管理活动是有计划的;
- 选定的软件工作产品是已标识的、受控制的和适用的;
- 已标识的软件工作产品的变更是受控制的;
- 受影响的组织和个人可以适时得到软件基线的状态和内容的通知。

9.1.2 软件配置项及基线

在软件开发过程中,由于各种原因,可能需要变动需求、预算、进度和设计方案等,尽管这些变动请求中绝大部分是合理的,但在不同的时机作不同的变动,难易程度和造成的影响差别甚大。为了有效地控制变动,软件配置管理引入基线和配置项的概念。

1. 基线

基线是指一个(或一组)配置项在项目生命周期的不同时间点上通过正式评审而进入正式受控的一种状态。基线是软件生命周期中各开发阶段的一个特定点,它的作用是把开发各阶段工作的划分更加明确化,使本来连续的工作在这些点上断开,以便于检查与肯定阶段成果。在软件工程的范围内,基线是软件开发中的里程碑,它可以作为一个检查点,在开发过程中,当采用的基线发生错误时,我们可以知道其所处的位置,返回到最近和最恰当的基线上。基线是一个或者多个配置项的集合,它们的内容和状态已经通过技术的复审,并在生命周期的某一阶段接受了。对配置项复审的目标是验证它们在接受之前的正确性和完整性,一旦配置项经过复审,并正式成为一个初始基线,那么改基线就可以作为项目生命周期下的开发活动的起始点。基线又可细分为以下3类。

- 功能基线:指在系统分析与软件定义阶段结束时,经过正式评审和批准的系统设计规格说明书中对待开发系统的规格说明;或是指经过项目委托单位和项目承办单位双方签字同意的协议书或合同中所规定的对待开发软件系统的规格说明;或是由下级申请经上级同意或直接由上级下达的项目任务书中所规定的对待开发软件系统的规格说明。功能基线是最初批准的功能配置标识。
- 指派基线:指在软件需求分析阶段结束时,经过正式评审和批准的软件需求的规格说明。指派基线是最初批准的指派配置标识。
- 产品基线:指在软件组装与系统测试阶段结束时,经过正式评审并批准的有关所开发的软件产品的全部配置项的规格说明。产品基线是最初批准的产品配置标识。

2. 软件配置项

在软件开发过程中产生的信息有3种:

- 计算机程序(源程序及目标程序);
- 描述计算机程序的文档(包括技术文档和用户文档);
- 数据结构。

软件配置是指一个软件产品在软件生存周期各个阶段所产生的各种形式(机器可读或人工可读)和各种版本的文档、程序及其数据的集合。该集合中的每一个元素称为该软件产品软件配置中的一个配置项。任何配置管理系统的基础都是存储和管理配置项。典型的软件配置项包括:目标文件、设计文档、测试包、源文件、库、类、编译器、需求说明、用户手册、测试脚本、修改请求、客户记录等。单独的函数、类可作为配置项,全局表也可作为配置项。对已成为基线的SCI修改时必须按照一个特殊的、正式的过程进行评估,确认每一处修改。某个SCI一旦成为基线,随即被放人项目数据库。此后,若开发小组中某位成员欲改动SCI,首先要将它复制到私有工作区并在项目数据库中锁住,不允许他人使用。在私有工作区中完成修改控制过程并评审通过之后,再把修改后的SCI推出并回到项目数据库,同时解锁。

随着软件过程的进展,软件配置项迅速增长。项目中供多人使用的配置项必须得到管理。如果没有认真做到这一点就很有可能会引起配置项混乱。一般系统的软件规格说明了产生软件项目计划和软件需求说明及与硬件相关的文档资料,然后在这些文档基础上又产生了其他的一些文档,从而形成了一个信息层次。

例如,图9-1是一个会计系统的工资模块中的社会保险计算方法,这个方法的版本号是6,那么就可以把它标注为配置项"S6"。

在每个配置项的内部还可以再继续划分配置项。如图9-1所示,配置项"工资0.3.4.2版本"表示会计系统的工资模块,它由版本6的S、版本1的A、版本3的E等配置项组成。配置管理系统必须能够区别各个版本,例如,版本3.4的工资模块,一个包含配置项S6,而另一个包括配置项S7(表示不同版本的社会保险计算方法)。图中为了显示这个不同,工资模块的版本号有所变化,而当增加了新方法F1后,版本号进一步发生了变化。

3. 配置控制委员会

配置管理的目标之一是有序、及时和正确地处理对软件配置项的变更,而实现这一目

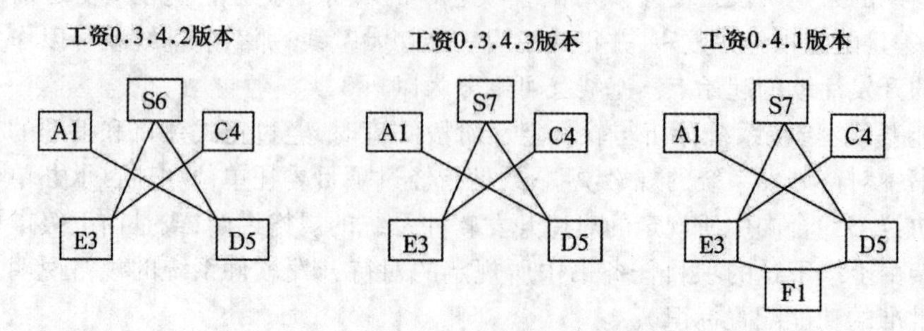

图 9-1　配置项

标的基本机制是通过配置控制委员会的有效管理。配置控制委员会可以是一个人,也可以是一个小组,基本上是由项目经理及其相关的人员组成的。对于一个变更请求,所执行的第一个动作是依据配置项和基线,将相关的配置项分配给适当的 SCCB,SCCB 根据技术的、逻辑的、策略的、经济的和组织的角度,以及基线的层次等,对变更的影响进行评估,评估基线的变更对项目的影响,并决定是否变更。SCCB 承担变更控制的所有责任,具体责任如下:

- 评估变更;
- 批准变更请求;
- 在生命周期内规范变更申请流程;
- 对变更进行反馈;
- 与项目管理层沟通。

9.2　软件配置管理的基本活动

实施软件配置管理必须要具有事先的约定与组织、人事、资源等方面的保证。这些都是顺利实施配置管理的基础。实施软件配置管理就是要在软件的整个生命周期中,建立和维护软件的完整性。实施软件配置管理,主要包括以下活动:

- 制定配置管理计划;
- 确定配置标识;
- 版本管理;
- 变更控制;
- 系统整合;
- 配置审核。

9.2.1　制定软件配置计划

在有了总体项目计划后,软件配置管理的活动就可以开展了。如果不在项目开始时就制定软件配置管理计划,那么软件配置管理的许多关键活动就无法及时有效地进行,其直接后果就是项目开发状况的混乱,并注定软件配置管理活动仅仅成为一种“救火”行为。因此,制定一个可行的软件配置管理计划在一定程度上是项目成功的重要保证措施之一。

制定配置管理计划的过程就是确定软件配置管理的解决方案,软件配置管理的解决方案涉及方面很广,将影响软件开发环境、软件过程模型、配置管理系统的使用者、软件产品的质量和用户的组织机构。在软件配置管理计划的制定过程中,其主要流程如下:

- 项目经理和软件配置管理委员会(SCCB)根据项目的开发计划确定各个里程碑和开发策略;
- 根据 SCCB 的规划,制定详细的软件配置管理计划,交 SCCB 审核;
- SCCB 通过配置管理计划后交项目经理批准,发布实施。

IEEE 为软件配置管理计划制定了一个标准,即 IEEE 828—1990 标准。表 9 - 1 给出了这个标准的相关目录。

表 9 - 1　IEEE 828—1990 软件配置管理计划目录

1. 简介
2. 软件配置管理
2.1　组织
2.2　配置管理的职责
2.3　应用的方针指令和规程
3. 配置管理活动
3.1　配置标识
3.1.1　标识配置项
3.1.2　配置项命名
3.1.3　获取配置项
3.2　配置控制
3.2.1　提出变更
3.2.2　评估变更
3.2.3　批准或否决变更
3.2.4　实现变更
3.3　配置状态统计
3.4　配置审计和评审
3.5　接口控制
3.6　子合同/供应商控制
4. 软件配置管理时间表
5. 软件配置管理资源
6. 软件配置管理计划的维护

配置管理计划的一个关键任务就是确定要控制哪些文档。在已经建立了要管理的文档后,对于文档必须定义以下问题。

- 文件命名约定:文档命名约定在配置管理控制下,所有文档只能有一个唯一的文档名。相关的文档应该要有相关的名,这可以采用一个层次结构的命名约定来实现。
- 正式文档的关系(项目计划书、需求定义、设计报告、测试报告都是正式文档)。
- 确定负责验证正式文档的人员。
- 确定负责提交配置管理计划的人员。

制定配置管理计划时,必须定义以下问题。

- 根据已文档化的规程为每个软件项目制定软件配置管理计划。这个规程一般规定:在整个项目计划的初期制定软件配置管理计划,并与整个项目计划并行;由相关小组审查软件配置管理计划,管理和控制软件配置管理计划。
- 将已文档化且经批准的软件配置管理计划作为执行配置管理活动的基础。该计划应该包括:需要被执行的配置管理活动、活动的日程、指派的责任和需要的资源。配置管理的需求与由软件开发团队和其他相关小组执行的配置管理活动一样。

配置管理计划应该包括配置管理活动的相关内容,计划的形式可繁可简,完全根据项目的具体情况而定。配置管理的策略应该在配置管理计划中予以描述。配置管理计划需要指明哪些记录用于跟踪和记载对每一基线所提出的变更,同时,对每一基线中的每个配置项所标识的变更规定其控制变更的权限。

9.2.2 配置管理环境的建立

配置管理环境是用于更好地进行软件配置管理的系统环境。建立配置管理环境包括建立配置管理的硬件环境和软件环境,同时建立存储库的操作说明和操作权限。其中最重要的是建立配置管理库,简称配置库。软件配置管理库是用来存储所有基线配置项及其相关文件等内容的系统,是在软件产品的整个生命周期中建立和维护软件产品完整性的主要手段。配置库存储包括配置项相应版本、修改请求、变化记录等内容,是所有配置项的集合和配置项修改记录的集合。

从效果上来说,配置库是集中控制的文件库,并提供对库中所存储版本的控制。配置库中的文件是不会变的——它们不能被更改。任何更改都被视为创建了一个新版本的文件。文件的所有配置管理信息和文件的内容都存储在配置库中。当开发人员使用一个文件时,将某个版本的文件导出到自己的工作目录,然后开始工作,处理完后将文件导入库中,这样就生成了这个文件的新版本。所以,开发人员不可能导出一个文件并同时在配置库中修改文件。

一般存储软件配置项的库分为开发库、受控库和产品库。开发库是开发周期的某个阶段,存放与该阶段工作有关系的信息。受控库是指在软件生存周期的某一个阶段结束时,存放作为阶段产品而释放的、与软件开发工作有关的计算机可读信息和人工可读信息的库。软件配置管理就是对软件受控库中的各软件项进行管理,因此软件受控库也叫作软件配置管理库。产品库是指在软件生存周期的系统测试阶段结束后,存放最终产品而后交付给用户运行或在现场安装的软件的库。

开发库也称为工作空间,它为开发人员提供了独立工作的空间,它可以防止开发人员之间的相互干扰。例如,为修复一个旧版本,如 REL1 中的 BUG,开发人员首先需要在自己的开发环境中完全重现 REL1 所对应的源文件和目录结构,也就是说,需要建立一个对应于 REL1 的工作空间。一般有两类工作空间:一类是开发人员的私有空间,在私有空间中,开发人员可以相对独立地编写和测试自己的代码,而不受团队中其他开发人员工作的影响,即使其他人也在修改同样的文件;另一类工作空间是团队共享的集成空间,该空间用于集成所有开发人员的开发成果。工作空间管理包括工作空间的创建、维护与更新、删除等,工作空间应具备以下特点。

- 稳定性:工作空间的稳定性指的就是私有空间的相对独立性,在私有空间中,开发人员可以相对独立地编写和测试自己的代码,而不受团队中其他开发人员工作的影响。
- 一致性:工作空间的一致性指的是当开发人员对自己的私有空间进行更新时,得到的应该是一个可编译的、经过一定测试的一致的版本集。
- 透明性:工作空间的透明性指的是工作空间与开发人员本地开发环境的无缝集成,可将配置管理系统对开发环境的负面影响降到最小。

缺少有效的工作空间管理会造成由于文件版本不匹配而出错和降低开发效率,更长的集成时间等问题。

9.2.3 确定配置标识

为了方便对软件配置中的各个对象进行控制与管理,首先应标识配置项并给它们命名。通常需要标识两种类型的对象:基本对象和复合对象。基本对象是由开发人员在分析、设计、编码和测试时所建立的“文本单元”。复合对象则是基本对象或其他复合对象的一个集合。

例1 配置项的标识约定为:每个对象可用一组信息来唯一地标识它,这组信息包括(名字、描述、一组资源,实现)。其中名字是一个字符串,它明确地标识对象,描述是一个表项,包括:对象所表示的SCI类型(如文档、程序、数据)、项目标识、变更和(或)版本信息。资源是由对象所提供的、处理的、引用的或其他所需要的一些实体。实现对于一个基本对象来说,是指向“文本单元”的指针,而对于复合对象来说,则为NULL(空)。

例2 配置项的标识约定为:项目名称—所属阶段—产品名称—版本标识。其中版本标识的约定是:以“V”开头,版本号跟在后头;版本号分为3节,即主版本号、次版本号和内部版本号。每小节以句点“.”间隔。

所有配置项都应按照相关规定统一编号,按照相应的模板生成,并在文档中的规定部分记录对象标识信息。在引入软件配置管理工具进行管理后,这些配置项都应以一定的目录结构保存在配置库中。对于所有配置项的操作权限都应当严格管理,基本原则是:基线配置项向软件开发人员开放读取权限;非基线配置项向项目经理及相关人员开放。

为了有效地进行配置管理,需要开展以下活动确定配置标识。

- 建立一个配置管理库作为存放软件基线的仓库。当软件基线生成时,就纳入软件基线库中,存取软件基线内容的工具和规程就是配置管理库系统。
- 标识置于配置管理下的软件工作产品。主要包括可交付给客户的软件产品,以及与这些软件产品等同的产品项或生成这些软件产品所需要的产品项。
- 根据文档化的规程,提出、记录、审查、批准和跟踪所有配置项/配置单元的更改要求和问题报告。
- 根据文档化的规程记录配置项/配置单元的状态。该规程一般规定:详细地记录配置管理行动,让每个成员都知道每个配置项/配置单元的内容和状态,并且能够恢复以前的版本;保存每个配置项/配置单元的历史,并维护其当前状态。

9.2.4 版本管理

软件变更往往会带来软件版本的改变与新版本的发布,对此,需要进行有效的控制。版本控制是所有配置管理系统的核心功能。配置管理系统的其他功能大都建立在版本控制功能之上。版本控制的对象是软件开发过程中涉及的所有文件系统对象,包括文件、目录和链接。可定版本的文件包括源代码、可执行文件、位图文件、需求文档、设计说明、测试计划、一些ASCII和非ASCII文件等。目录的版本记录了目录的变化历史,包括新文件的建立、新的子目录的创建、已有文件或子目录的重新命名、已有文件或子目录的删除等。

版本控制的目的在于对软件开发进程中文件或目录的发展过程提供有效的追踪手段,保证在需要时可回到旧的版本,避免文件的丢失、修改的丢失和相互覆盖。通过对版本库的访问控制避免未经授权的访问和修改,达到有效保护软件资产和知识产权的目的。另外,版本控制是实现团队并行开发、提高开发效率的基础。对最新版本的修改的结果是产生一个新的、顺序递增的版本;而对更老版本的修改结果是产生一个分支版本。文件或目录的版本演化的历史可以形象地表示为图形化的版本树。版本树由版本依次连接形成,版本树的每个节点代表一个版本,根节点是初始版本,叶节点代表最新的版本。图9-2是一个版本的演化树,图中的每个结点均是聚集对象,即是软件的一个完整版本。

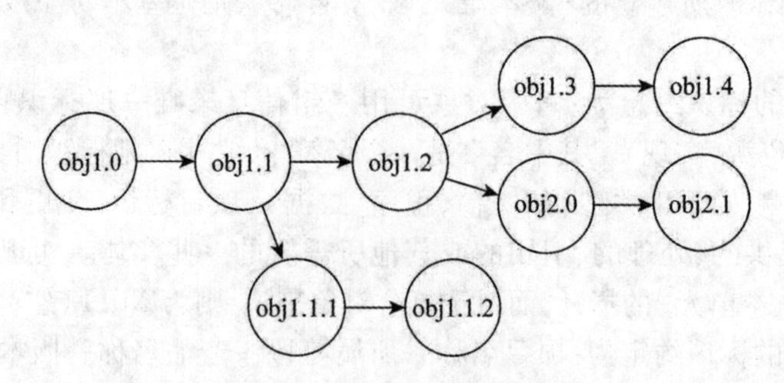

图9-2 版本变迁演化

最简单的版本树只有一个分支,也就是版本树的主干;复杂的版本树(如并行开发下的版本树)除了主干外,还可以包含很多的分支,分支可以进一步包含子分支。一棵版本树无论多么复杂,都只能表示单个文件或目录的演化历史,但典型的软件系统往往包含多个文件和目录,每个文件和目录都有自己的版本树,多个文件的版本需要相互匹配才可以协同工作,共同构成软件系统的一个版本或发布。

如果将全部版本树看作一个森林,基线则是该森林的一个横截面(该横截面往往不是水平的,而是上下起伏的折面)。有了版本控制和历史版本,版本之间的比较就变得非常有意义。一般版本控制要求完成以下主要任务:

- 建立控制项;
- 重构任何修订版的某一项或者某一文件;
- 利用加锁技术防止覆盖;
- 一个修订版要求输入变更描述;
- 提供比较任意两个修订版的使用工具,采用增量存储方式;
- 提供对修订版历史和锁定状态的报告功能;
- 提供归并功能;
- 允许在任何时候、任何版本;
- 控制权限的设置;
- 渐进模型的建立;
- 提供各种控制报告。

版本控制往往利用工具来进行管理与标识,并有许多不同的版本控制自动方法。配置管理工具应能有效支持版本的图形化的比较。借助于版本控制技术,用户能够通过选择适当的版本来指定软件系统的配置。软件的每一个版本都是SCI(源代码、文档、数据)的一个收集,且各个版本都可能由不同的变种组成。

9.2.5 变更控制

变更控制就是对软件配置的变更进行严格控制和管理,保持修改信息,并把清晰的信息传递到软件过程的下一步骤。变更控制包括建立控制点和建立报告与审查制度。首先用户提交书面的变更请求,详细申明变更的理由、变更方案、变更的影响范围等。然后由变更控制机构确定控制变更的机制,评价其技术价值、潜在的副作用、对其他配置对象和系统功能的综合影响及项目的开销,并把评价的结果以变更报告的形式提交给变更控制负责人进行变更确认。对于每个批准了的变更,产生一个工程变更顺序,描述进行的变更、必须考虑的约束、评审和审计准则等。要将变更的对象从项目数据库中提取出来,对其做出变更,并实施适当的质量保证活动。然后再把对象提交到数据库中,并使用适当的版本控制机制建立软件的下一个版本。"提取"和"提交"处理实现了两个重要的变更控制要素,即存取控制和同步控制。

变更控制不能仅仅在开发过程中依靠流程来控制,更有效的方法是在事前进行明确定义。事前控制的一种方法是在项目开始前明确定义,否则"变化"也无从谈起。另一种方法是评审,特别是对需求进行评审,这往往是项目成败的关键。需求评审的目的不仅是"确认",更重要的是找出不正确的地方并进行修改,使其尽量接近用户"真实的"需求。另外,需求通过正式评审后将作为一个重要的基线,此后,即开始对需求变更进行控制。

在变更控制程序中,首先要完成变更提案,然后,再考虑如何解决变更提案。一般需要考虑以下因素。

- 变更的预期效益如何?
- 变更的成本如何?
- 项目变更进程后,对项目成本的影响如何?
- 变更对软件质量的影响如何?
- 变更对项目资源分配的影响如何?
- 变更可能会影响到项目后续的哪些阶段?
- 变更会不会导致出现不稳定的风险?

实施变更时有 4 个重要控制点:授权、审核、评估和确认。在实施过程中要进行跟踪和验证,确保变更被正确地执行。

9.2.6　系统整合

系统整合是把系统的不同部分进行集成,使其完成一组特定的功能。软件系统整合包括对不同部分进行编译及将不同过程组成一个可执行的系统。在系统整合中,必须要考虑以下问题。

- 是否所有组成系统的成分都包括在整合说明书中?
- 是否所有组成系统的成分都有合适的版本?
- 是否所有的数据文件都是可以获得的?
- 在组成系统的所有成分中,是否有数据文件命名相同?
- 是否有合适版本的编辑器和其他工具?

从逻辑结构的角度来看,系统整合的过程可以用图 9 - 3 来表示。

在以上过程中,通过系统的逻辑描述简单地描述了软件不同部分的静态联系,并且为软件维护提供了有价值的文档。再通过映射系统把系统的逻辑结构和物理存储结构联系起来,并且规定了系统的整合约束和系统转换规则等

9.2.7　配置状态报告

为了清楚、及时地记载软件配置的变化,以免到后期造成贻误,需要对开发的过程做出系统的记录,以反映开发活动的历史情况。配置状态报告就是根据配置项操作数据库中的记录,来向管理者报告软件开发活动的进展情况。这样的报告应该是定期进行的,并尽量

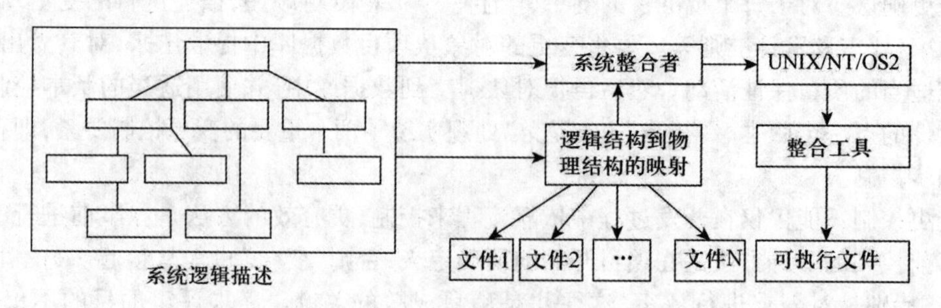

图 9－3　系统整合过程

通过 CASE 工具自动生成，用数据库中的客观数据来真实地反映各种配置项的情况。配置状态报告对于大型软件开发项目的成功起着至关重要的作用，它提高了所有开发人员之间的通信能力，避免了可能出现的不一致和冲突。

配置状态报告应着重反映当前基线配置项的状态，以作为对开发进度报告的参照。同时也能从中根据开发人员对配置项的操作记录来分析开发团队成员之间的工作关系。

配置状态报告应该包括下列主要内容：

- 配置库结构和相关说明；
- 开发起始基线的构成；
- 当前基线位置及状态；
- 各基线配置项集成、分布情况；
- 各私有开发分支类型的分布情况；
- 关键元素的版本演进记录；
- 其他应予报告的事项。

9.2.8　配置审核

软件配置审核的目的就是要证实整个项目生命周期中产品在技术上和管理上的完整性。同时，还要确保所有文档的内容变动不超出当初确定的软件要求范围，使得软件配置具有良好的可跟踪性。

软件的变更控制机制通常只能跟踪到工程变更顺序产生为止，那么如何知道变更是否正确完成了呢？一般可以用以下两种方法去审查。

①正式技术评审：着重检查已完成修改的软件配置对象的技术正确性，它应对所有的变更进行，除了那些最无价值的变更之外。

②软件配置审核：它是正式技术评审的补充，评价在评审期间通常没有被考虑的 SCI 的特性。软件配置审核提出并解答以下问题。

- 在工程变更顺序中规定的变更是否已经做了？
- 每个附加修改是否已经纳入？
- 正式技术评审是否已经评价了技术正确性？
- 是否正确遵循了软件工程标准？
- 在 SCI 中是否强调了变更？是否包含了变更日期和变更者？配置对象的属性是否反映了变更？
- 是否遵循了标记变更、记录变更、报告变更和软件配置管理过程？

• 所有相关的 SCI 是否都正确地作了更新?

例 3 联想集团软件部的软件配置管理的具体做法如下。

①SCM 准备工作。SCM 组与项目经理一起制定 SCM 计划。然后其他受到影响的组和个人进行评审,得到被批准的 SCM 计划。其内容包括:项目中将要进行的 SCM 活动、文档标识的参考规范、时间安排、相关资源、职责分配、将要设计的每个软件配置项的定义和 SCI 变更的影响范围。此外,事业部 SCM 主管需要为新启动的项目建立开发库、受控库和产品库,为项目组成员分配相应的用户权限。

②SCI 的标识。该活动发生在 SCM 计划被批准之后。SCI 撰写人根据 SCM 计划中制定的文档规范进行标识。

③SCI 进入受控库。软件开发过程中,项目组成员将产品提交到开发库中,经批准后,再转移到受控库中。同时通知所有的受到影响的组和个人。

④SCI 变更。SCI 的变更分为基线变更和版本变更。

⑤基线审计。其目的是维护软件配置项的状态,使其满足一致性、完备性和可跟踪性。其内容包括:验证当前基线所有 SCI 对迁移基线相应项的可追踪性;确认当前 SCI 正确反映了软件需求;审计 3 库中的项目工作产品;填写报告。

⑥配置状态记录与汇报。其目的是向管理人员和开发人员提供有关项目进展的全面信息。以定期或事件驱动的方式,提供项目配置的当前状态及修改情况。

⑦SCI 的备份。指对开发库、受控库和产品库中所有的 SCI 进行备份,以保证 3 库信息的安全。

根据项目规模、性质、简繁,视情况针对各个项目开展常规的如下配置管理工作:

• 制定配置管理相关制度和流程(有相关文档,但未遵照执行);

• 配置管理计划的制定(当项目规模较大时);

• 配置库的建立(按照项目编号,每个项目建立一个配置库);

• 对项目内各成员的用户账号和权限的分配;

• 定期检查配置库的使用情况,督促开发人员定期提交、更新相关的代码、文档,有需要时设置 Label,记录重要基线;

• 定期对配置库进行备份,设置对配置库进行每日自动备份,每半年进行一次资料刻录。

对研发中心内所有成员的配置管理培训,使受训人员了解公司配置管理流程及 VSS 使用情况,从而更好地开展项目过程中的配置管理工作。

9.2.9 配置管理工具

配置管理包括 3 个主要的要素:人、规范、工具。首先配置管理与项目的所有成员都有关系,项目中的每个成员都会产生工作结果,这个工作结果可能是文档,也可能是程序等。规范是配置管理过程的实施程序。为了更好地实现软件项目中的配置管理,除了过程规则外,配置管理工具起到了很好的作用。如果缺乏良好的配置管理工具,要做好配置管理的实施会非常困难。

配置管理工具基本上围绕着配置管理活动进行。配置管理工具可以提供必要的配置项管理,支持建立配置项的关系,并对这些关系进行维护,还可以提供版本管理、变更控制、审计控制、配置项报告和查询管理等。还有的工具提供软件开发的支持、过程管理、人员管理等。

选择工具除了要考虑功能外,还要考虑价格、市场上现有的商业配置管理工具或可以使用的各种免费的配置管理工具,例如 FtpVC。配置管理工具应确保软件的开发过程不能过多地依赖手工干预,从而不会在某个人工作超负荷时产生瓶颈。在选择使用工具时,要确定对于工具的学习使用时间不会多得对项目本身造成过多影响。除了掌握一个特定的配置管理工具之外,还有很多其他方面的软件工程知识值得学习。无论选择哪个系统,可先用一个假想的开发系统进行实验来确保流程的顺畅。在实现阶段已不可能再为配置管理过程担忧,因为这时的时间已经很紧迫了。

目前比较常见的配置管理工具有 VSS、CVS、PVCS、ClearCase 等。ClearCase 是 Rational 公司开发的产品,是配置管理工具的高档产品,是软件公司公认的功能最强大、价格最贵的配置管理工具。ClearCase 主要适用于复杂的并行开发、发布和维护,功能包括版本控制、工作空间管理、构造管理、过程控制等。虽然 ClearCase 有很强大的功能,但其价格昂贵。

VSS 是美国微软公司开发的配置管理工具。由于其实惠的价格、方便的功能,它成为目前国内最流行的配置管理工具。它的主要功能有创建目录、文件添加、导入、导出、查看历史版本等。虽然与 ClearCase 比较起来功能比较简单,但对于大多数的中小型项目而言,VSS 基本能够满足需求。

CVS 是著名的开放源代码的配置管理工具,它的基本工作思路是在服务器上建立一个仓库,仓库里可以存放许多文件,每个用户在使用仓库文件的时候,先将仓库的文件下载到本地工作空间,在本地进行修改,然后通过 CVS 的命令提交并且更新仓库的文件。

9.3 软件的测试管理

项目的质量是靠各个项目管理过程的互相配合及项目经理的整体控制和把握,软件测试只是其中的一个重要组成部分。测试是检验开发结果是否接近预期目标的重要手段,但它毕竟只是一种信息反馈过程,作为软件质量的守护者,它可以发现缺陷,但无法避免缺陷的发生。测试就是对项目开发过程的产品(编码、文档等)进行差错审查,保证其质量的一种过程。

9.3.1 软件测试遵循的标准

在进行软件测试之前,首先应选择软件测试遵循的标准,并结合本软件的具体要求,使之贯彻到整个软件测试的计划、实现和管理过程之中。根据标准,需要被明确的内容包括:测试阶段和测试文档类型。一般可以从 3 个角度来划分测试阶段:面向测试操作类型的阶段划分、面向测试操作对象的阶段划分、面向测试实施者的阶段划分。测试操作类型包括:调试、集成、确认、验证、组装、验收、操作等。测试操作对象可以是:单元、部件、配置项、子系统、系统等。测试实施者可以是:开发者、测试者、使用者、验收者等。各类标准从不同角度定义测试评审阶段,而测试组织者可以在符合所选标准的同时,结合多个划分因素规定本系统的测试阶段。

各标准规定的测试文档类型也不尽相同。例如,国标《软件产品开发文件编制指南》规定了两类测试文档:测试计划、测试分析报告。国标《计算机软件测试文件编制规范》定义了8类测试文档:测试计划、测试设计说明、测试用例说明、测试规程说明、测试项传递报告、测试日志、测试事件报告、测试总结报告。《××××软件工程化技术文件》定义了3类测试文档:测试计划、测试说明、测试报告。最后这种规定较易操作,因为太少的测试文档类型不利于有步骤、有层次地定义测试内容,也不利于测试用例和测试例程的良好表达;太多的测试文档类型易使测试组织陷入繁杂的文档规范和编制中去;而第三种定义较为适中。其中:测试计划在系统分析/设计阶段提交,着重定义测试的资源、范围、内容、安排、通过准则等;测试说明在测试计划明确后开始编制,针对软件需求和设计要求具体定义测试用例和测试规程;测试报告分析和总结测试结果,测试日志是其必要的附件。

软件测试的结果是衡量软件产品质量的依据。但软件测试的依据、设计和操作的可靠性又由什么来保证呢?因而软件测试结果本身就带有可信度。相信软件测试结果的前提是:认可测试设计者/实现者/实施者的能力和责任感,同时认可其所依赖的测试工具的可靠性。

在ISO 9001标准中规定:任何测试工具所参考的标准都不应低于使用它的软件项目的标准。对于所选购的测试工具,可以获得生产商提供的质量认证;对于自行开发的测试辅助工具,测试组织可以遵循标准,提供研制测试辅助工具的全部开发/测试文档,以提高其提供的测试结果的可信度。

9.3.2　软件测试的特点

软件测试的本质是对比和模拟(仿真)。检验软件是否有错或是否满足要求的两个前提是:存在预期的参考;存在软件的运行环境。理想的软件研制过程是:每一阶段的软件产品与前一阶段的软件产品在逻辑上等价。其蕴涵了一个假设:尽管每个阶段的描述方式不同,但其描述的内容都是精确的、完全的和一致的。这个假设在实际软件工程中是不容易满足的,因此不能期望理想的软件研制过程。更广义的软件测试是指软件研制中某两个阶段工作结果的对比。

1. 软件测试应注意的问题

①测试用例和测试例程的良好设计。测试用例及测试例程的设计是整个软件测试工作的核心。测试用例反映对被测对象的质量要求,决定对测试对象的质量评估。

②测试工作的管理。尤其是对于包含多个子系统的大型软件系统,其测试工作涉及大量的人力和物力,有效的测试工作管理是保证有效测试工作的必要前提。

③测试环境的建立。软件测试的工作量很大,重复、繁杂的劳动很多,在有限的测试条件下,建立测试环境、提供测试辅助工具是减少软件测试费用的重要措施。软件测试环境包括设计环境、实施环境和管理环境。

- 软件测试设计环境是指编制测试计划/说明/报告及与测试有关的文件所基于的软/硬件设备和支持。
- 软件测试实施环境是指对软件系统进行各级测试所基于的软/硬件设备和支持。测试实施环境包括被测软件的运行平台和用于各级测试的工具o
- 软件测试管理环境是指管理测试资源所基于的软/硬件设备和支持。测试资源指测试活动所利用或产生的有形物质(如软件、硬件、文档)或无形财富(如人力、时间、测试操作等)。

2. 软件测试的难点

软件测试的难点在于以下几点。

• 测试用例及测试例程是其设计者对被测对象实现原理和外部需求的理解，能否正确反映对被测对象的质量要求，很大程度上取决于其设计者的分析、理解和设计能力。这是一种缺乏指导性方法的、不易制定标准或规范的、需要"技巧"的设计活动。

• 目前缺乏测试管理方面的资料，几乎没有可供参考的、已实现的、完整的测试管理与测试实施模式。

• 软件测试的有效实施需要开发组织与测试组织充分配合。虽然测试活动看似是对开发人员劳动成果的不断"挑剔"，但测试工作的出发点是确保开发人员的劳动成果成为可被接收的、更高品质的软件产品。因此，测试人员应向开发人员谦虚求教，在测试工作中真正发挥作用，为保证软件产品的高质量起尽可能大的作用。测试的组织者应在促进上级组织协调各组织工作方面发挥作用。

• 有效的测试工作需要投入足够的人力和物力，需要对工作的难度和消耗有充分的估计。测试的组织者也应在促进上级组织对资源的统一调度方面发挥作用。

3. 软件测试的质量

通过对比，应用软件测试技术可以发现以下三类软件问题。

"错误"，即前一阶段导出语义为 A，本阶段导出语义为 B，而 AIB。

"缺少"，即前一阶段导出语义为 A，本阶段无此导出语义。

"多余"，即本阶段导出语义为 B，前一阶段无此导出语义。

发现第一类软件问题的过程即所谓"找错"，发现后两类软件问题的过程即所谓"确认"。设计不周密的测试用例可能并不能区分这三类软件问题。软件测试本身的质量在于：其提供的关于软件产品质量的信息含量。发现软件问题并能区分其类型的软件测试被认为是优质的测试。

9.3.3 测试的层次与内容

1. 软件测试的层次

软件测试工作包括两个层次：

• 测试工作的组织与管理，包括制定测试方法与规范、控制测试进度、管理测试资源；

• 测试工作的实施，包括编制符合标准的测试文档、研制测试环境、与开发组织协作实现各阶段的测试活动。

2. 软件测试的内容

软件测试工作可以分为 4 个方面。

• 测试管理。测试小组是质量保证组织的一个成分，因此测试管理工作应被置于软件质量管理的工作范围内。

• 测试计划。独立的测试组织负责定义软件测试的方法与规范。开发组织负责编制单元测试的计划和说明；测试组织主要负责编制其他测试阶段的测试计划和说明。

• 测试实施。测试实施组织的作用是：按测试计划与测试说明的定义对测试对象进行相应的测试；填写测试报告中相应的表格。

• 测试评审。依据软件测试评审准则在各测试阶段评审时提交完整的测试文档。

9.3.4　软件测试产品

软件测试工作所产生的文档、程序、服务及相关的文件的总和称为软件测试产品,它是软件产品的一部分。除了所选标准规定在各评审阶段需提交的测试文档外,还可以根据实际情况编制其他类型的软件测试文档。

测试组织提供的服务包括:培训与技术支持,包括为开发组织使用测试工具与环境提供帮助、为开发组织提供测试计划/说明/报告的编写指导、协助开发组织实施相应测试;协调与建议,包括在充分理解软件系统工作原理和流程的基础上,为软件系统的质量保证工作提供尽可能多的信息。

软件测试文件描述要执行的软件测试及测试的结果。由于软件测试是一个很复杂的过程,同时也是设计软件开发其他一些阶段的工作,对于保证软件的质量和它的运行有着重要意义,必须把对它们的要求、过程及测试结果以正式的文件形式写出。测试文件的编写是测试工作规范化的一个组成部分。

测试文件不只在测试阶段才考虑,它在软件开发的需求分析阶段就开始着手,因为测试文件与用户有着密切的关系。在设计阶段的一些设计方案也应在测试文件中得到反映,以利于设计的检验。测试文件对于测试阶段工作的指导与评价作用更是非常明显的。需要特别指出的是,在已开发的软件投入运行的维护阶段,常常还要进行再测试或回归测试,这时仍需用到测试文件。

(1)测试文件的类型

根据测试文件所起的作用不同,通常把测试文件分成两类,即测试计划和测试分析报告。测试计划详细规定测试的要求,包括测试的目的和内容、方法和步骤,以及测试的准则等。由于要测试的内容可能涉及软件的需求和软件的设计,因此必须及早开始测试计划的编写工作。不应在着手测试时,才开始考虑测试计划。通常,测试计划的编写从需求分析阶段开始,到软件设计阶段结束时完成。测试报告用来对测试结果进行分析,说明经过测试后,证实的软件具有的能力,以及它的缺陷和限制,并给出评价的结论性意见,这些意见即是对软件质量的评价,又是决定该软件能否交付用户使用的依据。由于要反映测试工作的情况,自然要在测试阶段内编写。

(2)测试文件的使用

测试文件的重要性表现在以下几个方面。

- 验证需求的正确性:测试文件中规定了用以验证软件需求的测试条件,研究这些测试条件对弄清用户需求的意图是十分有益的。

- 检验测试资源:测试计划不仅要用文件的形式把测试过程规定下来,还应说明测试工作必不可少的资源,进而检验这些资源是否可以得到,即它的可用性如何。如果某个测试计划已经编写出来,但所需资源仍未落实,那就必须及早解决。

- 明确任务的风险:有了测试计划,就可以弄清楚测试可以做什么,不能做什么。了解测试任务的风险有助于对谱伏的可能出现的问题事先做好思想上和物质上的准备。

- 生成测试用例:测试用例的好坏决定着测试工作的效率,选择合适的测试用例是做好测试工作的关键。在测试文件编制过程中,按规定的要求精心设计测试用例有重要的意义。

- 评价测试结果:测试文件包括测试用例,即若干测试数据及对应的预期测试结果。

完成测试后，将测试结果与预期的结果进行比较，便可对已进行的测试提出评价意见。

● 再测试：测试文件规定和说明的内容对于维护阶段由于各种原因的需求进行再测试时，是非常有用的。

● 决定测试的有效性：完成测试后，把测试结果写入文件，这对分析测试的有效性，甚至整个软件的可用性提供了依据。同时还可以证实有关方面的结论。

(3)测试文件的编制

在软件的需求分析阶段，就开始测试文件的编制工作，各种测试文件的编写应按一定的格式进行。

测试者除了要统一给出各类测试文档的标识(或定义规则)，还要定义其他测试文件，如文档审查项列表、代码审查项列表、软件审查报告、软件问题报告、软件更动申请、软件更动报告、软件测试日志等的标识。

软件测试组织应获得或自行整理其所面对的软件系统中各级软件成分对应的文档、文件、代码的标识。另外，测试组织自行开发的测试辅助工具也将置入配置管理库，因此，对其的标识定义应符合整个软件系统的标识定义规则。

9.3.5 软件测试的组织

虽然测试是在实现且经验证后进行的，实际上，测试的准备工作在分析和设计阶段就开始了。当设计工作完成以后，就应该着手测试的准备工作了，一般来讲，由一位对整个系统设计熟悉的设计人员编写测试大纲，明确测试的内容和测试通过的准则，设计完整合理的测试用例，以便系统实现后进行全面测试。

测试进度的初步安排应在软件开发计划中定义。在各阶段测试计划中将对测试进度的安排给出更具体的定义。

软件测试实施的开始时间将受限于软件开发的进度；每个测试阶段的进度控制将受限于测试资源(人/物/时间)。

软件测试的组织者可以在每个月末向软件质量管理组织提交：本月的"测试工作的活动汇总"、下月的"测试工作的初步安排"和当前状态的测试文档，以利于软件质量管理组织评估软件系统的质量、控制软件系统的测试进度。

实现组将所开发的程序经验证后，提交给测试组，由测试负责人组织测试，测试一般可按下列方式组织。

①首先，测试人员要仔细阅读有关资料，包括规格说明、设计文档、使用说明书和在设计过程中形成的测试大纲、测试内容及测试的通过准则，全面熟悉系统，编写测试计划，设计测试用例，做好测试前的准备工作。

②为了保证测试的质量，将测试过程分成几个阶段，即：代码审查、单元测试、集成测试和验收测试。

● 代码会审：代码会审是由一组人通过阅读、讨论和争议对程序进行静态分析的过程。会审小组由组长、2～3 名程序设计和测试人员及程序员组成。会审小组在充分阅读待审程序文本、控制流程图及有关要求、规范等文件的基础上，召开代码会审会，程序员逐句讲解程序的逻辑，并展开热烈的讨论甚至争议，以揭示错误的关键所在。实践表明，程序员在讲解过程中能发现许多自己原来没有发现的错误，而讨论和争议则进一步促使了问题的暴露。例如，对某个局部性小问题的修改方法的讨论，可能发现与之有牵连的甚至能涉及模块的功能说明、模块间接口和系统总结构的大问题，导致对需求定义的重定义、重设计验证，大大改善了软件的质量。

• 单元测试：单元测试集中在检查软件设计的最小单位——模块上，通过测试发现实现该模块的实际功能与定义该模块的功能说明不符合的情况，以及编码的错误。由于模块规模小、功能单一、逻辑简单，测试人员有可能通过模块说明书和源程序，清楚地了解该模块的 I/O 条件和模块的逻辑结构，并采用结构测试（白盒法）的用例，尽可能达到彻底测试，然后辅之以功能测试（黑盒法）的用例，使之对任何合理和不合理的输入都能鉴别和响应。高可靠性的模块是组成可靠系统的坚实基础。

• 集成测试：集成测试是将模块按照设计要求组装起来同时进行测试，主要目标是发现与接口有关的问题。如数据穿过接口时可能丢失；一个模块与另一个模块可能有由于疏忽的问题而造成有害影响；把子功能组合起来可能不产生预期的主功能；个别看起来是可以接受的误差可能积累到不能接受的程度；全程数据结构可能有错误等。

• 验收测试：验收测试的目的是向未来的用户表明系统能够像预定要求的那样工作。经集成测试后，已经按照设计把所有的模块组装成一个完整的软件系统，接口错误也已经基本排除了，接着就应该进一步验证软件的有效性，这就是验收测试的任务，即软件的功能和性能如同用户所合理期待的那样。

经过上述的测试过程对软件进行测试后，软件基本满足开发的要求，测试宣告结束，经验收后，将软件提交给用户。

9.3.6　测试计划

一个完整的测试计划应该包含以下几个方面。

①对测试范围的界定，简单地说就是测试活动需要覆盖的范围。在有时间约束、工作产品质量约束的情况下，唯一能够调整的就是范围。在实际的工作中，人们总是不自觉地在调整软件测试的范围，例如，在时间紧张的情况下，通常优先完成重要功能的测试。这就是一种测试范围上的调整。所以作为测试管理者在接收到一项任务的时候，需要根据主项目计划的时间来确定测试范围。如果在确定范围上出现偏差，会给测试执行工作带来消极的影响，例如加班。确定范围前需要管理人员来进行任务的划分，简单地说就是分解测试任务。分解任务有两个方面的目的，一是识别子任务，二是方便估算资源的需求。完成了上述的任务之后，管理者便需要根据项目的历史数据估算出完成这些子任务一共需要消耗的时间和资源。通常意义上说，执行一次完整的全面测试几乎是不可能的事情，人们总是要在测试的范围上做出有策略的妥协。

②风险的确定。项目中总是有不确定的因素。这些因素一旦发生之后记录对项目的顺利执行产生相当大的消极影响。所以在项目中，首先需要识别出存在的风险。风险识别的原则可以有很多，常见的一种就是如果一件事情发生后，会对项目的进度产生较大影响，那么就可以把该事件作为一个风险。风险识别出之后，管理者需要按照这些风险制定出规避风险的方法。在小的项目中，识别风险和制定规避方法可以省略。

③资源的规划：确定完成任务需要消耗的人力资源、物资资源。这些是保证项目执行的物资要素。物资资源是管理者容易忽略的问题，实际上物资资源是人得以开展工作的工具，细致的规划可以让人更有效地去执行项目。常见的物资资源有计算机硬件、软件、测试环境的搭建，等等。

④时间表的制定。在识别出子任务和资源之后,便可以将任务、资源和时间关联起来形成时间进度表。本质上说,时间表是对前三项任务的一个概括。没有前三步的工作,时间进度表是没有意义的。

【课后实训】

本项目实践主要完成 SPM 项目配置管理计划,可以根据项目的实际情况确定配置管理计划内容。

实践目的:掌握软件项目配置管理计划的编制。

实践要求:

1. 复习软件项目配置管理过程,了解配置管理计划的内容。
2. 参照建议的模式完成 SPM 项目的配置管理计划。
3. 选择一个团队在课堂上讲述 SPM 项目的配置管理计划。
4. 其他团队进行评述,可以提出问题。
5. 老师评述和总结。

SPM 配置管理计划建议模式:配置管理人员职责(包括 SCCB)、配置项标识定义、基线、配置管理库结构、基线变更控制系统。

思考练习题

1. 简述实施软件配置管理应该达到什么目标。
2. 简述什么是基线及其作用;基线与里程碑的关系是什么?
3. 简述如何有效地标识配置项。
4. 简述版本的任务是什么。如何进行版本控制?
5. 简述版本控制与变更控制的区别与联系。
6. 简述软件配置审核的目的和方法。
7. 简述软件测试的特征和难点。
8. 简述软件测试计划应包括哪些内容。

项目十　项目执行与控制

【知识要点】

1. 理解项目计划的执行。
2. 掌握项目进展情况。
3. 了解软件项目控制的相关概念。

【难点分析】

1. 熟练掌握项目执行的方法。
2. 熟练掌握项目的跟踪过程。
3. 熟练掌握项目控制的步骤。

良好的计划是成功的一半,而另一半就是按照计划去执行。项目计划实施的客观环境随时都在变化,对项目管理者来说,关键的问题是能够有效地预测可能发生的变化,以便采取预防措施,以实现项目的目标。但实际上很难做到这一点,更为实际的方法则是通过不断的监控、有效的沟通和协调、认真的分析研究,力求弄清项目变化的规律,妥善处理各种变化。本章将介绍项目计划的执行、跟踪项目的过程、对项目进行控制的内容、步骤、方法等内容。

10.1　项目计划的执行

项目计划执行是执行项目计划的主要过程,这个阶段产生的产品通常要花费大部分的资源,因为项目产品是在这个过程中产生的。在这个过程中,项目经理和项目管理团队必须协调和指导项目中存在的各种技术和组织问题,这是项目的应用领域中最有影响的项目过程。

10.1.1　项目执行的输入

对项目执行进行有效管理的主要输入包括以下几方面。

- 项目计划。包括具体项目的管理计划(例如,范围管理计划、风险管理计划和进度计划等)和绩效测量基准,是对项目计划实施的主要投入。项目绩效测量基准代表了一种管理控制,这个管理控制通常只会周期性地变化,而且通常只要对通过的范围变化做出相应的反应。
- 辅助说明。包括在项目计划开发期间产生的附加信息和文件;技术性文件,要求、特征和设计等方面的文件;有关标准文件等。

• 组织管理政策。包括质量管理(通过审计,继续改进目标);人事管理(招聘和解聘标准,雇员执行任务的情况分析);财务监控(时间报告、要求的经费和支出情况分析、会计账目和标准合同条款)等。所有组织管理政策都在项目中有正式的和非正式的两种,它们会影响项目计划的实施。

• 纠正措施。纠正措施所做的是把未来项目的执行,按照人们的预期纳入与项目计划要求相一致的轨道进行运转。纠正措施是各种控制程序的一个输出——在这里作为一种输入完成反馈环,这个反馈环是为确保项目管理的有效性。

10.1.2 项目执行的工具和方法

项目的进度、范围、成本、质量等都是管理项目执行绩效的重要方面,项目经理必须连续监控相对于项目基准计划的绩效,以便将实际绩效和项目计划进行对照,并以此为基础采取相应的纠正措施。同时项目经理应该通过专业的、科学的方式检查项目工作的进展,在项目实施时常用的工具与方法有以下几种。

• 普通管理技能。普通管理技能包括领导艺术、信息交流和协商组织等,都对项目计划的实施产生实质性的影响。例如,为项目团队营造积极的、高效的工作环境,也可为项目成功奠定基础。

• 产品所需的技能和知识。项目团队必须适当地增加一系列有关项目开发的技能与知识的学习。这些必要的技能被作为项目计划(尤其是资源规划阐述的)的一部分得以确认,并通过人员的组织过程来获取、体现。

• 作分配体系。工作分配体系是为确保批准的项目工作能按时、按序地完成而建立的正式程序。基本的方式通常是以书面委托的形式开始进行工作活动或启动工作包。一个工作分配体系的设计,应该权衡实施控制收入与成本之间的关系。例如,在一些比较小的项目上,口头分配、授权更为合适。

• 绩效检查例会。绩效检查例会是把握有关项目信息交流的常规会议。会议应定期按计划进行,以交流项目的信息。对大多数项目而言,绩效检查例会有不同的频率和层次。例如,项目管理队伍内部会议可能每周一次,而与顾客的会议可能每月一次。

• 项目管理信息系统。项目管理信息系统是由用于归纳、综合和传播其他项目管理程序输出的工具和技术组成。它用于提供从项目开始到项目最终完成,包括人工系统和自动系统的所有信息。

• 组织管理程序。项目的所有组织管理程序包括了运用在项目实施过程中的正式的和非正式的程序。

10.1.3 项目执行的结果

• 工作成果。工作成果是为完成项目工作而进行的具体活动结果。工作成果资料——工作细目的划分,工作已经完成或没有完成,满足质量标准的程度怎样,已经发生的成本或将要发生的成本是什么等,这些资料都被收集起来,作为项目计划实施的一部分,并将其编入执行报告的程序中。

• 改变要求。例如,扩大或修改项目合同范围,修改成本或进行估算等。通常是在项目工作实施时得到确认。

10.2　跟踪项目进展情况

项目跟踪和控制是管理项目实施的两个不同性质但却密切相关的活动。项目跟踪是项目控制的前提和条件,项目控制是项目跟踪的目的和服务对象。跟踪工作做得不好,控制工作也难以取得理想的成效;控制工作做得不好,跟踪工作也难以有效率。如果丢弃了跟踪,项目计划也就变得可有可无了。进行项目跟踪就是为了保证项目能够按照预先设定的计划轨道行驶,使项目不要偏离预定的发展进程。

10.2.1　跟踪的益处

项目跟踪是必要的,因为它可以证明计划是否可实施,同时可以证明计划是否可以被完成。因为可以对计划进行检验,所以如果把计划和跟踪作为一个工作循环,那么计划将得到适时的改进,因为跟踪过程中会发现计划的不当之处。详细的计划可以提高跟踪的准确性,提高跟踪的效率和效果。粗糙的计划则会加大跟踪的工作量,并降低跟踪的效果。这是循环所必然导致的结果。计划中很多事情是无法写进去的,例如,人员士气变化、人员的思想变化等,但这些事情很有可能影响项目的进展。跟踪——及时发现问题就变得尤为重要。

项目跟踪实施人应该是项目经理,因为项目经理负责制定项目计划,并且项目经理可以进行工作的协调和调动。跟踪可以给项目所有成员一个工作的参考,跟踪的结果和数据是“最好的教材”。跟踪主要是通过与项目成员的交流来完成,这种交流包括口头的和书面的。进行项目跟踪的益处如下。

①了解成员的工作情况。一个任务分配下来后,项目经理如果要知道工作的进展情况,那么他就必须去跟项目成员进行交流,了解这个成员的情况。所以他要得到的信息是:“能不能按时并保质保量地完成？如果不能按时完成,需要什么样的帮助呢？”这是项目经理最关心的,而且需要随时地收集。如果这个信息没有被收集上来,那么项目经理就失去了对项目的了解,也就失去可适时调整的时机,如此,后果就可想而知了。

②调整工作安排,合理利用资源。如果项目组中有几个或者几十个人的时候,就可能出现完成任务早晚的不同,完成早的不能闲着,完成晚的要拖后腿。也可能发现某人更适合某项工作,某人不适合某项工作。这时就需要项目经理进行工作的调整。那么这个跟踪结果和数据就可以帮助项目经理完成这个工作。

③促进完善计划内容。项目人员多了,又去跟踪,这就必然要求项目经理做出详细的计划,这个计划必须要明确任务,明确任务的负责人,明确任务的开始和结束时间,明确产物的标准(至少是项目经理和制作人双方可以接受且明确的内容)。这就要求项目经理把整个项目分成若干部分,详细地考虑分工。项目经理的跟踪必然促使项目组成员更加详细、合理地制定自己的工作计划,最终形成一种良好的氛围,那就是计划展现出的层次结构(项目大计划、中计划和个人计划)。

④促进对项目工作量的估计。在一个好的跟踪工具中应该有对工作量的估计。工作量的估计总是很不准确的,这个问题在跟踪中表现为完不成任务/计划,或者工作超前。在这种情况发生后,必然促使项目组去考虑工作量的评估问题,包括整个项目的工作量,各个

任务的工作量,还有可能导致整个计划的修改。

⑤统计并了解项目总体进度。经常会遇到这种情况:项目组在同一时间进行不同阶段的工作。这时对于工作进度的把握,尤其是总体进度的把握就比较困难。如果项目经理把阶段划分得很清楚,阶段工作量也很明确,而且项目成员也对自己的工作量进行评估的话,那么项目的总体进度可以由工具自动生成(完成的百分比)。这当然不是很准确,但却可以作为一个参考,而且是一个比较好的参考。

⑥有利于人员考核。项目成员的工作能力,例如,"是否按时完成任务,完成工作量的大小,工作内容的难易等",很多信息都可以在跟踪工具中体现出来,使项目考核有理有据,人人信服。

10.2.2 项目的跟踪

项目跟踪主要针对计划,是为了及时了解项目中的问题,并及时解决,不使问题淤积而酿成严重后果。具体做法如下。

1.明确跟踪采集对象

对项目进行跟踪首先要明确跟踪采集对象。采集对象主要是对项目有重要影响的内部和外部因素。内部因素是指项目基本可以控制的因素,例如变更、范围、进度、成本、资源、风险等。外部因素是指项目无法控制的因素,例如法律法规、市场价格等。一般要根据项目的具体情况选择采集对象。如果项目比较小,可以集中在进度、成本、资源、产品质量等内部因素。只有项目比较大的时候才考虑外部因素。跟踪采集的具体对象应与项目的度量指标、考核标准等联系起来。

下面是一些跟踪采集内容的实例。

- 依据项目计划的要求确定跟踪频率和记录数据的方式。
- 按照跟踪频率记录实际任务完成的情况。
- 按照跟踪频率记录完成任务所花费的人力和工时。
- 根据实际任务进度和实际人力投入计算实际人力成本和实际任务规模。
- 记录除人力成本以外的其他成本消耗。
- 记录项目进行过程中风险发生的情况及处理对策。
- 按期按任务性质统计项目任务的时间分配情况。
- 收集其他要求的采集信息及不需要的度量信息等。

2.项目跟踪过程

项目跟踪采集是在项目实施的全过程对项目进展的有关情况及影响项目实施的相关因素进行及时的、系统的、准确的信息采集,同时记录和报告项目进展信息的一系列活动和过程。其目的是为项目管理者提供项目计划执行情况的相关信息。为了保证项目跟踪的效率和准确性,最好建立一个项目跟踪系统的平台,即项目组的信息库。

跟踪采集过程主要是在项目生存期内根据项目计划中规定的跟踪频率,按照规定的步骤对项目管理、技术开发和质量保证活动进行跟踪,以监控项目实际情况,记录反映当前项目状态的数据(例如,进度、资源、成本、性能和质量等),用于对项目计划的执行情况进行比较分析,属于项目度量实施过程。

无论采用何种采集方法,都需要为采集项目信息创建一个详细的进度表,对项目信息进行周期性的更新,否则项目信息将变得陈旧,项目经理将失去防止超时和团队成员拖沓的调整机会。

为了跟踪项目需要建立正式的汇报机制，并确定工作汇报的形式，让团队定期汇报所分配的任务完成的情况。一般应基于所分配任务的天数与星期。例如，定期项目内部报告、项目例会、E-mail 等。

3. 常用的采集工具

在软件项目中，有太多的工作需要去完成，而项目经理不可能去采集每一项需要采集的数据，利用以下工具可以帮助管理者高效、全面地采集多种项目跟踪数据。

①定期项目内部报告：定期项目内部报告是在项目团队中传递项目执行情况的比较正式的方式。通常项目状况需要每周由任务负责人向项目经理进行汇报。但是对进度有严格要求的项目往往需要日报。项目报告的形式应该简单明了，易于填写和阅读。报告要反映真实的情况和必要的信息，尽量减少无用的信息和填报人的文字工作量。例如，表 10－1 与表 10－2 是项目日报和周工作总结的例子。

表 10－1　项目执行情况日报

项目名称：　　　　　　　　　　　　　　　　　　　　　文件编号：

项目编号：	项目经理：
填报人：	填报日期：
一、当日计划完成工作：	
二、当日实际完成工作：	
三、未完成工作原因分析及需要采取的行动：	
四、次日计划完成工作：	
五、其他问题：	

表 10－2　本周工作总结

项目名称：　　　　　　　　　　　　　　　　　　　　　文件编号：

序号	本周计划工作 WBS 编号	责任人	完成情况	未完成原因	纠正措施
1					
2					
3					
4					

二、主要项目风险和问题分析

三、来自客户的意见

四、下周计划

五、其他事项

②项目例会：项目例会一般是一个开放式会议。如果某些团队成员需要汇报项目情况、提出自己的见解或者项目经理需要了解项目进展，都可以采取这种形式。项目例会通常有规定的会议地点和会议时间，例如，每周星期五下午。项目例会一般由项目经理召集，

参与的人员包括开发人员、质量保证人员、项目技术负责人和企业管理者等。如果需要就某一专题进行讨论的话,则可以邀请和专题有关的人员参加会议。项目例会的主要内容是检查项目进展、识别偏差和问题、讨论解决方法、让客户了解项目情况。为了保证项目例会的效率,项目经理在例会前应该做好充分的准备。在会议过程中,项目经理应充分应用一些有效的思维管理方法,例如头脑风暴法、德尔菲法等,确定会议基调,引导议题的讨论,确保会议达到预期的目标。另外,在会议进行时,还要做好会议记录,对会议形成的决议进行记录,并在会后一定要及时发送会议纪要。

③E-mail:一个简单的办法是让开发团队的成员通过 E-mail 的方式汇报他们在分配的任务中花费的时间和完成的情况。项目经理还可以通过这种方式与项目团队中的所有成员进行有关项目内容的沟通。这种方式虽然不是那么自动化,但是至少它便于收集、获取开发成员的工作进展信息。

④电子表格:这是一个具有收集、计算、汇总功能的方法。每个成员可以通过电子表格的形式汇报他们工作的完成情况。项目经理可以创建一个统一的表格,包括任务列表、分配的时间、实际完成时间、项目完成情况的评价等栏目。一将电子表格采集上来后,就可以直接进行计算和汇总统计,迅速得出整个项目的基本情况。

⑤项目管理软件:利用项目管理软件,项目建立可以将项目计划安排、WBS、项目进度安排、资源分配、项目跟踪等许多与项目相关的信息发布给每个开发成员,使他们在明确自己的任务的同时,还了解项目的整个情况,能够配合项目的整体要求安排自己的工作,并通过统一的形式将项目完成信息反馈给项目管理者。项目经理也能够利用软件系统了解项目的状况,计算出项目完成数据、超时、附加资源等,并采取适当的措施进行监控。有些项目管理软件还支持开发团队的协同工作、自动提交任务报告和团队成员的任务更新请求等。

10.3 项目控制

项目内外各种因素具有不确定性,同时项目相关环境中存在一定的干扰,因此项目的实施难以完全按照项目计划进行,出现偏差是不可避免的。良好的项目控制可以保证项目按照计划稳定地完成项目目标,就是说可以及时地发现偏差、有效地缩小偏差、迅速地纠正或预防偏差,能使项目始终按照合理的计划推进。项目控制就是对项目进行有效的管理。项目控制的作用就是为了保证项目按照预期的项目目标进行,必须对项目的运行情况和输出进行持续的跟踪监控,收集各种项目进展信息,对收集的信息进行分析,与预期的项目目标进行比较。在出现偏差时及时分析偏差原因,制定有效的纠正预防措施,落实纠正预防措施。

10.3.1 概述

项目计划都是推估出来的,再好的计划也未必是最合理的、十全十美的。项目中的完成期限可能是理想的状态,产品的性能远比遵守期限重要得多。所以,在进行项目跟踪控制时,需要对不合理的计划进行及时的修正。如果没有项目控制,项目范围有可能会变得无穷大,成本会成倍增长,风险会增加,进度也会推迟,最终导致项目的失败。

既然项目控制的作用和目的是为了保证项目实施最终能够满足项目目标的要求,而项目目标又包括项目可交付成果及软件产品的范围、质量、交付日期,因此,项目控制除了要包括范围控制、质量控制、进度控制外,还包括对人的监控。其中监控的人包括团队中所有的人员,也包括客户。另外由于交付的成果大多具有确定的价格,而企业为了保证软件产品能够赢得一定的利润,就会设定预算目标,因此还要进行成本控制。再者,软件需求的不明确性、项目的外在条件和多项目资源共享的情况,都有可能需要对项目计划进行调整,因此需要进行项目的变更控制。

在项目范围相对固定的情况下,质量、进度、成本3个目标一般是相互矛盾、互相制约的。赶工、缩短工期、加快进度往往导致成本上升或质量下降,降低成本会使进度拖延或质量下降;提高质量需要更长的工期、更高的成本。因此,应当注意平衡质量、进度、成本3个目标,更好地进行项目控制。

计划与控制要做到什么程度才可以?需要项目经理确定项目偏差的可接受的范围。因为项目管理是有成本的,如果管理成本提高了,势必影响项目的开发成本。如果建立了偏差的接受准则,也就确定了控制的程度。一般可以通过设置偏差的警戒线和底线的方法来控制项目。警戒线和底线可以以时间和阶段成果为标志。警戒线是为了认清发生拖延的标志,当警戒信号出现后,就应该执行应急措施。底线本身是一种预测,预测可能拖延的时间。

建立偏差的准则要因项目而异。对于风险高、有很大不确定性的项目,接受偏差的准则可以高些,例如,风险大的项目接受的偏差可以是20%;而低风险的项目,例如网站类项目,高于2%的偏差都是不能接受的。

为了控制好项目,必须做好以下工作。

- 充分了解项目当前的状态。
- 建立项目监控和报告体系,确定为控制项目所必需的数据。
- 依据所期望的状态、当前的状态和目标进行分析、比较,做出决策。决策的有效性受项目经理的分析能力、经验、掌握项目信息的质量等因素的影响。
- 采取必要的纠正措施,必要时修改项目计划。

项目的变化主要是指项目的目标、项目的范围、项目要求、内部环境及项目的技术质量指标等偏离原来确定的项目计划。项目变更是不可避免的,通常对发生的变更,需要识别是否在既定的项目范围之内。如果是在项目范围之内,那么就需要评估变更所造成的影响,以及如何应对的措施,受影响的各方都应该清楚明了自己所受的影响;如果变更是在项目范围之外,那么就需要商务人员与用户方进行谈判,看是否增加费用,还是放弃变更。因此,项目范围变更及控制不是孤立的。

项目控制按照控制执行人员来划分可以分为:项目组内控制、企业控制、用户方控制、第三方控制。

项目组内控制:项目组内以项目经理为主,组织项目成员进行持续的自我检查,对照项目计划,及时发现偏差并进行调整。

企业控制:项目组以外,企业领导层及生产部门、项目管理部门、质量管理部门、财务管理部门对项目进行控制。项目组一般应该定期提交项目状态报告给项目干系人,使他们了解项目的真实进展情况。

用户方控制:用户方对于项目的进度、质量是最关心的,所以有责任感的用户方会定期或不定期地需要获得项目进展的信息,作为他们项目控制的依据。用户控制的措施主要是在发现问题后提出警告。当然,合同签订后软件系统的价格是固定的,所以他们对项目成本的关心程度不会像企业那样高。

第三方控制:目前有些项目委托项目监理机构进行项目控制。作为第三方的监理机构,对于软件开发项目的成功是有利的,因为理论上监理单位利益独立于双方之外,可以客观公正地提出相关意见和措施,保证项目的质量、进度及投资。同时,第三方监理拥有很强的咨询能力,可以帮助双方解决一些技术和管理难题,促进项目进展。既可以对信息工程建设项目实施成功与否做出公正客观的评价,又可以使软件系统用户和系统开发商双方的市场行为规范起来,客观上促进软件开发商提供高质量的符合客户业务需求的软件系统,从而提高客户对建设软件系统的信心。

10.3.2 项目控制步骤

从以上项目控制的作用和类型分析来看,项目控制的基础和依据是项目目标和项目计划,所以项目控制的步骤就是:根据项目目标制定项目控制计划(包括进度控制计划、质量控制计划、成本控制计划)、设定阶段成果验收准则、汇报和收集项目实施进展信息、判断偏差、分析偏差产生的原因和趋势、采取适当的纠正预防措施,对纠正预防措施的有效性进行评估。

1. 根据项目目标制定控制计划

项目控制的对象不仅要针对总体任务,更要针对尽可能详细地分解后的任务,这样的控制才会取得应有的效果。因此,项目控制的目标包括总体目标、分任务目标、阶段目标。项目控制的基础是否扎实依赖于项目任务的分解是否清晰合理、是否尽可能详细、阶段目标设置是否合理,等等。有的任务的分解往往可以有多种方案,应当找到既利于工作任务分配,又利于划分阶段目标的分解方案。

2. 设定阶段成果验收准则

阶段成果验收准则应当包括在进度控制计划、质量控制计划、成本控制计划中。阶段成果验收准则就是判断阶段成果是否符合要求的标准,其最原始依据是合同。由合同带出的依据包括需要遵守的相关技术标准规范、需求规格说明书、设计说明书、测试计划等。

3. 汇报和收集项目进展信息

项目实施进展信息包括制度规定的定期汇报信息和项目管理人员不定期地收集的相关信息。定期汇报信息包括定期的会议和定期的项目阶段状态报告。定期的汇报信息应包括项目当前状态、报告区间内完成的工作、计划区间内准备完成的工作、已经解决的问题、需要解决的问题(包括遗留未解决的问题,新出现的问题,需要客户、企业领导层、其他部门等协调解决的问题)。项目管理部门根据项目组的汇报进行汇总统计。

4. 判断偏差

根据项目组汇报的项目当前状态(不能仅仅写一个延期或准时或提前,应当说明哪项任务延期、哪项任务准时、哪项任务提前)判断项目是否出现偏差,这些偏差是在合理的范围、可接受的范围,还是在应当尽快纠正的范围。通过把项目阶段状态汇报信息、汇总统计信息与项目计划、相关标准规范进行对比,及早发现项目实施结果和计划预期结果之间的差距。为了更好地判断项目计划实施过程中的偏差,项目计划中应该按阶段设置必要的里程碑。不过,里程碑应当设置得合理有效,而一旦里程碑设置好后,就要认真地对里程碑的结果进行检验，同时也不能仅仅依靠检查某些里程碑的结果，而不去跟踪监控产生这个结果的过程。

5. 分析偏差产生的原因和趋势

所谓偏差主要是在进度和成本上的，质量上的偏差对软件来说比较难以判断。项目实施过程中产生的偏差就是实际进展和项目计划之间的差距，可以分为正偏差、负偏差和零偏差。零偏差意味着没有偏差；正偏差说明项目进度比进度计划有所超前，或当前花费成本少于计划中当前预算约定的成本；负偏差说明项目进度比进度计划有所延迟，或当前花费成本多于计划中当前预算约定的成本。

正偏差不完全是好事，负偏差也不完全是坏事。这些偏差的原因是什么，应当进一步向项目组了解情况，具体分析产生偏差的原因。

可能的原因有：原来制定的项目计划不合理，过于保守的计划造成了正偏差，过于乐观的计划造成了负偏差；技术革新、管理革新提高了效率造成了正偏差，资源不足、低效率、故障、人员离职造成了负偏差；成本的增加（负偏差），如增加奖金、提高工资、提高加班补贴造成了进度正偏差或零偏差；抽走技术人员（正偏差）造成进度的负偏差；需求分析不够清楚、设计方案有问题造成进度和成本的负偏差。外部因素有：客户配合不力，外包供应商未能按期、按质的要求交付，或发生自然灾害等不可抗力，等等。

除了要分析出偏差的原因，还要根据原因分析可能的趋势。原来的正偏差或零偏差是否会发展成负偏差，原来的负偏差是否有希望扭转成正偏差，还是会在不采取措施的情况下越来越严重，对后面的项目活动有多大程度的影响。

6. 采取适当的纠正预防措施

偏差的判断和分析让我们了解了偏差的根源，可以有的放矢地制定适当的纠正或预防措施。如果是计划不合理，就进行计划变更；如果是设计不合理，就进行设计变更；如果是人力资源不足，就适当增加人力资源；如果需要加班，就采取适当的措施安排加班。只有分析出造成偏差的根源和责任人，才能制定出对症下药的和可以落实到具体人员的纠正预防措施。

7. 跟踪评估措施的有效性

项目出现偏差后，制定的纠正预防措施和项目计划一样应该是具有可跟踪性的，就是说必须落实到具体的人负责，同时纠正的结果和效果是可以检验的。纠正预防措施制定出来后，应当保证落到实处。因此必须进行跟踪检查，对纠正预防措施的有效性进行评估。

下面详细介绍项目范围控制、进度控制和成本控制等内容。

10.3.3　范围控制

项目范围变更控制关心的是对造成项目范围变更的因素施加影响，并控制这些变更造成的后果，确保所有请求的变更与推荐的纠正，通过项目整体变更控制过程进行处理。项目范围控制也在实际变更出现时，用于管理这些变更并与其他控制过程结合为整体。未得到控制的变更通常称为项目范围潜变。

1. 项目范围变更的原因分析

项目范围的变化在项目变化中是最重要、最受项目经理关注的变化之一。通过工作分解结构详细地界定项目的需求、范围，确定了项目的工作边界，明确了项目的目标和主要的项目可交付成果。而如果项目的范围发生了变化，就必然会对项目产生影响，这种影响有的可能有利于项目目标的实现，但更多的则是不利于项目目标的实现。

范围变更的原因是多方面的，例如，用户要求增加产品功能，技术问题导致设计方案修改而增加开发内容。项目经理在管理过程中必须通过监督绩效报告、当前进展情况等来分析和预测可能出现的范围变更，在发生变更时遵循规范的变更程序来管理变更。

在进行项目范围变更控制之前，还必须清楚项目范围变化的影响因素，从而有效地进行项目范围变化的控制。项目范围变化的规律可能因项目而异，但通常情况下，项目范围变化一般受以下因素的影响。

- 项目的生命周期。项目的生命周期越长，项目的需求、范围就越容易发生变更。
- 项目的组织。项目的组织越科学、越有力，则越能有效制约项目范围的变化。反之，缺乏强有力的组织保障的项目范围则较容易发生变化。
- 项目经理的素质。高素质的项目经理善于在复杂多变的项目环境中应付自如，正确决策，从而使项目范围的变化不会造成对项目目标的影响。反之，在这样的环境中，往往难以驾驭和控制项目。

除了上述因素以外，还有其他若干因素。例如，对项目的需求识别和表达不准确，计划出现错误，项目范围需要变化；项目中原定的某项活动不能实现，项目范围也需要变化；项目的设计不合理，项目范围更需要变化；外部环境发生变化，新技术、手段或方案的出现，项目范围需要变化；客户需求发生变化，项目范围也需要变化等。

2. 项目范围控制的主要步骤

- 在收集到已完成活动的实际范围和项目变更带来的影响的有关数据，并据此更新项目范围后，对范围进行分析并与原范围计划进行比较，找出要采取纠正的地方。
- 对需要采取措施的地方确定应采取的具体措施。
- 估计所采取的纠正措施的效果，如果所采取的纠正措施仍无法获得满意的范围调整，则重复以上步骤。

3. 对范围变化的控制

范围变化控制是关于影响造成项目变化的因素，并尽量使这些因素向有利的方面发展；判断项目变化范围是否已经发生；一旦范围变化已经发生，就要采取实际的处理措施。范围变化控制必须与其他控制管理程序（进度控制、成本控制、质量控制及其他控制）结合在一起用。为规范项目变更管理，需要制定明确的变更管理流程，其主要内容是识别并管理项目内外引起超出或缩小项目范围的所有因素。

（1）范围变更控制实施的基础和前提

- 进行工作任务分解。建立工作任务分解结构是确定项目范围的基础和前提。
- 提供项目实施进展报告。提供项目实施进展报告就是要提供与项目范围变化有关的信息，以便了解哪些工作已经完成，哪些工作尚未完成，哪些问题将会发生，这些将会如何影响项目的范围变化等。
- 提出变更要求。变更要求的提出一般以书面的形式，其方式可以是直接的也可以是间接的。变更要求的提出可以来自项目内部，也可能来自项目外部；可以是自愿的，也可能是被迫的。这些改变可能是要求扩大项目范围或缩小范围。
- 项目管理计划。项目管理计划应对变更控制提出明确要求和有关规定，以使变更控制做到有章可循。

(2)范围变更控制的工具和技术

• 范围变更控制系统。该系统用于明确项目范围变更处理程序,包括计划范围文件、跟踪系统和偏差控制与决策机制。范围变更控制系统应与全方位变化控制系统相集成,特别是与输出产品密切相关的系统的集成。这样才能使范围变更的控制与其他目标或目标变更控制的行为相兼顾。当要求项目完全按合同要求运行时,项目范围变更控制系统还必须与所有相关的合同要求相一致。

• 偏差分析。项目实施结果测量数据用于评价偏差的大小。判断造成偏离范围基准的原因,以及决定是否应当采取纠正措施,都是范围控制的重要组成部分。

• 补充规划。影响项目范围的变更请求批准后可能要求对工作分解结构与工作分解结构词汇表、项目范围说明书与项目范围管理计划进行修改。批准的变更请求有可能成为更新项目管理计划组成部分的原因。

• 配置管理系统。正式的配置管理系统是可交付成果状态的程序,并确保对项目范围与产品范围的变更请求是经过全面透彻考虑并形成文件后,再交由整体变更控制过程处理的。

4. 项目范围变更控制的作用

项目范围变更控制的作用主要体现在以下几个方面。

• 合理调整项目范围。范围变更是指对已经确定的、建立在已审批通过的 WBS 基础上的项目范围所进行的调整与变更。项目范围变更常常伴随着对成本、进度、质量或项目其他目标的调整和变更。

• 纠偏行动。项目的变化所引起的项目变更偏离了计划轨迹,产生了偏差。为保证项目目标的顺利实现,就必须进行纠正。从这个意义上来说,项目变更实际上就是一种纠偏行动。

• 总结经验教训。导致项目范围变更的原因、所采取的纠偏行动的依据及其他任何来自变更控制实践中的经验教训,都应该形成文字、数据和资料,以作为项目组织保存的历史资料。

5. 变更控制委员会(CCB)

许多变化控制系统都包括一个变化控制委员会,负责批准或抵制变化要求。控制委员会的权力和责任应该仔细地界定,并且要取得主要参与者的同意。在一些大的复杂的项目中,可能会有很多控制委员会,他们负有不同的职责。

CCB 是变更控制委员会的简称。项目范围变更很可能需要额外的项目资金、额外的资源与时间,因此,应建立包括来自不同领域的项目利益相关者在内的变更控制委员会,以评估范围变更对项目或组织带来的影响。这个委员会应当由具有代表性的人员组成,而且有能力在管理上做出承诺。CCB 需要界定以下几个问题:范围变更发生时要确定项目经理能做些什么及不能做些什么;规定一个大家都同意的办法,以便提出变更并评估其对项目基准的影响;说明批准或者不批准变更所需的时间、工作量、经费。

10.3.4　进度控制

进度控制是指改变某些因素使进度朝有利方向改变;确定原有的进度已经发生改变;当实际进度发生改变时要加以控制,进度计划控制必须和其他控制过程结合。在项目进行过程中,必须不断检查、监控项目的进展情况,以保证每项分解的任务都能按计划完成。持续收集项目进展数据,掌握项目计划的实施情况,将实际情况与进度计划进行对比,分析其差距和造成这些差距的原因,必要时采取有效的纠正或预防措施,使项目按照项目进度计划中预定的工期目标进行,防止延误工期。对项目进度的控制可从控制项目进度变更原因和实际进度变更两方面着手进行。

1. 项目进度控制的依据

项目进度控制的主要依据包括如下几个方面。

(1)项目进度计划文件

项目进度计划文件是项目进度控制最根本的依据,它提供了度量项目实施绩效和报告项目进度计划执行情况的基准和依据。

(2)项目工期计划实施情况报告

这一报告提供了项目进度计划实施的实际情况及相关的信息。例如;哪些项目活动按期完成了,哪些未按期完成,项目进度计划的总体完成情况等。通过比较项目进度计划和项目进度计划实施情况报告可以发现项目进度计划实施的问题和差距。

(3)项目变更的请求

项目变更请求是对项目计划任务所提出的改动要求。它可以是由业主/客户提出的,也可以是项目实施组织提出的,或者是法律要求的。项目的变更可能会要求延长或缩短项目的工期,也可能是要求增加或减少项目的工作内容。但是,无论哪一方面的项目变更都会影响到项目进度计划的完成,所以项目变更的请求也是项目进度计划控制的主要依据之一。

(4)项目进度管理的计划安排

项目进度管理的计划安排给出了如何应对项目进度计划变动的措施和管理安排。这包括项目资源方面的安排,应急措施方面的安排等。这些项目进度管理的安排也是项目进度计划控制的重要依据。

2. 项目进度分析

引起项目进度变更的原因有很多,其中可能性最大的是:编制的项目进度计划不切实际;人为因素的不利影响;设计变更因素的影响;资金、设备等原因的影响;不可预见的政治、经济等项目外部环境等因素的影响。这些引起项目进度变更的影响因素中,部分是项目管理者可以实施控制的(如进度计划的制定、人为因素的影响、资金、设备的准备等),部分是项目管理者不能实施控制的(如项目外部环境)。因此,对项目进度变更的影响因素的控制要把重点放在可控因素上,力争有效控制这些可控因素,为项目进度计划的实施创造良好的内部环境。对不可控的影响因素,要及时掌握变更信息并迅速加工利用,对项目进度进行适时、适度地调整,最大限度地为项目进度营造一个适宜的外部环境。

项目进度控制不仅要注意主要任务或关键路径上的任务的工期,也要注意一些本来次要的任务的进展,以防止次要任务拖延,影响主要任务和关键路径上的任务。项目实际进度控制的目标就是确保项目按既定工期目标实现,就是在保证项目质量但并不因此增加项目实际成本的条件下,适当缩短项目工期。

3. 进度控制的工具和方法

项目进度控制的主要方法是规划、控制和协调。规划是指确定项目总进度控制目标和分进度控制目标,并编制其进度计划;控制是指在项目实施全过程中进行的检查、比较及调整;协调是指协调参与项目的各有关单位、部门和人员之间的关系,使之有利于项目的进展。

进度控制所采取的措施主要有组织措施、技术措施、合同措施、经济措施和管理措施等。组织措施是指落实各层次的进度控制人员、具体任务和工作责任;建立进度控制的组织系统;按照项目的结构、工作流程或合同结构等进行项目的分解,确定其进度目标,建立控制目标体系;确定进度控制工作制度,如检查时间、方法、协调会议时间、参加人员等;对影响进度的因素进行分析和预测。技术措施主要是指采取加快项目进度的技术方法。合同措施是指项目的发包方和承包方之间、总包方与分包方之间等通过签订合同明确工期目标,对项目完成的时间进行制约。经济措施是指实现进度计划的资金保证措施。管理措施是指加强信息管理,不断地收集项目实际进度的有关信息资料,并对其进行整理统计,与进度计划相比较,定期提出项目进展报告,以此作为决策依据之一。

常用的进度检查工具如下。

(1)甘特图检查法

利用甘特图进行进度控制时,可将每天、每周或每月的实际进度情况定期记录在横道图上,用以直观地比较计划进度与实际进度,检查实际执行的进度是超前、落后,还是按计划进行。若通过检查发现实际进度落后了,则应采取必要措施,改变落后状况;若发现实际进度远比计划进度提前,可适当降低单位时间的资源用量,使实际进度接近计划进度。这样可降低相应的成本费用。例如,在甘特图中用实心和空心的横道线分别表示实际进度与计划进度,差别极易分清。通过计划与实际的比较,为项目管理者明确了实际进度与计划进度之间的偏差,为采取调整措施提出了明确任务。这是进度控制中最简单的工具。但是,这种工具仅适用于项目中各项工作都按均匀的速度进行,即每项工作在单位时间内所完成的任务量是各自相等的。

(2)S 形曲线检查法

S 形曲线检查法是在计划实施前绘制出计划 S 形曲线,在项目进行过程中,将成本实际执行情况绘制在与计划 S 形曲线同一张图中,与计划进度相比较的一种方法。S 形曲线检查法利用了如图 10-1 所示的检查图,它能直观地反映项目实际进度情况。项目实施过程中,每隔一段时间将实际进展情况绘制在原计划的 S 形曲线上进行直观比较。通过比较,可得如下信息。

①实际工程进展速度。当实际进展点落在计划 S 形曲线左侧时,表明实际进度超前,如图 10-1 中的 a 点;如果工程实际进展点落在计划 S 形曲线右侧,表明此时实际进度拖后,如图 10-1 中的 b 点;如果工程实际进展点正好落在计划 S 形曲线上,则表示此时实际进度与计划进度一致。

②工程项目实际进度超前或拖后的时间。在 S 形曲线比较图中可以直接读出实际进度比计划进度超前或拖后的时间。如图 10-1 所示,ΔT_a表示 T_a时刻实际进度超前的时间;ΔT_b表示 T_b时刻实际进度拖后的时间。

因此,S 形曲线能表示工程量的完成情况和预测后续工程进度。

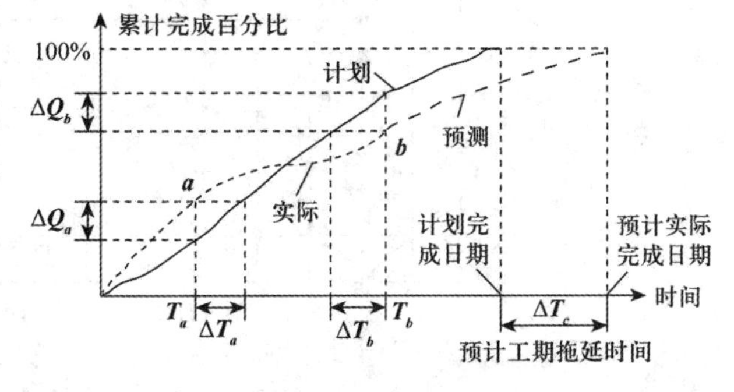

图 10-1 S 形曲线检查法

(3)前锋线检查法

前锋线检查法是一种有效的进

度动态管理的方法。前锋线又称实际进度前锋线,它是在网络计划执行中的某一时刻正在进行的各活动的实际进度前锋的连线。前锋线一般是在时间坐标网络图上标示的。时标网络计划绘制在时标表上,时标表可分为有日历的时标表和无日历的时标表两种。时标网络计划如图 10 - 2 所示。

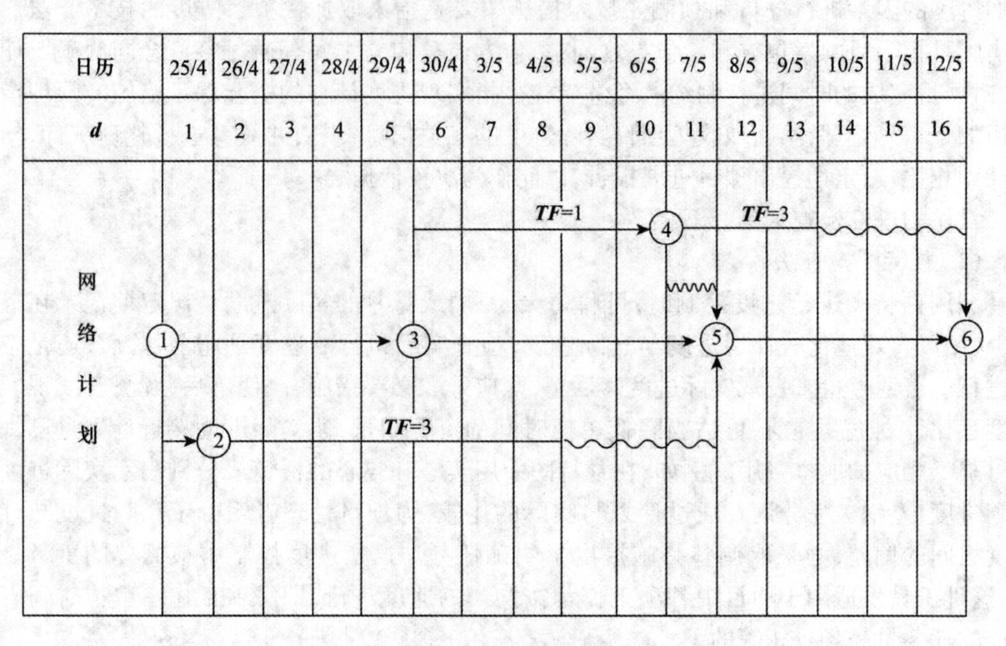

图 10 - 2　时标网络计划

在时标网络计划中,以实线表示工作,实线的长度与其所代表的工作的工期值大小相对应;虚工作仍以虚箭线表示;用波形线(或者虚线)把实线部分与其紧后工作的开始节点连接起来,以表示自由时差。绘制该图时节点的中心必须对准时标的刻度线。从时间坐标轴开始,自上而下依次连接各线路的实际进度前锋,即形成一条波折线,这条波折线就是前锋线,如图 10 - 3 中的波折线。图 10 - 3 是一份时间坐标网络计划用前锋线进行检查的示例图。该图有 2 条前锋线,分别记录了 2 日和 4 日 2 次检查的结果。

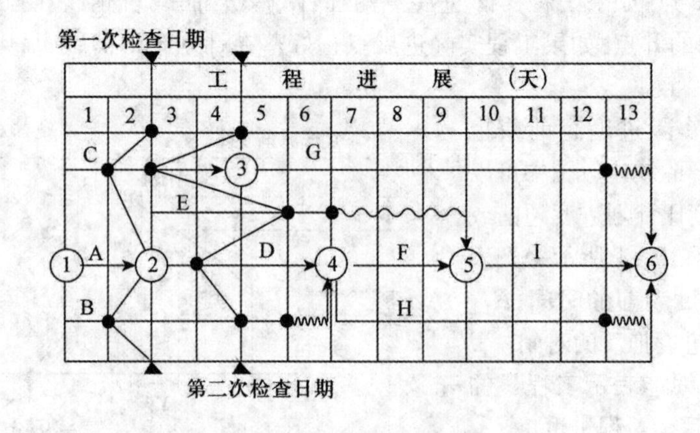

图 10 - 3　某项目前锋线检查图

画前锋线的关键是标定各活动的实际进度前锋位置,其标定方法有以下两种。

①按已完成的工程实物量比例来标定。时间坐标网络图上箭线的长度与相应活动的历时对应,也与其工程实物量成比例。检查计划时刻某活动的工程实物量完成了几分之几,其前锋点自左至右标在箭线长度的几分之几的位置。

②按尚需时间来标定。有时活动的历时是难于按工程实物量来换算的,只能根据经验或用其他办法来估算。要标定该活动在某时刻的实际进度前锋,就用估算办法估算出从该时刻起到完成该活动还需要的时间,从箭线的末端反过来自右到左进行标定。

实际进度前锋线的功能包括两个方面。

①分析当前进度。以表示检查时刻的日期为基准,前锋线可以看成描述实际进度的波折线。处于波峰上的线路,其进度相对于相邻线路超前,处于波谷上的线路,其进度相对于相邻线路落后。在基准线前面的线路比原计划超前,在基准线后面的线路比原计划落后。画出前锋线,整个工程在该检查计划时刻的实际进度状况便可一目了然。按一定时间间隔检查进度计划,并画出每次检查时的实际进度前锋线,可形象地描述实际进度与计划进度的差异。检查时间间隔愈短,描述愈精确。

②预测未来进度。通过对当前时刻和过去时刻两条前锋线的分析比较,可根据过去和目前情况,在一定范围对工程未来的进度变化趋势做出预测。可引进进度比概念进行定量预测。

前后两条前锋线间某线路上截取的线段长度 ΔX 与这两条前锋线之间的时间间隔 ΔT 之比叫进度比,用 B 表示。进度比 B 的数学计算式为:

$$B = \frac{\Delta X}{\Delta T}$$

B 的大小反映了该线路的实际进展速度的大小。某线路的实际进展速度与原计划相比是快、是慢或相等时,B 相应地大于 1、小于 1 或等于 1。根据 B 的大小,就有可能对该线路未来的进度做出定量的分析。

一条线路上的不同活动之间的进展速度可能不一样,但对于同一活动,特别是持续时间较长的活动,上述预测方法对于指导施工、控制进度是十分有意义的。根据实际进度前锋线的比较分析可以判断项目进度状况对项目的影响。关键工作提前或拖后将会对项目工期产生提前或拖后影响;而非关键工作的影响,则应根据其总时差的大小加以分析判断。一般来说,非关键工作的提前不会造成项目工期的提前。非关键工作如果拖后,且拖后的量在其总时差范围之内,则不会影响总工期;但若超出总时差的范围,则会对总工期产生影响,若单独考虑该工作的影响,其超出总时差的数值,就是工期拖延量。需要注意的是,在某个检查日期,往往并不是一项工作提前或拖后,而是多项工作均未按计划进行,这时则应考虑其交互作用。

4. 对后续活动及工期影响的分析

当出现进度偏差时,除要分析产生的原因外,还需要分析此种偏差对后续活动产生的影响。偏差的大小及此偏差所处位置,对后续活动及工期的影响程度是不相同的。分析的方法主要是利用网络图中总时差和自由时差来进行判断。具体分析步骤如下。

①判断此时进度偏差是否处于关键线路上,即确定出现进度偏差的这项活动的总时差是否为零。若这项活动的总时差为零,说明此项活动在关键线路上,其偏差对后续活动及总工期会产生影响,必须采取相应的调整措施;若总时差不为零,说明此项活动处在非关键

线路上,这个偏差对后续活动及工期是否产生影响及影响的程度,需作进一步分析。

②判断进度延误的时间是否大于总时差。若某活动进度的延误大于该活动的总时差,说明此延误必将影响后续活动及工期;若该延误小于或等于该活动的总时差,说明该延误不会影响工期,但它是否对后续活动产生影响,需作进一步分析。

③判断进度延误是否大于自由时差。若某活动的进度延误大于该活动的自由时差,则说明此延误将对后续活动产生影响,需作调整;反之,若此延误小于或等于该活动的自由时差,则说明此延误不会对后续活动产生影响,原进度可不调整。

当进度偏差体现为某项工作的实际进度超前。根据网络计划技术原理可知,非关键工作提前非但不能缩短工期,可能还会导致资源使用发生变化,管理稍有疏忽甚至会打乱整个原定计划,给管理者的协调工作带来麻烦。对关键工作而言,进度提前可以缩短计划工期,但由于上述原因实际效果不一定好。因此,当进度计划执行中有偏差体现为进度超前,若幅度不大不必调整,当超前幅度过大必须调整。

当进度偏差体现为某项工作的实际进度滞后。此种情况下是否调整原定计划通常应视进度偏差和相应工作总时差及自由时差的比较结果而定。根据网络计划原理定义的工作时差概念可知,当实际进度滞后,是否对进度计划做出调整的具体情形分述如下。

• 若出现进度偏差的工作为关键工作,势必影响后续工作和工期,必须调整。

• 若出现进度偏差的工作为非关键工作,且滞后工作天数超过其总时差,会使后续工作和工期延误,必须调整。

• 若出现进度偏差的工作为非关键工作,且滞后工作天数超过其自由时差而未超过总时差,则不会影响工期,只有在后续工作最早开工不宜推后情况下才进行调整。

• 若出现进度偏差的工作为非关键工作,且滞后工作天数未超过其自由时差,对后续工作和工期无影响,不必调整。

5. 进度的调整

当发现某活动的进度有延误。并对后续活动或总工期有影响时,一般需根据实际进度与计划进度比较分析结果,以保持项目工期不变、保证项目质量和所耗费用最少为目标,做出有效对策,进行项目进度更新,这是进行进度控制和进度管理的宗旨。项目进度计划的更新既是进度控制的起点,也是进度控制的终点。进度计划执行过程中的调整究竟有无必要还应视进度偏差的具体情况而定。调整进度的方案有多种,需要择优选择。基本的调整方法有下列几种。

①关键任务的调整。关键任务无机动时间,其中任一工作持续时间的缩短或延长都会对整个项目工期产生影响。因此,关键任务的调整是项目进度更新的重点。有以下两种情况。

• 关键任务的实际进度较计划进度提前时:若仅要求按计划工期执行,则可利用该机会降低资源强度及费用,即选择后续关键工作中资源消耗量大或直接费用高的子项目在已完关键任务提前的量的范围内予以适当延长;若要求缩短工期,则应重新计算与调整未完成工作,并编制、执行新的计划,以保证未完关键工作按新计算的时间完成。

• 关键任务的实际进度较计划进度落后时:调整的方法主要是缩短后续关键工作的持续时间,将耽误的时间补回来,保证项目按期完成。

②改变活动间的逻辑关系。该方法主要是改变关键线路上各活动间的先后顺序及逻辑关系来实现缩短工期的目的。例如,若原进度计划中的各项活动采用分别实施的方式安

排,即某项活动结束后,才进行另一活动。对这种情形,只要通过改变活动间的逻辑关系及前后活动实施搭接施工,便可达到缩短工期的目的。采用这种方法调整时,会增加资源消耗强度。此外,在实施搭接施工时,常会出现施工干扰,必须做好协调工作。

③改变活动持续时间。该方法的着眼点是调整活动本身的持续时间,而不是调整活动间的逻辑关系。例如,在工期拖延的情况下,为了加快进度,通常是压缩关键线路上有关活动的持续时间。又如,某活动的延误超出了它的总时差,这会影响到后续活动及工期。若工期不允许拖延,只有采取缩短后续活动的持续时间的办法来实现工期目标。

④非关键工作的调整。当非关键线路工作时间延长但未超过其时差范围时,因其不会影响项目工期,一般不必调整,但有时为了更充分地利用资源,也可对其进行调整;当非关键线路上某些工作的持续时间延长而超出总时差范围时,必然影响整个项目工期,关键线路就会转移。这时,其调整方法与关键线路的调整方法相同。非关键工作的调整不得超出总时差,且每次调整均需进行时间参数计算,以观察每次调整对计划的影响,其调整方法有3种:一是在总时差范围内延长其持续时间;二是缩短其持续时间;三是调整工作的开始或完成时间。

⑤增减工作项目。由于编制计划时考虑不周,或因某些原因需要增加或取消某些工作,则需重新调整网络计划,计算网络参数。增加工作项目,只是对原遗漏或不具体的逻辑关系进行补充;减少工作项目,只是对提前完成的工作项目或原不应设置的工作项目予以删除。增减工作项目不应影响原计划总的逻辑关系和原计划工期,若有影响,应采取措施使之保持不变,以便使原计划得以实施。

⑥资源调整。若资源供应发生异常时,应进行资源调整:资源供应发生异常是指因供应满足不了需要,如资源强度降低或中断,影响到计划工期的实现。资源调整的前提是保证工期不变或使工期更加合理。资源调整的方法是进行资源优化。

⑦重新编制计划。当采用其他方法仍不能奏效时,则应根据工期要求,将剩余工作重新编制网络计划,使其满足工期要求。

6. 进度控制的作用

- 在项目进度计划实施过程中,项目的不断的进度监控是为了掌握进度计划的实施状况,并将实际情况与计划进行对比分析,在实际进度向不理想方向偏离并超出了一定的限度时采取纠正措施,使项目按预定的进度目标进行,避免工期的拖延。
- 进度的更新。进度更新指根据进行执行情况对计划进行调整。如有必要,必须把计划更新结果通知有关方面。进度更新有时需要对项目的其他计划进行调整。在有些情况,进度延迟十分严重以致需要提出新的基准进度,给下面的工作提供现实的数据。
- 纠正措施。指采取纠正措施使进度与项目计划一致。在时间管理领域中,纠正措施是指加速活动以确保活动能按时完成或尽可能减少延迟时间。
- 教训与经验。进度产生差异的原因,采取纠正措施的理由及其他方面的经验教训应被记录下来,成为执行组织在本项目和今后其他项目的历史数据与资料。

10.3.5 成本控制

项目的成本控制是在项目实施过程中,根据项目实际发生的成本情况,修正初始的成本预算,尽量使项目的实际成本控制在计划和预算范围内的一项项目管理工作。项目成本控制的主要目的是控制项目成本的变更,涉及项目成本的事前、事中、事后控制。项目成本的事前控制指对可能引起项目成本变化因素的控制;事中控制指在项目实施过程中的成本控制;事后控制指当项目成本变动实际发生时对项目成本变化的控制。

成本控制的基础是在项目计划中对项目制定出合理的成本预算(或费用预算)。成本控制就是尽可能地保证各项工作在项目计划中预定的预算内进行。软件开发项目的成本最主要的是人力资源的成本,而人力资源的成本体现为各个项目成员薪资水平乘以他所花费工作日的总和,因此人力资源的成本控制的重点在于合理地安排使用合适的人力资源。

1.成本控制的原则

(1)节约原则

节约就是项目人力、物力和财力的节省,是成本控制的基本原则。节约绝对不是消极的限制与监督,而是要积极创造条件,要着眼于成本的事前预测、过程控制,在实施过程中经常检查是否出偏差,以优化项目实施方案、提高项目的科学管理水平,实现项目费用的节约。

(2)经济原则

经济原则是指因推行成本控制而发生的成本不应超过因缺少控制而丧失的收益。任何管理活动都是有成本的,为建立一项控制所花费的人力、物力、财力不能超过这项控制所能节约的成本。这项原则在很大程度上决定了项目只能在重要领域选择关键因素加以控制,只要求在成本控制中对例外情况加以特别关注,而对次要的日常开支采取简化的控制措施,如对超出预算的费用支出进行严格审批等。

(3)责权利相结合的原则

要使成本控制真正发挥效益,必须贯彻责权利相结合的原则。它要求赋予成本控制人员应有的权力,并定期对他们的工作业绩进行考评奖惩,以调动他们的工作积极性和主动性,从而更好地履行成本控制的职责。

(4)全面控制原则

全面控制原则包括两个含义,即全员控制和全过程控制。项目成本费用的发生涉及项目组织中的所有成员,因此应充分调动他们的积极性、树立起全员控制的观念,从而形成人人、事事、时时都要按照目标成本来约束自己行为的良好局面。项目成本的发生涉及项目的整个生命周期,成本控制工作要伴随项目实施的每一阶段,才能使项目成本自始至终处于有效控制之下。

(5)按例外管理的原则

成本控制的日常工作就是归集各项目单元的资源耗费,然后与预算数进行比较,分析差异存在的原因,找出解决问题的途径。按照例外管理原则,为提高工作效率,成本差异的分析和处理要求把重点放在不正常、不符合常规的关键性差异,即“例外”差异分析上。确定“例外”的标准,通常有如下4条。

①重要性:一般情况下,我们将成本差异额或差异率大的或对项目有重大不利影响的差异作为重要差异给予重点控制。但差异分为有利差异和不利差异,项目成本控制不应只注意不利差异,还需注意有利差异中隐藏的不利因素,例如,采购部门为降低采购成本而采购不适合系统的设备,它不但会造成浪费,从而导致项目成本增加,而且还会带来项目成果质量低下,故应引起高度重视。

②可控性:有些成本差异是项目管理人员无法控制的,即使发生重大的差异,也不应视为“例外”。例如,由于国家税率的变更而带来的重大金额差异,项目管理人员对其无能为

力,就不能视为"例外",也无须采取措施。

③一贯性:尽管有些成本差异从未超过规定的金额或百分率,但一直在控制线的上下限线附近徘徊,亦应视为"例外"。它意味着原来的成本预测可能不准确,需要及时进行调整;或意味着成本控制不严,必须严格控制,予以纠正。

④特殊性:凡对项目实施过程都有影响的成本项目,即使差异没有达到"重要性"的标准,也应受到成本控制的密切注意。如设备维护费的片面强调节约,在短期内虽可再降低成本,但因设备维护不足可能造成"带病运转",甚至停工修理,从而影响项目进度并最终导致项目成本超支。

2. 成本控制的依据

成本控制主要关心的是影响改变费用线的各种因素、确定费用线是否改变及管理和调整实际的改变。成本控制的依据主要有以下几方面。

①项目成本基准。项目成本基准又称费用线,是按时间分段的项目成本预算,是度量和监控项目实施过程中项目成本费用支出的最基本的依据。

②项目执行报告。项目执行报告提供项目范围、进度、成本、质量等信息,它反映了项目预算的实际执行情况,其中包括哪个阶段或哪项工作的成本超出了预算,哪些未超出预算,究竟问题出在什么地方等。它是实施项目成本分析和控制必不可少的依据。

③项目变更申请。很少有项目能够准确地按照期望的成本预算计划执行,不可预见的各种情况要求在项目实施过程中重新对项目的费用做出新的估算和修改,形成项目变更请求。只有当这些变更请求经各类变更控制程序得到妥善的处理,或增加项目预算,或减少项目预算,项目成本才能更加科学、合理,符合项目实际并使项目成本真正处于控制之中。

④项目成本管理计划。项目成本管理计划确定了当项目实际成本与计划成本发生差异时如何进行管理,是对整个成本控制过程的有序安排,是项目成本控制的有力保证。

3. 成本控制方法

成本控制的内容包括:监控成本预算执行情况以确定与计划的偏差,对造成费用基准变更的因素施加影响;确认所有发生的变化都被准确记录在费用线上;避免不正确的、不合适的或者无效的变更反映在费用线上;确保合理变更请求获得同意,当变更发生时,管理这些实际的变更;保证潜在的费用超支不超过授权的项目阶段成本和项目成本总预算。

成本控制还应包括寻找成本向正反两方面变化的原因,同时还必须考虑与其他控制过程如项目范围控制、进度控制、质量控制等相协调,以防止不合适的费用变更导致质量、进度方面的问题或者导致不可接受的项目风险。

对规模大且内容复杂的项目,通常是借助相关的项目管理软件和电子表格软件来跟踪计划成本、实际成本和预测成本改变的影响,实施项目成本控制。常用的成本控制方法如下。

(1)项目成本分析表法

项目成本分析表法是利用项目中的各种表格进行成本分析和成本控制的一种方法。应用成本分析表法可以很清晰地进行成本比较研究。常见的成本分析有月成本分析表、成本日报或周报表、月成本计算及最终预测报告表。每月编制月成本计算及最终成本预测报告表,是项目成本控制的重要内容之一。该报告主要事项包括项目名称、已支出金额、已竣工尚需的预计金额、盈亏预计等。月成本计算及最终成本预测报告要在月末会计账簿截止的同时完成,并随时间推移使精确性不断增加。

(2)"香蕉"形曲线比较法

"香蕉"形曲线是两条S形曲线组合成的闭合曲线。从S形曲线比较法中得知,按某一时间开始实施项目的进度计划,其计划实施过程中进行时间与累计完成任务量的关系都可以用一条S形曲线表示。对于一个项目的网络计划,在理论上总是分为最早和最迟两种开始与完成时间的。因此,一般情况下,任何一个项目的网络计划,都可以绘制出两条曲线。其一是计划以各项工作的最早开始时间安排进度而绘制的S形曲线,称为ES曲线。其二是计划以各项工作的最迟开始时间安排进度而绘制的S形曲线,称为LS曲线。两条S形曲线都是从计划的开始时刻开始和完成时刻结束,因此两条曲线是闭合的。一般情况下,其余时刻ES曲线上的各点均落在LS曲线相应点的左侧,形成一个形如"香蕉"的曲线,故此称为"香蕉"形曲线。

在项目的实施中,进度控制的理想状况是任一时刻按实际进度描绘的点,应落在该"香蕉"形曲线的区域内。"香蕉"形曲线的作图方法与S形曲线的作图方法基本一致,所不同之处在于它是分别以工作的最早开始时间和最迟开始时间而绘制的两条S形曲线的结合。其具体步骤如下。

①以项目的网络计划为基础,确定该实施项目的工作数目 n 和计划检查次数 m,并计算时间参数 ES_i、LS_i($i=1,2,\cdots,n$)。

②确定各项工作在不同时间计划完成任务量。分为以下两种情况:

• 以项目的最早时标网络图为准,确定各工作在各单位时间的计划完成任务量,常用 $TES(i,j)$ 表示,即第 i 项工作按最早开始时间开工,在第 j 时间完成的任务量($i=1,2,\cdots,n$;$j=1,2,\cdots,m$);

• 以项目的最迟时标网络图为准,确定各工作在各单位时间的计划完成任务量,常用 $TEF(i,j)$ 表示,即第i项工作按最迟开始时间开工,在第j时间完成的任务量($i=1,2,\cdots,n$;$j=1,2,\cdots,m$)。

③计算施工项目总任务量。

④计算在 j 时刻完成的总任务量分为两种情况。

⑤计算在 j 时刻完成项目总任务量百分比也分为两种情况。

⑥绘制"香蕉"形曲线。按($j=1,2,\cdots,m$)描绘各点,并连接各点得ES曲线。按($j=1,2,\cdots,m$)描绘各点,并连接各点得LS曲线,由ES曲线和LS曲线组成"香蕉"形曲线。

在项目实施过程中,按同样的方法,将每次检查的各项工作实际完成的任务量,代人上述各相应公式,计算出不同时间实际完成任务量的百分比,并在"香蕉"形曲线的平面内给出实际进度曲线,便可以进行实际进度与计划进度的比较。

如图10-4所示,香蕉曲线表明了项目成本变化的安全区间,实际发生的成本变化如不超出两条曲线限定的范围,就属于正常变化,可以通过调整开始和结束的时间使成本控制在计划的范围内。如果实际成本超出这一范围,就要引起重视,查清情况,分析出现的原因。如果有必要,应迅速采取纠正措施。顺便指出,香蕉曲线不仅可以用于成本控制,还是进度控制的有效工具。

(3)挣值法

挣值法是一种分析目标实施与目标期望之间差异的方法,故而它又常被称为偏差分析法。挣值法通过测量和计算已完成的工作的预算费用与已完成工作的实际费用和计划工作的预算费用得到有关计划实施的进度和费用偏差,达到判断项目预算和进度计划执行情

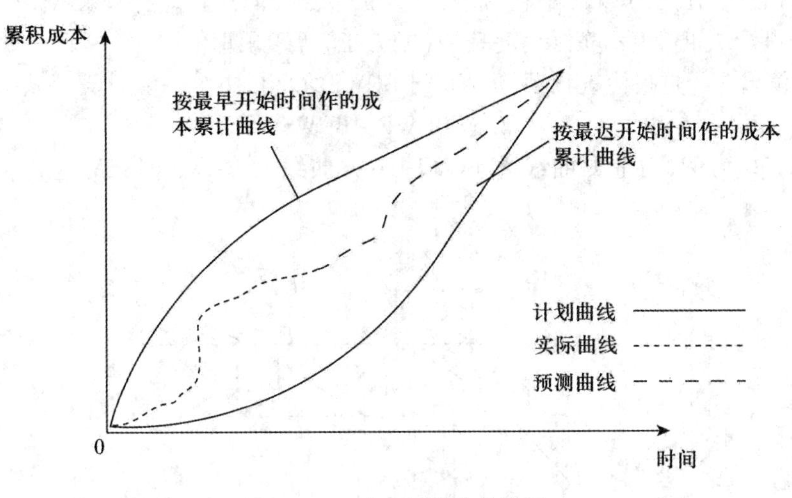

图 10－4　成本的香蕉曲线图

况的目的。因而它的独特之处在于以预算和费用来衡量工程的进度。挣值法取名正是因为这种分析方法中用到的一个关键数值——挣值(即是已完成的工作预算),而以其来命名的。挣值法实际上是一种综合的绩效度量技术,既可用于评估项目成本变化的大小、程度及原因,又可用于对项目的范围、进度进行控制,将项目范围、费用、进度整合在一起,帮助项目管理团队评估项目绩效。该方法在项目成本控制中的运用,可确定偏差产生的原因、偏差的量级和决定是否需要采取行动纠正偏差。

①挣值法的 3 个基本参数

• 计划工作量的预算费用。BCWS 是指项目实施过程中某阶段计划要求完成的工作量所需的预算工时(或费用)。计算公式为:

BCWS = 计划工作量 × 预算定额

BCWS 主要是反映进度计划应当完成的工作量,而不是反映应消耗的工时或费用。

• 已完成工作量的预算实际费用。ACWP 是指项目实施过程是某阶段实际完成的工作量所消耗的工时(或费用)。ACWP 主要反映项目执行的实际消耗指标。

• 已完成工作量的预算成本。BCWP 是指项目实施过程中某阶段实际完成的工作量按预算定额计算出来的工时(或费用),即挣值。BCWP 的计算公式为:

BGWP = 已完成工作量 × 预算定额

②挣值法的 4 个评价指标

• 费用偏差 CV,是指检查期间 BCWP 与 ACWP 之间的差异,计算公式为:

CV = BCWP – ACWP

以图 10 – 5 为例,当上方曲线为 ACWP,下方曲线为 BCWP 时,CV 为负值,表示执行效果不佳,即实际消耗费用(或人工)超过预算值,即超支。

当上方曲线为 BCWP,下方曲线为

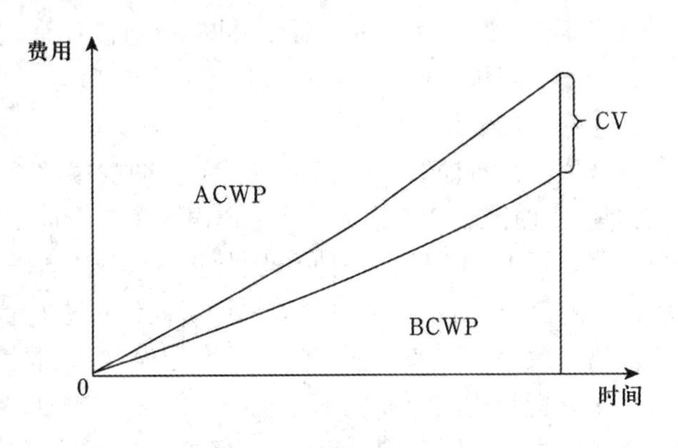

图 10－5　费用偏差

ACWP 时,CV 为正值,表示实际消耗费用(或人工)低于预算值,即有节余或效率高。

当 CV。等于零时,表示实际消耗费用(或人工)等于预算值。

• 进度偏差 SV,是指检查日期 BCWP 与 BCWS 之间的差异。其计算公式为:

$$SV = BCWP - BCWS$$

以图 10-6 为例,当上方曲线为 BCWP,下方曲线为 BCWS 时,SV 为正值,表示进度提前。

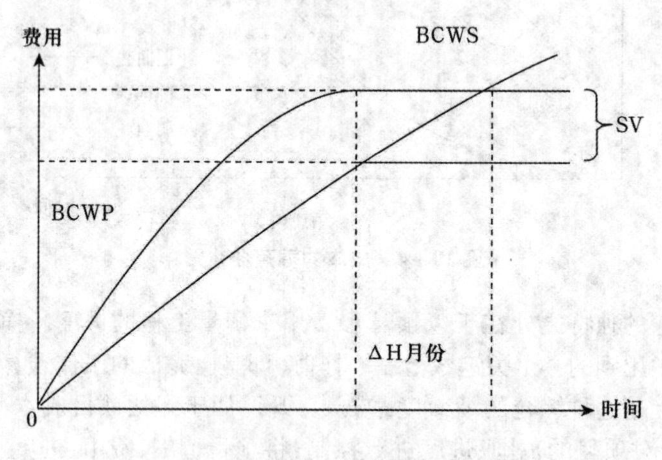

图 10-6 进度偏差

当上方曲线为 BCWS,下方曲线为 BCWP 时,SV 为负值,表示进度延误。

当 SV 为零时,表示实际进度与计划进度一致。

• 费用执行指标 CPI,是指预算费用与实际费用值之比(或工时值之比)。计算公式为:

$$CPI = BCWP/ACWP$$

当 CPI >1 时,表示低于预算,即实际费用低于预算费用;

当 CPI <1 时,表示超出预算,即实际费用高于预算费用;

当 CPI =1 时,表示实际费用与预算费用吻合。

• 进度执行指标 SPI,是指项目挣值与计划之比,即:

$$SPI = BCWP/BCWS$$

当 SPI >1 时,表示进度提前,即实际进度比计划进度快;

当 SPI <1 时,表示进度延误,即实际进度比计划进度慢;

当 SPI =1 时,表示实际进度等于计划进度。

③挣值法评价曲线

挣值法评价曲线如图 10-7 所示。图的横坐标表示时间,纵坐标则表示费用(以实物工程量、工时或金额表示)。图中 BCWS 按 S 形曲线路径不断增加,直至项目结束达到它的最大值。可见 BCWS 是一种 S 形曲线。ACWP 同样是进度的时间参数,随项目推进而不断增加,也是 S 形曲线。利用挣值法评价曲线可进行费用进度评价,当 CV <0,SV >0 时,表示项目执行效果不佳,即费用超支,进度延误,应采取相应的补救措施。

④分析与建议

挣值法在实际运用过程中,最理想的状态是 ACWP、BCWS、BCWP3 条曲线靠得很近、平稳上升,表示项目按预定计划目标前进。如果 3 条曲线离散度不断增加,则预示可能发生关

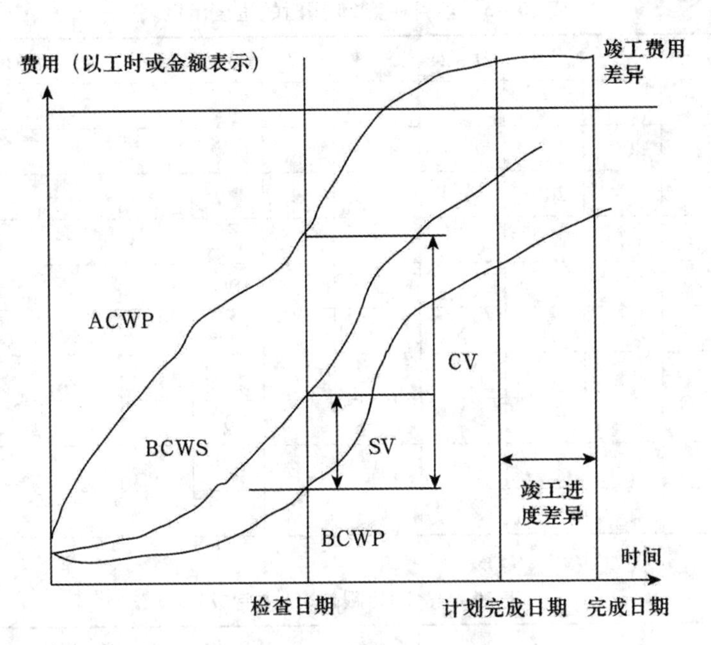

图 10－7　挣值评价曲线图

系到项目成败的重大问题。经过对比分析，如果发现项目某一方面已经出现费用超支，或预计最终将会出现费用超支，则应将它提出并作进一步的原因分析。原因分析是费用责任分析和提出费用控制措施的基础，费用超支的原因是多方面的，例如以下一些原因。

- 宏观因素。总工期拖延，物价上涨，工作量大幅度增加。
- 微观因素。分项工作效率低，协调不好，局部返工。
- 内部原因。管理失误，不协调，采购了劣质材料，培训不充分，事故、返工。
- 外部原因。上级、业主的干扰，设计的修改，阴雨天气，其他风险等。
- 另有技术的、经济的、管理的、合同的等方面原因。

原因分析可以采用因果关系分析图进行定性分析，在此基础上又可利用因素差异分析法进行定量分析，以提出解决问题的建议。

当发现费用超支时，人们提出的建议通常是压缩已经超支的费用，但这常常是十分困难的，重新选择供应商会产生供应风险，而且选择需要时间；删去工作包，这可能会降低质量、提高风险。只有当给出的措施比原计划已选定的措施更为有利时，或使工程范围减少，或生产效率提高，成本才能降低，例如：改变项目实施过程；变更工程范围；索赔，如向业主、承（分）包商、供应商索赔以弥补费用超支等。

例：项目成本控制分析案例。

某项目共有 10 项任务，在第 20 周结束时有一个检查点。项目经理在该点对项目实施检查时发现，一些任务已经完成，一些任务正在实施，另外一些任务还没有开工，如表 10－3 所示（表中的百分数表示任务的完成程度）。各项任务已完成工作量的实际耗费成本在表 1－3 中的第 3 列给出，假设项目未来情况不会有大的变化，请计算该检查点的 BCWP、BCWS 和 EAC，并判断项目在此费用使用和进度情况。

表 10－3　项目在第 20 周时的进度示意表

/	1～8	9～18	19	20	21～24	25～36	37	38	39	40	41	42	43～48
1	100%												
2			80%										
3				20%									
4						10%							
5								10%					
6								10%					
7							0						
8								0					
9						0							
10													0

表 10－4　项目跟踪表(未完成)

序号	成本预算/万元	ACWP/万元	BCWP/万元	任务完成时的预测成本 EAC/万元	BCWS/万元
1	25	22			
2	45	40			
3	30	6			
4	80	7			
5	75	0			
6	170	0			
7	40	0			
8	80	0			
9	25	0			
10	30	0			
合计	600	75			

分析如下。

以任务 2 为例,计算如下。

BCWP＝工作预算费用×当前已完成工作量＝45 万元×80%＝36 万元

BCWS＝工作预算费用×当前预计完成工作量＝45 万元×100%＝45 万元

EAC 的计算有多种方式,由于未来情况不会发生大的变化,所以采用第一种计算方式:

EAC＝40 万元 80%＝50 万元。

其余任务的有关指标可同理计算,结果如表 10－5 所示。

表 10－5　项目跟踪表(已完成)

序号	成本预算/万元	ACWP/万元	BCWP/万元	任务完成时的预测成本 EAC/万元	BCWS/万元
1	2 545	25	22	22	25
2	45	36	50	50	45
3	30	6	30	30	10
4	80	7	8	70	0
5	75	0	0	75	0
6	170	0	0	170	0
7	40	0	0	40	0
8	80	0	0	80	0
9	25	0	0	25	0
10	30	0	0	30	0
合计	600	75	75	592	80

CV = BCWP－ACWP = 75－75 = 0,故项目既没有超支也没有节约。

SV = BCWP－BCWS = 75－80 = －5 < 0,故项目进度落后了。

4. 成本控制的结果

项目成本控制的结果是实施成本控制后的项目所发生的变化,包括修正成本估算、预算更新、纠正措施和经验教训。

● 成本估算更新。更新成本估算是为了管理项目的需要而修改成本信息,成本计划的更新可以不必调整整个项目计划的其他方向。更新后的项目计划活动成本估算是指对用于项目管理的费用资料所做的修改。如果需要,成本估算更新应通知项目的利害关系者。修改成本估计可能要求对整个项目计划进行调整。

● 成本预算更新。在某些情况下,费用偏差可能极其严重,以至于需要修改费用基准,才能对绩效提供一个现实的衡量基础,此时预算更新是非常必要的。预算更新是对批准的费用基准所做的变更,是一个特殊的修订成本估计的工作,一般仅在进行项目范围变更的情况下才进行修改。

● 纠正措施。纠正措施是为了使项目将来的预期绩效与项目管理计划一致所采取的所有行动,是指任何使项目实现原有计划目标的努力。费用管理领域的纠正措施经常涉及调整计划活动的成本预算,比如采取特殊的行动来平衡费用偏差。

● 经验教训。成本控制中所涉及的各种情况,例如,导致费用变化的各种原因,各种纠正工作的方法等,对以后项目实施与执行是一个非常好的案例,应该以数据库的形式保存下来,供以后参考。

由于成本、进度和资源三者密不可分,项目成本管理系统决不能脱离资源管理和进度管理而独立存在,相反要在成本、资源、进度三者之间进行综合平衡。要实现这种全过程控制(事前、事中、事后)和全方位控制(成本、进度、资源),离不开及时、准确的动态信息的反馈系统对成本、进度和资源进行跟踪报告,以便于进行项目经费管理和成本控制。

【课后实训】

实训1　进度、成本控制

本项目实践要求学生参照时间、成本管理过程完成对SPM项目的进度、成本跟踪控制。

实践目的:掌握软件项目进度、成本跟踪控制的过程。

实践要求:

1. 复习软件项目进度、成本跟踪控制的方法。

2. 明确项目数据如何采集,采集哪些数据,采集频率等,如每天上报工时、进度、人员数量等。

3. 展示SPM项目计划与实际进度和成本的对比。

4. 利用Sprint事项列表、燃尽图、挣值分析等方法分析SPM项目某段时冷时热性能。

5. 选择一个团队在课堂上讲述SPM项目的进度、成本跟踪控制情况。

6. 其他团队进行评述,可以提出问题。

7. 老师评述和总结。

实训2　项目质量控制

本项目实践要求学生参照质量管理过程完成需求过程审计、设计说明书审计、代码评审,根据质量模型跟踪质量指标过程。

实践目的:掌握软件项目质量跟踪控制的过程。

实践要求:

1. 复习软件项目质量跟踪控制的方法。

2. 完成SPM项目质量模型控制图、需求过程审计、设计说明审计、代码评审等。

3. 选择一个团队在课堂上讲述SPM项目的质量模型控制图、需求过程审计、设计说明书审计、代码评审过程。

4. 其他团队进行评述,可以提问题。

5. 老师评述和总结。

思考练习题

1. 简述项目执行的工具和技术。

2. 简述进行项目跟踪有哪些益处。

3. 简述项目范围变更控制的步骤。

4. 为了做好项目控制应做好哪些工作?简述进度控制的方法有哪些。

5. 调整项目进度可以从哪些方面考虑?

6. 简述成本控制的原则和依据。

7. 项目变更总体控制与专项变更控制是什么关系?项目变更总体控制与专项变更控制的内容和方法有哪些不同?

8. 如何用挣值分析法来控制项目的成本和进度?

项目十一　项目收尾与验收

【知识要点】

1. 理解项目收尾的基本标准。
2. 掌握项目验收步骤。
3. 了解软件项目的移交与清算。

【难点分析】

1. 熟练掌握项目收发的过程。
2. 熟练掌握项目验收的具体要求。
3. 熟练掌握项目结束后的评价体系。

项目收尾工作是项目全过程的最后阶段,无论是成功、失败或被迫终止的项目,收尾工作都是必要的。如果没有这个阶段,一个项目就很难算全部完成。对于软件项目,收尾阶段包括了软件的验收、正式移交运行、项目评价等工作。在这一阶段仍然需要进行有效的管理,适时做出正确的决策,总结分析项目的经验教训,为今后的项目管理提供有益的经验。本章主要介绍项目收尾的概念、项目验收的过程与内容、项目的移交与清算,以及项目后评价等内容。

11.1　项目收尾概述

当一个项目的目标已经实现,或者明确看到该项目的目标已经不可能实现时,项目就应该终止,使项目进入结束阶段。项目的收尾阶段是项目生命周期的最后阶段,它的目的是确认项目实施的结果是否达到了预期的要求,以通过项目的移交或清算,并且再通过项目的后评估进一步分析项目可能带来的实际效益。在这一阶段,项目的利益相关者会存在较大的冲突,因此项目收尾阶段的工作对于项目各个参与方都是十分重要的,对项目的顺利、完整实施更是意义重大。

11.1.1　项目结束

项目结束就是项目的实质工作已经停止,项目不再有任何进展的可能性,项目结果正在交付用户使用或者已经停滞,项目资源已经转移到了其他的项目中,项目团队正在解散的过程。项目结束有两种情况:一是项目任务已顺利完成、项目目标已成功实现,项目正常进入生命周期的最后一个阶段——结束阶段,这种状况下的项目结束为项目正常结束,简称项目终结；二是项目任务无法完成、项目目标无法实现而提前终止项目实施的情况，这种状况下的项目结束为“项目非正常结束”，简称项目终止。

1. 项目成功与失败的标准

评定项目成功与失败的标准主要有3个：是否有可交付的合格成果；是否实现了项目目标；是否达到项目客户的期望。如果项目产生可交付的成果，而且符合实现预定的目标，满足技术性能的规范要求，满足某种使用目的，达到预期的需要和期望，相关领导、客户、项目干系人比较满意，这就是很成功的项目。即使有一定的偏差，但只要多方努力，能够得到大多数人的认可，项目也是成功的。但是对于失败的界定就比较复杂，不能简单地说项目没有实现目标就是失败的，也可能目标不实际，即使达到了目标，但客户的期望没有解决，这也是不成功的项目。项目的失败对企业会造成巨大的影响，研究项目失败的原因，以便达到预期的目的是很重要的。

2. 项目终结

项目终结工作与项目刚开始时接受的任务相比，其中有一些相当烦琐、枯燥乏味，无论是项目成员还是客户，无论是项目内部还是项目外部都面临着很多的问题。项目管理专家Spirer概括了项目收尾时存在着感情和理性两方面的问题。

(1)感情方面有团队成员和客户两个因素

• 团队成员因素包括：害怕将来的工作，对尚未完成的任务丧失兴趣，项目的移交失去激励作用，丧失组织同一感，转移努力方向等。

• 客户因素包括：丧失对项目的兴趣，处理项目问题的人员发生变动，关键人员找不到等。

(2)理性方面包括内部和外部的因素

• 内部因素有：剩余产出物的鉴定，对突出承诺的鉴定，对项目变化的控制，筛除没有必要的未完成任务，完成工作命令和一揽子工作，鉴定分配给项目的有形设施，鉴定项目人员，搜集和整理项目的历史数据，处理项目物资等。

• 外部因素有：与客户就剩余产出物取得一致意见，获取需要的证明文件，与供应商就突出的承诺达成一致，就项目的收尾事宜进行交流，判断客户或组织对留下审计痕迹的数据的外部要求等。

为了克服可能在项目收尾阶段出现的令人失去兴趣的问题，Spirer提议应该将“项目的结束”视作一个单独项目来看待。这虽然只是一种心理技巧，但是尽力营造与项目开工时同样的热情也许是必要的。一旦将收尾阶段作为一个项目，则有很多方法都可能激发员工士气，例如：

• 为收尾阶段的开始召开动员大会，明确项目的收尾本身也是一种项目(甚至另取一个项目名称)；

• 为项目成员提供一个新项目组身份，明确其新的工作目标——恰当地结束项目工作；

• 经常召开非正式的组员大会；

• 和组员保持个别的、亲自的接触；

• 计划再分工战略——把最好的人员留到最后；

• 为良好的收尾设计目标——为无故障地保养维护准备文件和备用物。

3. 项目终止

当项目出现下列条件之一时可以终止项目。

- 项目计划中确定的可交付成果已经出现，项目的目标已经成功实现。
- 项目已经不具备实用价值。
- 由于各种原因导致项目无限期拖延。
- 项目出现了环境的变化，它对项目的未来产生负面影响。
- 项目所有者的战略发生了变化，项目与项目所有者组织不再有战略的一致性。
- 项目已没有原来的优势，同其他更领先的项目竞争将难以生存。

11.1.2　项目收尾过程

项目收尾时，项目团队要把已经完成的软件产品或服务移交给用户或者有关部门。接受方要对已经完成的工作成果重新进行审查，查核项目计划规定范围内的各项工作或活动是否已经完成，应交付的成果是否令人满意等。

项目或项目阶段的"收尾过程"是终结一个项目或项目阶段的项目管理的具体过程。它也是一个项目阶段中所必需的一项管理工作。但是在许多项目的管理中，人们往往最为忽视的就是这一具体过程，并且因此为项目的后续阶段留下了许许多多的问题和麻烦。因为如果没有"收尾过程"给出的有效输出就盲目地开始项目下一阶段的工作，多数情况是会给项目下一个阶段的工作带来许多隐患。在项目管理过程中，"收尾过程"的主要工作包括以下几个方面。

- 范围确认：项目接收前，重新审核工作成果，检验项目的各项工作范围是否完成，或者完成到何种程度，最后双方确认签字。
- 质量验收：质量验收是控制项目最终质量的重要手段，依据质量计划和相关的质量标准进行验收，不合格不予接收。
- 费用决算：是指对项目开始到项目结束全过程所支付的全部费用进行核算，编制项目决算表的过程。
- 合同终结：整理并存档各种合同文件。这是完成和终结一个项目或项目阶段各种合同的工作，包括项目的各种商品采购和劳务承包合同。这项管理活动中还包括有关项目或项目阶段的遗留问题的解决方案和决策的工作。
- 文档验收：检查项目过程中的所有文件是否齐全，然后进行归档。
- 项目后评价：它是对项目进行全面的评价和审核，主要包括确定是否实现项目目标，是否遵循项目进度计划，是否在预算内完成项目，项目过程中出现的突发问题，以及解决措施是否合适等。

在项目收尾阶段，项目验收、项目移交、项目后评价等工作十分关键，下面将详细介绍这些内容。

11.2　项 目 验 收

项目验收是检查项目是否符合设计的各项要求的重要环节，也是保证软件产品质量的最后关口。在正式移交之前，客户一般都要对已经完成的工作成果和项目活动进行重新审核，也就是项目验收。项目验收按项目的生命周期可分为合同期验收、中间验收和竣工验

收;按验收的内容可分为项目质量验收和项目文件验收。软件项目的验收包含4个层次的含义:

- 开发方按合同要求完成了项目工作内容;
- 开发方按合同中有关质量、资料等条款要求进行了自检;
- 项目的进度、质量、工期、费用均满足合同的要求;
- 客户方按合同的有关条款对开发方交付的软件产品和服务进行确认。

11.2.1 项目范围确认

科学、合理地界定验收范围,是保障项目各方的合法权益和明确各方应承担的责任的基础。项目验收范围是指项。目验收的对象中所包含的内容和方面,即在项目验收时,对哪些子项进行验收和对项目的哪些方面、哪些内容进行验收。项目范围的确认是指项目结束或项目阶段结束后,项目团队将其成果交付使用者之前,项目接收方会同项目团队、项目监理等对项目的工作成果进行审查,查核项目计划规定范围内的各项工作或活动是否已经完成、项目成果是否令人满意的项目工作。它要求回顾生产工作和生产成果,以保证所有项目都能准确地、满意地完成。核实的依据包括项目需求规格说明书、工作分解结构表、项目计划及可交付成果等。

项目验收范围的确认应以项目合同、项目成果文档和项目工作成果等为依据。项目合同书规定了在项目实施过程中各项工作应遵守的标准、项目要达到的目标、项目成果的形式及对项目成果的要求等。因而,在对项目进行验收时,最基本的标准就是项目合同书。国标、行业标准和相关的政策法规,是比较科学的、被普遍接受的标准。项目验收时,如无特殊的规定,可参照国标、行业标准及相关的政策法规进行验收。国际惯例是针对一些常识性的内容而言的,如无特殊说明,可参照国际惯例进行验收。在进行项目范围确认时,项目团队必须向接受方出示说明项目成果的文档,例如,项目计划、需求规格说明书、技术文件等。

范围的确认方法主要是测试。为了核实项目或项目阶段是否按规定完成,需要进行测试、使用已交付的软件产品、仔细检查与核实文档与软件是否匹配等。

项目范围确认完成后,参加项目范围确认的项目团队和接受方人员应在事先准备好的文件上签字,表示接受方已正式认可并验收全部或阶段性成果。一般情况下,这种认可和验收可以附有一定的条件。例如,软件开发项目移交和验收时,可以规定以后发现软件有问题时仍然可以找开发人员进行修改。

11.2.2 质量验收

项目质量验收是依据质量计划中的范围划分、指标要求及协议中的质量条款,遵循相关的质量检验评定标准,对项目质量进行质量认可评定和办理验收交接手续的过程。质量验收是控制和确认项目最终质量的重要手段,也是项目验收的一项重要内容。质量验收也是质量的全过程验收,贯穿项目生命周期全过程,在项目的规划、项目的实施、项目的竣工等不同时期对项目的质量都要进行验收,以保证最终获得一个合格的产品或服务。

质量验收的范围主要包括以下两个方面。一是项目计划(规划)阶段的质量验收,主要检查设计文件的质量,同时项目的全部质量标准及验收依据也是在该阶段完成的。因此,这个阶段的质量验收也是对质量验收评定标准与依据的合理性、完备性和可操作性进行检验。二是项目实施阶段的质量验收,主要是对项目质量产生的全过程的监控。实施阶段的质量验收要根据各子阶段和任务的质量验收结果进行汇总统计,最终形成全部项目的质量验收结果。进行项目质量验收时,其标准与依据如下。

• 在项目初始阶段,必须在平衡项目进度、成本与质量三者之间制约关系的基础上,对项目的质量目标与需求做出总体性的、原则性的规定和决策。

• 在项目规划阶段,必须根据初始阶段决策的质量目标进行分解,在相应的设计文件中指出达到质量目标的途径和方法,同时指明项目验收时质量验收评定的范围、标准与依据,以及质量事故的处理程序和奖惩措施等。

• 在项目实施阶段,质量控制的关键是过程控制,质量保证与控制的过程就是根据项目规划阶段规定的质量验收范围和评定标准、依据,在下一个阶段或者任务开始前,对每一个刚完成的阶段或者任务进行及时的质量检验和记录。

• 在项目收尾阶段,质量验收的过程就是对项目实施过程中产生的每个工序的实体质量结果进行汇总、统计,得出项目最终的、整体的质量结果。

质量验收的结果是产生质量验收评定报告和项目技术资料。项目最终质量报告的质量等级一般分为“合格”“优良”“不合格”等多级。对于不合格的项目不予验收。将项目的质量检验评定报告汇总成的相应的技术资料,是项目资料的重要组成内容。

11.2.3　项目资料验收

项目资料是项目验收和质量保证的重要依据之一。项目资料是一笔宝贵的财富,因为它一方面可以为后续项目提供参考,便于以后查阅,为新的项目提供借鉴,同时也为项目的维护和改正提供依据。一个项目的文档资料将不断地丰富企业的知识库。项目资料验收是项目软件产品验收的前提条件,只有项目资料验收合格,才能开始项目软件产品的验收。

在项目执行过程中,项目的文档资料的归档工作也会伴随着。为了保证文档版本、格式的一致性,在项目执行之前就要对文档的输出格式、文档的描述质量、文档的具体内容、文档的可用性进行明文规定,并且要求所有的项目管理人员严格按照规定的要求输出、记录、提交文档。项目资料验收的依据主要是合同中有关资料的条款要求,以及国际、国家有关项目资料档案的标准、政策性规定和要求等。

项目资料验收的主要程序是:

• 项目资料交验方按合同条款有关资料验收的范围及清单进行自检和预验收;

• 项目资料验收的组织方按合同资料清单或国际、国家标准的要求分项一一进行验收、立卷、归档;

• 对验收不合格或者有缺陷的,应通知相关单位采取措施进行修改或补充;

• 交接双方对项目资料验收报告进行确认和签证。

在项目的不同阶段,验收和移交的文档资料也不同。在项目初始阶段,应当验收和移交的文档有:项目可行性研究报告及其相关附件、项目方案和论证报告、项目评估与决策报告等。但并不是所有的软件项目都具备这些文档,对于规模较小的软件项目文档资料只有其中的一部分。项目规划阶段应验收和移交的文档资料包括:项目计划资料(包括进度、成本、质量、风险、资源等),项目设计技术文档(包括需求规格说明书、软件设计方案)等。项目实施阶段应验收和移交的文档资料包括:项目全部可能的外购或者外包合同、各种变更文件资料、项目质量记录、会议记录、备忘录、各类执行文件、项目进展报告、各种事故处理报告、测试报告等。项目收尾阶段应验收和移交的文档资料包括：质量验收报告、管理总结、项目后评价资料等。

项目资料档案常常是在项目结束很久后仍然有用。例如，项目总结报告中涉及的一些事项包括引起项目偏差的原因、选定某纠正措施的原因、不同项目管理方法和技术的应用。一些项目要求所有项目成员就取得的教训写一个简洁的报告，这些报告是为那些知道什么对项目真正起作用、什么不起作用的人提供有价值的反思。不同的人有不同的方法，对项目有不同的见解，这些报告都是极好的资源，对未来项目的平稳运行很有帮助。

11.3 项目移交与清算

在项目收尾阶段，如果项目达到预期的目标，就是正常的项目验收、移交过程；如果项目没有达到预期的效果，并且由于种种原因不能达到预期的效果，项目已没有可能或没有必要进行下去了而提前终止，这种情况下的项目收尾就是清算，项目清算是非正常的项目终止过程。

11.3.1 项目移交

项目移交是指项目收尾后，将全部的软件产品和服务交付给客户和用户，特别是对于软件，移交也意味着软件的正式运行，今后软件系统的全部管理与日常维护工作和权限移交给用户。项目验收是项目移交的前提，移交是项目收尾阶段的最后工作内容。

软件项目移交时，不仅需要移交项目范围内全部软件产品和服务、完整的项目资料档案、项目合格证书等资料，还包括移交对运行的软件系统的使用、管理和维护的权利与职责。因此，在软件项目移交之前，对用户方系统管理人员和操作人员的培训是必不可少的，必须使得用户能够完全学会操作、使用、管理和维护软件产品。

软件项目的移交成果包括以下一些内容：

- 已经配置好的系统环境；
- 软件产品，例如，软件光盘介质等；
- 项目成果规格说明书；
- 系统使用手册；
- 项目的功能、性能技术规范；
- 测试报告等。

这些内容需要在验收之后交付给客户。为了核实项目活动是否按要求完成，完成的结果如何，客户往往需要进行必要的检查、测试、调试、试验等活动，项目小组应为这些验证活动进行相应的指导和协作。

移交阶段具体的工作包括：

- 对项目交付成果进行测试，可以进行 AIpha 测试、Beta 测试等各种类型的测试；
- 检查各项指标，验证并确认项目交付成果满足客户的要求；
- 对客户进行系统的培训，以满足客户了解和掌握项目结果的需要；
- 安排后续维护和其他服务工作，为客户提供相应的技术支持服务，必要时另行签订系统的维护合同；

• 签字移交。

软件项目一般都有一个维护阶段，在项目签字移交后，按照合同的要求，开发商还必须为系统的稳定性、系统的可靠性等负责。在试运行阶段为客户提供全面的技术支持和服务工作。

11.3.2　项目清算

对不能成功结束的项目，要根据情况尽快终止项目、进行清算。在进行项目清算时，主要的依据与条件如下。

• 项目规划阶段已存在决策失误，例如，可行性研究报告依据的信息不准确，市场预测失误，重要的经济预测有偏差等诸如此类的原因造成项目决策失误。

• 项目规划、设计中出现重大技术方向性错误，造成项目的计划不可能实现。

• 项目的目标已与组织目标不能保持一致。

• 环境的变化改变了对项目产品的需求，项目的成果已不适应现实需要。

• 项目范围超出了组织的财务能力和技术能力。

• 项目实施过程中出现重大质量事故，项目继续运作的经济或社会价值基础已经不复存在。

• 项目虽然顺利进行了验收和移交，但在软件运行过程中发现项目的技术性能指标无法达到项目设计的要求，项目的经济或社会价值无法实现。

• 项目因为资金或人力无法近期到位，并且无法确定可能到位的具体期限，使项目无法进行下去。

项目清算仍然要以合同为依据，项目清算程序如下。

• 组成项目清算小组：主要由投资方召集项目团队、工程监理等相关人员。

• 项目清算小组对项目进行的现状及已完成的部分，依据合同逐条进行检查。对项目已经进行的并且符合合同要求的，免除相关部门和人员责任；对项目中不符合合同目标的，并有可能造成项目失败的工作，依合同条款进行责任确认，同时就损失估算、索赔方案、拟定等事宜的协商。

• 找出造成项目流产的所有原因，总结经验。

• 明确责任，确定损失，协商索赔方案，形成项目清算报告，合同各方在清算报告上签证，使之生效。

• 协商不成则按合同的约定提起仲裁，或直接向项目所在地的人民法院提起诉讼。

项目清算对于有效地结束不可能成功的项目，保证企业资源得到合理使用，增强社会的法律意识都起到重要作用，因此，项目各方要树立依据项目实际情况，实事求是地对待项目成果的观念，如果清算，就应及时、客观地进行。

11.4　项目后评价

项目后评价是指对已经完成的项目或规划的目的、执行过程、效益、作用和影响所进行的系统的、客观的分析。对软件项目进行后评价，必须采用综合的方法对系统实现其目标的完成程度及使组织受益的程度进行评价。

11.4.1 项目后评价概述

项目后评价是全面提高项目决策和项目管理水平的必要和有效手段。项目后评价通常是在项目收尾以后,项目运作阶段和项目结束之间进行。它的内容包括项目效益后评价和项目管理后评价。项目效益后评价主要是对应于项目前评价而言的,是指项目竣工后对项目投资经济效果的再评价,它以项目建成运行后的实际数据资料为基础,重新计算项目的各项经济数据,得到相关的投资效果指标,然后将它们同项目前评价时预测的有关的经济效果值(如净现值 NPV、内部收益率 IRR、投资回收期等)进行纵向对比,评价和分析其偏差情况及其原因,吸收经验教训,从而为提高项目的实际投资效果和制定有关的投资计划服务,为以后相关项目的决策提供借鉴和反馈信息。项目管理后评价是指当项目竣工以后,对前面(特别是实施阶段)的项目管理工作所进行的评价,其目的是通过对项目实施过程的实际情况的分析研究,全面总结项目管理经验,为未来新项目的决策和提高完善项目管理水平提出建议,同时也为后评价项目实施运营中出现的问题提供改进意见,从而达到提高投资效益的目的。

1.项目后评价的特点

由项目后评价的定义及项目后评价所涉及的内容可以看出项目后评价的特点如下。

• 独立性:是指评价不受项目决策者、管理者、执行者和前评估人员的干扰,不同于项目决策者和管理者自己评价自己的情况。它是评价的公正性和客观性的重要保障。没有独立性,或独立性不完全,评价工作就难以做到公正和客观,就难以保证评价及评价者的信誉。为确保评价的独立性,必须从机构设置、人员组成、履行职责等方面综合考虑,使评价机构既保持相对的独立性又便于运作,独立性应自始至终贯穿于评价的全过程,包括从项目的选定、任务的委托、评价者的组成、工作大纲的编制到资料的收集、现场调研、报告编审和信息反馈。只有这样,才能使评价的分析结论不能带任何偏见,才能提高评价的可信度,才能发挥评价在项目管理工作中不可替代的作用。

• 现实性:项目后评价是以实际情况为基础的,对项目建设、运营现实存在的情况、产生的数据进行评价,所以具有现实性的特点。在这一点上和项目前期的可行性研究不同,可行性研究项目评价是预测性的评价,它所用的数据为预测数据。

• 客观性:项目后评价必须保证公正性,这是一条很重要的原则。公正性表示在评价时,应抱有实事求是的态度,在发现问题、分析原因和做出结论时避免出现避重就轻的情况发生,始终保持客观、负责的态度对待评价工作,客观地做出评价。

• 全面性:项目后评价是对项目实践的全面评价,它是对项目立项决策、设计、实施、运营等全过程进行的系统评价,这种评价不光涉及项目生命周期的各阶段,而且还涉及项目的方方面面,包括经济效益、社会影响、环境影响、项目综合管理等方面,因此是比较系统、比较全面的技术经济活动。

• 反馈性:项目后评价的结果需要反馈到决策部门,作为新项目的立项和评估的基础及调整投资计划和政策的依据,这是后评价的最终目标。因此,后评价结论的扩散和反馈机制、手段和方法成为后评价成败的关键环节之一。

在进行项目后评价时利用项目管理信息系统,有利于项目周期各阶段的信息交流和反馈,系统地为后评价提供资料和向决策机构提供后评价的反馈信息。

2.项目后评价的方法

项目后评价的方法一般采取比较法，即通过项目产生的实际效果与决策时预期的目标比较，从差异中发现问题，总结经验和教训，提高认识。项目后评价方法基本上可以概括为以下4种。

• 影响评价法：项目建成后测定和调研在各阶段所产生的影响和效果，以判断决策目标是否正确。

• 效益评价法：把项目产生的实际效果或项目的产出，与项目的计划成本或项目投入相比较，进行营利性分析，以判断项目当初决定投资是否值得。

• 过程评价法：把项目从立项决策、设计、采购直至建设实施各程序的实际进程与原订计划、目标相比较，分析项目效果好坏的原因，找出项目成败的经验和教训，使以后项目的实施计划和目标的制定更加切合实际。

• 系统评价方法：将上面3种评价方法有机地结合起来，进行综合评价，才能取得最佳的评价结果。

11.4.2　项目后评价的范围和内容

项目后评价是以项目前期所确定的目标和各方面指标与项目实践的结果之间的对比为基础。因此，项目后评价的内容大部分与前评估的范围相同。项目后评价的评价范围，依据项目周期的划分，可包括项目前期决策与规划、建设实施、运行使用等方面的评价。

在早期的项目后评价中项目的经济效益目标始终占据着很重要的地位，是判断一个项目好坏的主要指标。但随着项目观念的普及和变化，纯粹的微观经济效益在项目中独一无二的地位有所变化，特别当项目不以盈利为主时，社会经济的影响逐渐上升，使项目社会影响后评价成为项目后评价中不可缺少的组成部分。在软件项目中，由于项目类别的不同，作为评价内容的主体也相应不同。此外，由于项目的组织机构及管理机制和管理方式方法是项目成败的很重要的影响因素，使得项目管理自然成为项目评价的组成部分。

1. 项目后评价的基本范围

(1)项目目标的后评价

在项目后评价中，项目目标和目的的评价的主要任务是对照项目可行性研究和评估中关于项目目标的论述，找出变化，分析项目目标的实现程度及成败的原因，同时还应讨论项目目标的确定是否正确合理，是否符合发展的要求。项目目标评价包括项目宏观目标、项目建设目的等内容，通过项目实施过程中对项目目标的跟踪，发现变化，分析原因。通过变化原因及合理性分析，及时总结经验教训，为项目决策、管理、建设实施信息反馈，以便适时调整政策、修改计划，为续建和新建项目提供参考和借鉴。

(2)项目决策阶段的后评价

对项目前期决策阶段的后评价重点是对项目可行性研究报告、项目评估报告和项目批准文件的评价，即根据项目实际的产出、效果、影响，分析评价项目的决策内容，检查项目的决策程序，分析决策成败的原因，探讨决策的方法和模式，总结经验教训。

对项目可行性研究报告后评价的重点是项目的目的和目标是否明确、合理；项目是否进行了多方案比较，是否选择了正确的方案；项目的效果和效益是否可能实现；项目是否可能产生预期的作用和影响。在发现问题的基础上，分析原因，得出评价结论。

对项目评估报告的后评价是项目后评价最重要的任务之一。严格地说，项目评估报告是项目决策的最主要的依据，投资决策者按照评估意见批复的项目可行性研究报告是项目后评价对比评价的根本依据。因此,后评价应根据实际项目产生的结果和效益,对照项目评估报告的主要参数指标进行分析评价。对项目评估报告后评价的重点是:项目的目标、效益和风险。

(3)项目实施过程的后评价

项目实施过程的后评价包括:项目的合同执行情况分析,工程实施及管理,资金来源及使用情况分析与评价等。在项目实施过程的后评价应注意前后两方面的对比,找出问题,一方面要与开工前的工程计划对比;另一方面还应把该阶段的实施情况可能产生的结果和影响与项目决策时所预期的效果进行对比,分析偏离度。在此基础上找出原因,提出对策,总结经验教训。这里应该注意的是,由于对比的时点不同,对比数据的可比性需要统一,这也是项目后评价中各个阶段分析时需要重视的问题之一。

- 合同执行的分析评价:合同是项目业主(客户)依法确定与软件提供商、供货商、制造商、咨询者之间的经济权利和经济义务关系,并通过签订的有关协议或有法律效应的文件,将这种关系确立下来。执行合同就是项目实施阶段的核心工作,因此合同执行情况的分析是项目实施阶段评价的一项重要内容,这些合同包括系统设计、设备采购、项目实施、工程监理、咨询服务和合同管理等。项目后评价的合同分析一方面要评价合同依据的法律规范和程序等;另一方面要分析合同的履行情况和违约责任及其原因分析。在项目合同后评价中,对工程监理的后评价是十分重要的评价内容。后评价应根据合同条款内容,对照项目实绩,找出问题或差别,分析差别的利弊,分清责任,得出结论。

- 工程实施及管理评价:项目实施阶段是项目开发从书面的设计与计划转变为实施的全过程,是项目建设的关键,项目团队应根据批准的项目计划组织设计,应按照设计方案、质量、进度和费用的要求,合理组织实施,做到计划、设计、实施三个环节互相衔接,资金、人员、设备按时落实,实施中如需变更设计,应取得项目监理和项目经理等相关组织和人员的同意,并填写设计变更、工程更改,做好原始记录。对项目实施管理的评价主要是对工程的成本、质量和进度的分析评价,工程管理评价是指管理者对工程三项指标的控制能力及结果的分析。这些分析和评价可以从工程监理和业主管理两个方面进行,同时分析领导部门的职责。

- 项目资金使用的分析评价:后评价对项目资金供应与运用情况分析评价是项目实施管理评价的一项重要内容。一个项目从决策到实施完成的全部活动,既是耗费大量活劳动和物化劳动的过程,也是资金运动的过程。在项目实施阶段,资金能否按预算规定使用,对降低项目实施费用关系极大。通过对投资项目评价,可以分析资金的实际来源与项目预测的资金来源的差异和变化。同时要分析项目财务制度和财务管理的情况,分析资金支付的规定和程序是否合理并有利于费用的控制,分析建设过程中资金的使用是否合理,是否注意了节约、做到了精打细算、加速资金周转、提高资金的使用效率。

(4)项目影响评价和项目持续性后评价

对项目影响和项目持续性后评价应根据项目运营的实绩,对照项目决策所确定的目标、效益和风险等有关指标,分析竣工阶段的工作成果,找出差别和变化及其原因。项目竣工后评价包括项目完工评价和系统运营准备等。

2. 项目后评价的基本内容

(1)项目的技术经济后评价

在投资决策前的技术经济评估阶段所做出的技术方案、实施流程、设备选型、财务分析、经济评价、环境保护措施、社会影响分析等，都是根据当时的条件和对以后可能发生的情况进行的预测和计算的结果。随着时间的推移，科技的进步，市场条件、项目建设外部环境、竞争对手都在变化。为了做到知己知彼，使企业立于不败之地，就有必要对原先所做的技术选择、财务分析、经济评价的结论重新进行审视。

• 项目技术后评价：技术水平后评价主要是对设计方案、采用的技术的可靠性、适用性、配套性、先进性、经济合理性的再分析。在决策阶段认为可行的技术和方案，在使用中有可能与预想的结果有差别，许多不足之处逐渐暴露出来，在评价中就需要针对实践中存在的问题、产生的原因认真总结经验，在以后的设计或项目中选用更好、更适用、更经济的方案，或对原有的技术方案进行适当的调整，发挥其潜在的效益。

• 项目财务后评价：项目的财务后评价与前评估中的经济分析在内容上基本是相同的，都要进行项目的营利性分析、清偿能力分析等。但在评价中采用数据不能简单地使用实际数，应将实际数中包含的物价指数扣除，并使之与前评估中的各项评价指标在评价时点和计算效益的范围上都可比。在营利性分析中要通过全投资和自有资金现金流量表，计算全投资税前内部收益率、净现值，自有资金税后内部收益率等指标，通过编制损益表，计算资金利润率、资金利税率、资本金利润率等指标，以反映项目和投资者的获利能力。清偿能力分析主要通过编制资产负债表、借款还本付息计算表，计算资产负债率、流动比率、速动比率、偿债准备率等指标，反映项目的清偿能力。

(2)项目的社会效益评价

社会效益评价是总结了已有经验，借鉴、吸收了国外社会效益分析、社会影响评价与社会分析方法的经验设计的。它包括社会效益与影响评价和项目与社会两相适应的分析。既分析项目对企业的贡献与影响，又分析项目对社会政策贯彻的效用，研究项目与社会的相互适应性，揭示防止社会风险，从项目的社会可行性方面为项目决策提供科学分析依据。

社会效益与影响是以各项社会政策为基础、针对国家与企业各项发展目标而进行的分析评价。一般可包括如下内容。

• 项目的文化与技术的可接受性：分析项目是否适应企业的需求，企业在文化与技术上能否接受此项目，有无更好的成本低、效益高、更易为企业接受的方案等。

• 组织员工的工作效率和质量是否得到提高；系统是否成为组织核心竞争力的重要组成部分，是组织实现战略目标、获得竞争优势的工具。项目的参与水平：分析企业各类人员对项目的态度、要求和可能的参与水平，提出参与规划。

• 新建系统是否能使管理创新，形成信息时代的经营管理；新建系统是否使组织体系发生根本性改观。

• 项目的持续性：主要是通过分析研究项目与社会的各种适应性、存在的社会风险等问题，研究项目能否持续实施，并持续发挥效益的问题。对影响项目持续性的各种因素，研究采取措施解决，以保证项目生存的持续性。新建系统是否能使组织交流灵活，提高团队凝聚力等。

11.4.3　项目后评价的实施

1. 项目后评价的工作程序

• 接受后评价任务，签订工作合同或评价协议。项目后评价单位接受和承揽到后评价任务委托后，首要任务就是与业主或上级签订评价合同或相关协议，以明确各自在后评价工作中的权利和义务。

• 成立后评价小组,制定评价计划。项目后评价合同或协议签订后,后评价单位就应及时任命项目负责人,成立后评价小组,制定后评价计划。项目负责人必须保证评价工作客观、公正,因而不能有业主单位的人兼任;后评价小组的成员必须具有一定的后评价工作经验;后评价计划必须说明评价对象、评价内容、评价方法、评价时间、工作进度、质量要求、经费预算、专家名单、报告格式等。

• 设计调查方案,聘请有关专家。调查是评价的基础,调查方案是整个调查工作的行动纲领,它对于保证调查工作的顺利进行具有重要的指导作用。一个设计良好的调查方案不但要有调查内容、调查计划、调查方式、调查对象、调查经费等内容,还应包括科学的调查指标体系,因为只有用科学的指标才能说明所评项目的目标、目的、效益和影响。

• 阅读文件,收集资料。对于一个在建或已建项目来说,业主单位在评价合同或协议签订后,都要围绕被评项目给评价单位提供材料。这些材料一般称为项目文件。评价小组应组织专家认真阅读项目文件,从中收集与未来评价有关的资料,如项目的建设资料、运营资料、效益资料、影响资料,以及国家和行业有关的规定和政策等。

• 开展调查,了解情况。在收集项目资料的基础上,为了核实情况、进一步收集评价信息,必须去现场进行调查。一般来说,去现场调查需要了解项目的真实情况,不但要了解项目的宏观情况,而且要了解项目的微观情况。宏观情况是项目在整个国民经济发展中的地位和作用,微观情况是项目自身的建设情况、运营情况、效益情况、可持续发展及对周围地区经济发展的作用和影响等。

• 分析资料,形成报告。在阅读文件和现场调查的基础上,要对已经获得的大量信息进行消化吸收,形成概念,写出报告。需要形成的概念是:项目的总体效果如何;是否按预定计划建设或建成;是否实现了预定目标;投入与产出是否成正函数关系;项目的影响和作用如何;项目的可持续性如何;项目的经验和教训如何等。对被评项目的认识形成概念之后,便可着手编写项目后评价报告。项目后评价报告是调查研究工作最终成果的体现,是项目实施过程阶段性或全过程的经验教训的汇总,同时又是反馈评价信息的主要文件形式。

• 提交后评价报告,反馈信息。后评价报告草稿完成后,送项目评价执行机构高层领导审查,并向委托单位简要通报报告的主要内容,必要时可召开小型会议研讨有关分歧意见。项目后评价报告的草稿经审查、研讨和修改后定稿。正式提交的报告应有"项目后评价报告"和"项目后评价摘要报告"两种形式,根据不同对象上报或分发这些报告。

2. 项目后评价报告的编写

对评价报告的编写要求如下。

• 后评价报告的编写要真实反映情况,客观分析问题,认真总结经验。为了让更多的单位和个人受益,评价报告的文字要求准确、清晰、简练,少用或不用过分专业化的词汇。评价结论要与未来的规划和政策的制定联系起来。为了提高信息反馈速度和反馈效果,让项目的经验教训在更大的范围内起作用,在编写评价报告的同时,还必须编写并分送评价报告摘要。

• 后评价报告是反馈经验教训的主要文件形式,为了满足信息反馈的需要,便于计算机输录,评价报告的编写需要有相对固定的内容格式。被评价的项目类型不同,评价报告所要求书写的内容和格式也不完全一致。

【课后实训】

本项目实践要求每个团队参照项目总结过程编写 SPM 项目总结过程。

实践目的：掌握软件项目总结过程。

实践要求：

1. 召开项目总结会议。
2. 按照要求编写 SPM 项目总结报告。
3. 选择一个团队，课堂上谭述项目总结报告。

SPM 项目总结文档要求：

1. 项目综述。
2. 进度、成本、资源等数据的实际与计划的对比。
3. 产品提交情况。
4. 配置库中产品介绍，可以是截图展示。
5. 经验教训。
6. 项目结束语。

思考练习题

1. 简述项目在什么情况下应该终止。
2. 简述项目的收尾过程应包含哪些工作。
3. 简述软件项目资料的验收的作用与内容。
4. 为什么在项目收尾阶段要对项目验收的范围进行确认？
5. 什么是项目交接？简述项目交接与项目清算之间的关系。
6. 软件项目的移交包括哪些内容？
7. 项目前期评价与后评价的区别是什么？
8. 项目后评价的主要范围与内容是什么？

参考文献

[1] 张念. 软件项目管理[M]. 北京:中国水利水电出版社,2008.
[2] 郭宁,周晓华. 软件项目管理[M]. 北京:清华大学出版社,2007.
[3] 薛四新,贾郭军. 软件项目管理[M]. 北京:机械工业出版社,2010.
[4] 刘凤华,任秀枝. 软件项目管理[M]. 北京:中国铁道出版社,2014.
[5] 刘海. 软件项目管理[M]. 北京:机械工业出版社,2012.
[6] 宁涛,金花. 软件项目管理[M]. 北京:中国铁道出版社,2016.
[7] 康一梅. 软件项目管理[M]. 北京:清华大学出版社,2010.
[8] 张锦,王如龙,邓子云. IT 项目管理:从理论到实践[M]. 2 版. 北京:清华大学出版社,2014.
[9] 夏辉. 软件项目管理[M]. 北京:清华大学出版社,2015.
[10] 侯红,郭小群,张海涛,等. 软件项目管理[M]. 北京:高等教育出版社,2017.
[11] 朱少民,韩莹. 软件项目管理[M]. 北京:人民邮电出版社,2016.

软件项目管理考试大纲

Ⅰ　课程性质与设置目的

一、课程性质、地位与任务

软件项目管理是计算机科学与技术及相关专业的一门专业基础课程。随着全球信息技术的高速发展和进步，软件行业获得了全新的前所未有的机遇，而软件项目管理作为一门新兴的科学技术也逐渐发挥了越来越重要的作用，并广泛应用于多个领域。本书全面介绍了本学科领域特色与专业知识，让学生对软件项目管理有一个深入了解。

教材内容在理论的基础上，深入结合实际，通俗易懂的阐述了软件项目管理的理论知识、立项管理、招投标与合同管理等软件开发中的应用，又结合目前普遍的应用情况，简明扼要的介绍了其从成本、进度、质量三个方面的应用实例。

二、课程基本要求

掌握软件项目管理的原理与理论，也能掌握在软件开发过程中它从成本、进度、质量三个方面的应用实例。学习的最终目的是为了应用，通过对软件项目管理理论的学习，能够做到熟练应用。通过本课程的学习，要求应考者：

1. 掌握软件项目管理的原理与理论。
2. 掌握软件项目管理在立项管理、招投标与合同管理等软件开发中的应用。
3. 掌握软件项目管理在成本、进度、质量三个方面的应用实例。

Ⅱ　课程内容与考核目标

项目一　软件项目管理概述

一、课程内容

1. 项目、软件项目和软件项目管理相关概念与特征。
2. 项目管理的范围。
3. 软件项目的生命周期。

二、学习目的与要求

理解项目、软件项目和软件项目管理相关概念与特征；掌握项目管理的范围；了解软件项目的生命周期。

重点:项目和软件项目的本质区别;软件项目的生命周期。

三、考核知识点与考核要求

1. 项目、软件项目和软件项目管理相关概念与特征要求达到"识记"层次
   1.1. 项目的概述
   1.2. 软件项目的概述
   1.3. 软件项目管理的概述
2. 项目管理的范围要求达到"识记"层次
3. 软件项目的生命周期要求达到"综合应用"层次

项目二　软件项目立项

一、课程内容

1. 软件项目立项的基本要求
2. 软件项目业务的相关领域分析
3. 软件项目可行性分析

二、学习目的与要求

了解软件项目立项的基本要求;掌握软件项目业务的相关领域分析;明确解软件项目可行性分析。

重点:软件项目的立项流程;软件项目的可行性分析内容。

三、考核知识点与考核要求

1. 软件项目立项的基本要求要求达到"领会"层次
   1.1. 软件项目立项流程
2. 软件项目业务的相关领域分析要求达到"综合应用"层次
   2.1. 识别企业内部 IT 项目
   2.2. 关键业务领域分析
   2.3. IT 企业项目选择方法
3. 软件项目可行性分析
   3.1. 可行性分析的定义和时机
   3.2. 可行性分析的内容
   3.3. 可行性分析的结果
   3.4. 可行性分析报告

项目三　项目招投标与合同管理

一、课程内容

1. 项目招投标的相关概念

2. 编写标书的主要内容
3. 签订合同应注重的问题

二、学习目的与要求

理解项目招投标的相关概念;掌握编写标书的主要内容;明确签订合同应注重的问题。
重点:招投标的流程;编写项目标书;项目合同管理方法。

三、考核知识点与考核要求

1. 项目招投标的相关概念要求达到“识记”层次
   1.1. 准备阶段流程步骤
   1.2. 招标阶段流程步骤
   1.3. 投标阶段流程步骤
   1.4. 开标阶段流程步骤
   1.5. 定标阶段流程步骤
2. 编写标书的主要内容要求达到“识记”层次
   2.1. 编制标书的原则
   2.2. 招标书的主要内容
   2.3. 投标决策
   2.4. 编写投标书方法
3. 签订合同应注重的问题要求达到“领会”层次
   3.1. 签订合同时应注重的问题
   3.2. 软件项目合同条款分析

项目四　软件项目成本管理

一、课程内容

1. 软件项目成本的概念与构成
2. 软件规模度量
3. 软件项目成本的估算方法

二、学习目的与要求

在一个软件项目的实施过程中,总会发生一些不确定的事件。软件项目的管理通常都是在一种不能够完全确定的环境下进行的。项目的成本费用可能难以预料,因此,必须有一些具体可行的措施和办法来帮助项目经理进行项目成本管理,即依据实际预算制订项目计划,实施整个项目生命周期内成本的估算、预算及控制。

重点:软件项目成本的估算方法;软件项目成本的预算和控制方法。

三、考核知识点与考核要求

1. 软件项目成本的概念与构成要求达到“识记”层次
   1.1. 软件项目规模与成本

1.2. 软件项目成本的构成
1.3. 软件项目成本管理及其目标
2. 软件规模度量要求达到“识记”层次
2.1. 代码行(LOC)
2.2. 功能点(FP)
3. 软件项目成本的估算方法要求达到“领会”层次
3.1. 软件项目成本估算的依据
3.2. 自顶向下、自底向上的估算
3.3. 构造型成本模型
3.4. 估算的误差度
3.5. 软件项目成本预算

项目五　软件项目需求管理

一、课程内容

1. 软件项目需求相关概念
2. 软件需求的挑战和风险
3. 软件需求工程内容
4. 软件需求开发

二、学习目的与要求

对于软件项目来说,软件项目的范围和软件项目的需求是密不可分的。明确软件项目的范围也就是要确定软件项目的需求是什么,要完成的软件项目有什么样的功能和性能需求。因此本章结合软件项目的特殊性,阐述如何进行软件项目需求管理,本质上也在阐述如何进行软件项目的范围管理。软件项目需求管理是软件项目后序工作的起始。

重点:项目成功需求的标准;软件需求获取。

三、考核知识点与考核要求

1. 软件项目需求相关概念要求达到“识记”层次
1.1. 软件需求定义
1.2. 软件需求分类和层次结构
2. 软件需求的挑战和风险要求达到“综合应用”层次
3. 软件需求工程内容要求达到“综合应用”层次
4. 软件需求开发要求达到“综合应用”层次
4.1. 软件需求获取
4.2. 软件需求分析
4.3. 需求规格说明与验证

项目六　软件项目团队管理

一、课程内容

1. 团队管理的定义和特征
2. 团队成长的规律
3. 人力资源和沟通管理

二、学习目的与要求

软件企业是脑力密集型企业,软件项目是典型的"以人为本"。项目初期为找不到合适的人选而头疼;项目招到人后因为成员搭配不当也头疼;各个成员各自表现自己的英雄本色不进行合作更令人沮丧。一个好的软件团队不一定保证会做出成功的项目,但是一个成功的软件项目一定是由一个好的软件团队来完成的。有效的团队管理能够促进软件项目的成功。

重点:人力资源计划;团队构建与建设。

三、考核知识点与考核要求

1. 团队管理的定义和特征要求达到"识记"层次
   1.1. 团队的定义和特征
2. 团队成长的规律要求达到"领会"层次
3. 人力资源和沟通管理要求达到"识记"层次

项目七　进 度 管 理

一、课程内容

1. 软件项目管理进度管理相关概念
2. 项目活动的定义
3. 软件项目的活动排序
4. 软件项目的进度控制

二、学习目的与要求

项目成功的一个定义是"系统能够按时和在预算内交付,并能满足要求的质量"。这就意味着要设定目标,而且项目负责人要努力在给定的限制条件下,用最短的时间、最少的成本、以最小的风险完成项目工作。因此,进度管理是软件项目管理中最重要的部分。

重点:活动间的顺序关系与依赖关系;软件项目的进度计划编制。

三、考核知识点与考核要求

1. 软件项目管理进度管理相关概念要求达到"识记"层次
2. 项目活动的定义要求达到"领会"层次
   2.1. 定义活动

2.2. 活动间的顺序关系

2.3. 活动间的依赖关系

3. 软件项目的活动排序要求达到“领会”层次

3.1. 甘特图、网络图、里程碑图概念

4. 软件项目的进度控制要求达到“综合应用”层次

4.1. 关键路径法

4.2. PERT 技术

4.3. 进度压缩与资源平衡

4.4. 编制进度计划工作的结果

项目八　风 险 管 理

一、课程内容

1. 风险的定义及经典模型
2. 风险识别的重要性
3. 软件项目风险分析
4. 软件项目风险应对
5. 软件项目风险控制

二、学习目的与要求

由于软件项目开发和管理中的种种不确定性,使软件业成为高风险的产业。如果在项目刚开始时就关注于识别或解决项目中的高风险因素,就会很大程度地减少甚至避免这种失败。项目管理中最重要的任务之一就是对项目不确定性和风险性的管理。

重点:风险的方法和工具;软件项目开发相关模型的具体过程;风险控制的步骤和内容。

三、考核知识点与考核要求

1. 风险的定义及经典模型要求达到“领会”层次

1.1. 风险的定义

1.2. 风险管理及其经典模型

2. 风险识别的重要性要求达到“领会”层次

2.1. 风险识别的重要性

2.2. 风险识别的方法和工具

3. 软件项目风险分析要求达到“领会”层次

3.1. 风险分析流程

3.2. 风险估计

3.3. 风险评价

4. 软件项目风险应对要求达到“领会”层次

4.1. 风险回避

4.2. 风险接受

4.3. 风险转移
4.4. 风险缓解
4.5. 风险应对措施
5. 软件项目风险控制要求达到“领会”层次
5.1. 项目风险控制的概念
5.2. 项目风险控制的目标和依据
5.3. 项目风险控制的步骤和内容

项目九　软件配置管理

一、课程内容

1. 软件配置及其管理的概念
2. 了解软件配置管理的基本活动
3. 了解软件的测试管理。

二、学习目的与要求

随着软件团队人员的增加，软件版本不断变化，开发时间的紧迫及多平台开发环境的采用，使得软件开发面临越来越多的问题，其中包括对当前多种产品的开发和维护、保证产品版本的精确、重建先前发布的产品、加强开发政策的统一和对特殊版本需求的处理等，解决这些问题的途径是加强软件的配置管理。配置管理是在项目开发中，标识、控制和管理软件变更的一种管理活动。本章将详细介绍软件配置管理的基本概念、配置管理的基本活动和软件的测试管理等内容。

重点：软件项目配置项和基线；制定软件配置计划。

三、考核知识点与考核要求

1. 软件配置及其管理的概念要求达到“简单应用”层次
1.1. 软件配置管理概述
1.2. 软件配置项及基线
2. 了解软件配置管理的基本活动要求达到“简单应用”层次
2.1. 制定软件配置计划
2.2. 配置管理环境的建立
2.3. 确定配置标识
2.4. 版本管理
2.5. 系统变更与整合
2.6. 配置状态报告、审核与管理工具
3. 了解软件的测试管理要求达到“简单应用”层次
3.1. 软件测试遵循的标准
3.2. 软件测试的特点
3.3. 测试的层次与内容
3.4. 软件测试产品、组织与测试计划

项目十　项目执行与控制

一、课程内容

1. 项目计划的执行
2. 项目进展情况
3. 软件项目控制的相关概念。

二、学习目的与要求

良好的计划是成功的一半,而另一半就是按照计划去执行。项目计划实施的客观环境随时都在变化,对项目管理者来说,关键的问题是能够有效地预测可能发生的变化,以便采取预防措施,以实现项目的目标。但实际上很难做到这一点,更为实际的方法则是通过不断的监控、有效的沟通和协调、认真的分析研究,力求弄清项目变化的规律,妥善处理各种变化。本章将介绍项目计划的执行、跟踪项目的过程、对项目进行控制的内容、步骤、方法等内容。

重点:项目执行的方法;项目的跟踪过程;项目控制的步骤。

三、考核知识点与考核要求

1. 项目计划的执行要求达到“简单应用”层次
   1.1. 项目执行的输入与结果
   1.2. 项目执行的工具和方法
2. 项目进展情况要求达到“简单应用”层次
   2.1. 跟踪项目进展情况的益处
   2.2. 项目的跟踪方法
3. 软件项目控制的相关概念要求达到“简单应用”层次
   3.1. 软件项目控制的概述与步骤
   3.2. 范围、进度、成本控制

项目十一　项目收尾与验收

一、课程内容

1. 理解项目收尾的基本标准。
2. 掌握项目验收步骤。
3. 了解软件项目的移交与清算。

二、学习目的与要求

项目收尾工作是项目全过程的最后阶段,无论是成功、失败或被迫终止的项目,收尾工作都是必要的。如果没有这个阶段,一个项目就很难算全部完成。对于软件项目,收尾阶段包括了软件的验收、正式移交运行、项目评价等工作。在这一阶段仍然需要进行有效的管理,适时作出正确的决策,总结分析项目的经验教训,为今后的项目管理提供有益的经验。本章主要介绍项目收尾的概念、项目验收的过程与内容、项目的移交与清算,以及项目后评价等内容。

重点:项目收发的过程;项目验收的具体要求;项目结束后的评价体系。

三、考核知识点与考核要求

1. 理解项目收尾的基本标准要求达到“简单应用”层次

 1.1. 项目结束

 1.2. 项目收尾过程

2. 掌握项目验收步骤要求达到“简单应用”层次

 2.1. 项目范围确认

 2.2. 质量验收

 2.3. 项目资料验收

3. 了解软件项目的移交与清算要求达到“简单应用”层次

 3.1. 项目移交与清算

 3.2. 项目后评价

Ⅲ 有关说明与实施要求

一、关于“课程内容与考核目标”中有关提法的说明

在大纲“考核知识点与考核要求”中,提出了“识记”、“领会”、“简单应用”、“综合应用”四个能力层次。它们之间是递进等级关系,后者必须建立在前者的基础上。它们的含义是:

1. 识记:要求考生能够识别和记忆课程中规定的知识点的主要内容(如定义、公式、性质、原则、重要结论、方法、步骤及特征、特点等),并能做出正确的表述、选择和判断。

2. 领会:要求考生能够对课程中知识点的概念、定理、公式等有一定的理解,熟悉其内容要点,清楚相关知识点之间的区别与联系,能做出正确的解释、说明和论述:

3. 简单应用:要求考生能运用课程中各部分的少量知识点分析和解决简单的计算、证明或应用问题。

4. 综合应用:要求考生在对课程中的概念、定理、公式熟悉和理解的基础上会运用多个知识点综合分析和解决较复杂的应用问题。

二、关于自学教材

哈尔滨工程大学出版社出版的,张磊等主编的《软件项目管理》。

三、课程学分

本课程是计算机及其应用专业(专科)的专业课程,共 4 学分。自学时间估计需 210 小时(包括阅读教材、做习题),时间分配建议如下:

章	课程内容	自学时间
1	软件项目管理概述	8
2	软件项目立项	16
3	项目招投标与合同管理	32
4	软件项目成本管理	32
5	软件项目需求管理	16
6	软件项目团队管理	32
7	进度管理	16
8	风险管理	24
9	软件配置管理	24
10	项目执行与控制	24
11	项目收尾与验收	24

对于自学者来说,阅读一遍书是不够的,有时阅读两遍三遍也没完全弄明白。这不足为奇,更不要丧失信心。想想在校学生的学习过程,他们在课前预习,课堂听老师讲解,课后复习,再做习题等。所以,要真正学好一门课反复阅读是正常现象。

做习题是理解、消化和巩固所学知识的重要环节,也是培养分析问题和解决问题能力的重要环节。在做习题前应先认真仔细阅读教材,切忌根据习题选择教材内容,否则本末倒置,欲速则不达。

四、关于命题和考试的若干规定

1. 本大纲各章提到的“考核知识点与考核要求”中各条知识细目都是考核的内容。考试命题覆盖到章,并适当突出重点章节,加大重点内容的覆盖密度。

2. 试卷中对不同能力层次要求的评分所占的比例大致是:“识记”为 20%,“领会”为 30%,“简单应用”为 30%,“综合应用”为 20%。

3. 试题难易程度可分为四档:易、较易、较难、难。这四档在每份试卷中所占的比例大致依次为 2:3:3:2,且各能力层次中都存在着不同难度的试题(即能力层次与难易程度不是等同关系)。

4. 试题主要题型有计算题、简答题、应用题。

5. 考试方式为闭卷、笔试。考试时间为 150 分钟。评分采用百分制,60 分为及格。考试时只允许带笔、橡皮、尺。答卷时必须用钢笔或圆珠笔书写,颜色为蓝色或黑色墨水,不允许用其他颜色。

附录 题型举例

一、计算题

1. 某项目期初投资 100 万元,预计从第一年年底开始,到第七年年底收益如表 2-10 所示,而且假设企业期望的-投资回收率是 10%,试计算此项目的静态、动态投资回收期、净现值。

2. 作为项目经理，需要给一个软件项目做进度计划，经过任务分解后得到任务 A、B、C、D、E、F、G，假设各个任务之间没有滞后和超前，图 7 - 24 所示为这个项目的 PDM 网络图。通过历时估计已经估算出每个任务的工期，现已标识在 PDM 网络图上。假设项目的最早开工日期是第 0 天，请计算每个任务的最早开始时间、最晚开始时间、最早完成时间、最晚完成时间，同时确定关键路径，并计算关键路径的长度，计算任务 F 的自由浮动和总浮动。

二、简答题

1. 简述项目在什么情况下应该终止。

2. 简述软件项目的合同管理具有哪些特征。

三、应用题

1. 你认为在一个软件项目中，为保证软件项目的成功，主要应注意哪些方面的管理？

2. 案例分析

A 公司是作手机设计的公司，公司组织结构包括销售部、项目管理部和研发部。其中项目管理部是研发部与外面部门的接口，其主要职责是在销售人员的协助下完成与客户的需求沟通。某天，销售部给项目管理部发来一个客户需求：客户要求把 P1 产品的 C 组件更换为另外型号的组件并进行技术评估。项目经理接到此需求后，发出正式通知让研发部门修改产品并进行测试，然后出样机给客户试用。但最终结果客户非常不满，客户说他们的意图并不是仅更改 C 组件，而是考虑将 P1 产品的主板放到 P2 产品的外壳中的方案，组件替换评估只是这个方案的一部分。公司销售部门其实知道客户的目的，但未能向项目经理说明详细背景情况。因为销售部门经过了解，他们认为只是 C 组件的评估是最关键的，所以只向项目经理提到这个要求。

(1)请问项目的关键问题出在哪？如何规避这样的风险？

(2)需求变更的流程是什么？

(3)需求成功的标准包括哪些？